情報と国家

憲政史上最長の政権を支えた
インテリジェンスの原点

Shigeru Kitamura
北村滋

中央公論新社

本書を
学恩深き関根謙一先生と
青少年期を東京とパリで共に過ごした故黒田寛君に
謹んで捧げる。

まえがき

二〇二一年七月七日、国家安全保障局長の職を辞した。

二〇一一年に野田内閣で内閣情報官を拝命して、第二次、第三次、第四次安倍内閣の中途まで実に七年八箇月にわたり同職を務めた。第四次安倍第二次改造内閣で国家安全保障局長に任命され、菅内閣においても再任された。

内閣情報官は情報という側面から国家安全保障を支え、国家安全保障局長は国家安全保障会議の事務局長として、また、外交・安全保障の司令塔として中核的役割を担っている。第一次安倍内閣の内閣総理大臣秘書官として、主として内政、情報及び防衛を担当し、安全保障政策に強く傾倒した。その後、更に九年半以上もの間、内閣情報官及び国家安全保障局長として国の安全保障に深く関わることができたのは、歴代の総理、官房長官を始めとする官邸要路のご理解とご指導の賜とこの場をお借りして改めて御礼を申し上げたい。

内閣情報官及び国家安全保障局長としての九年半は、自らの役人人生の最後でもあり、それ以前に外事警察において、また、内閣総理大臣秘書官として蓄積してきた情報や安全保障に対する考えを現実の政策に移す時期とも重なった。内閣情報官時代に手掛けた、特定秘密保護法は、我が国の外交、防衛、防諜及び対テロリズムの四分野の情報保全を高度化し、同盟国や同志国との情報交換の在り方を劇的に変化させた。また、CTU－J（国際テロ情報収集ユニット）は、長年の悲願でもあった対外情報組織の嚆矢ともいうべき存在であり、今後の更なる発展が期待される。国家安全保障局長として経済安全保障の司令塔役を担う経済班を設置した背景には、外事警察に所属していた頃、我が国企業が手塩に掛けて獲得した機微技術が合法又は非合法な手段で易々と海外に流出していく様を目の当たりにしたという原体験がある。

かかる努力にもかかわらず、我が国の情報機関や国家安全保障機構は未成熟であると言われる。その根底には、本書の「外事警察史素描」や「内閣総理大臣と警察組織」でも指摘したように、それを「戦後レジーム」と呼ぶか否かは格別、終戦、占領期を通じて我が国に与えられ、その後の在り方を規定したこの国の形がある。

米中対立が激しさを増す中、米国の前方展開戦略の最前線に位置する我が国。その生き残りに不可欠なのは、正鵠を射たインテリジェンスに基づき考え抜かれた総合的な安全保障戦略である。今年六五歳を迎え、高齢者の仲間入りをする。「日暮れて道遠し」の感は否めない。インテリジェンスや安全保障を志す方々が本書を手に取り、著者の思考過程を辿って、その問題意識を基に更に政策を発展させていただくことを念じてやまない。

目次

情報と国家

憲政史上最長の政権を支えた
インテリジェンスの原点

1章
情報と国家

解題

情報と政策の分離

「先入観なく、客観的に物事を見るということは、一見簡単なようだが、実は情報の収集、処理、分析、評価の過程で一番危険な落とし穴である。多くの人、組織、国家が『こうあるはずだ』『こうあってほしい』という結論を先に出したために、情報の取扱いを誤っている。イラクの大量破壊兵器に関する情報はその典型であろう。」（江畑謙介）

情報の統合

インテリジェンスの専門用語にstovepipes（ストーブの煙突）という単語がある。この単語を聞く度に思い出すのは、パリの古い家屋の屋根に林立する排煙筒である。これらは、それぞれのアパルトマンの暖炉に通じているが、それぞれの排煙が混じることはない（時には、煤で目詰まりを起こすことはあるが……）。伝統的な情報組織は、正にこのような形の情報の伝達を指向してきた。なぜならば、一つの情報源に何らかの事故が生じても他に累を及ぼすことがないからであり、また、情報の流れが一筋であることからその保全も確実だからである。一方で、この言葉は、インテリジェンス・コミュニティに複数存在する情報機構のセクショナリズムや縦割りを揶揄する言葉としても用いられてきた。その最たるものは、何らの情報関心も与えられずに情報機構が生産するインテリジェンスの自己目的化と重複である。

経済安全保障

近年、「安全保障が経済、技術分野に拡大しつつある」と言われている。その要因は、以下の四点に集約できるであろう。第一は、AI、量子、ブロックチェーンのような軍事を含めた国家・国民活動全体に変化をもたらす革新的技術の誕生である。第二は、インターネットのように、かつては軍事由来の技術が民生に転用されていた状況から、民間の先端技術の軍事への転用の重要性が飛躍的に高まるという産業構造上の変化である。第三に、宇宙・サイバー・電磁波という新たな戦域は、科学技術に依存する割合が極めて高く、その優劣が戦闘の勝敗を決するという側面である。第四に、コロナ禍において明らかになったように、医事薬事物資のような国民生活にとって不可欠な物資のサプライチェーンの確保とエネルギー、電気通信、公共交通機関のような重要インフラの継続維持の重要性が身近なものとして改めて強く認識されたことである。

ポスト・コロナのインテリジェンスの在り方

はじめに

二〇〇四年九月二一日付け朝日新聞のインタビューに答えて後藤田正晴元副総理は、以下のように述べている。これは内閣の情報機構の在り方についての筆者が知り得る最大の警句である。

――「政府全体の情報組織が必要だ」というのが、持論ですね。

「絶対必要だ。内閣情報調査室は二百人しかいないから、これではどうにもならない。いま日本に欠けているのは、国全体としての情報収集、分析、それへの対応をする機関。この必要性が皆まだ分かってない。どんな商売でも情報がなければ仕事にならない。ましてや国の運営となったら、情報は不可欠です。」

――なぜ戦後の日本には政府全体の情報機関が育たなかったのですか。

「米国依存だから。国の安全は全部米国任せだから、いまのように属国になってしまったんだ。」

――新たな政府の情報機関を作るとして、どういう内容のものであるべきだとお考えですか。

「謀略はすべきでない。かつて坂田道太防衛庁長官（七十四～七十六年）が『ウサギは相手をやっつける動物ではないが、自分を守るために長い耳がある』と言ったが、僕は日本という国を運営するうえで必要な各国の総合的な情報をとる『長い耳』が必要だと思う。ただ、これはうっかりすると、両刃《もろは》の剣になる。今の政府、政治でコントロールできるかとなると、そこは僕も迷うんだけどね。」

本稿は、ポスト・コロナの時代におけるインテリジェンスの重要性を明らかにした上で、七年以上に及ぶ内閣情報官としての経験を踏まえ、それを支える我が国の内閣の情報機構の現状について述べ、更にその今後の在るべき姿について論ずるものである。二〇〇四年に後藤田元副総理から提起された諸問題がどの程度克服されつつあるのか否か、それは読者のご判断にお任せすることとしたい。

一　ポスト・コロナの時代の国際情勢とインテリジェンス

1　感染症と安全保障

中国・武漢に端を発した新型コロナウィルス感染症（以下「コロナ感染症」という。）は、その強力な感染力により、燎原の火の如く世界中を席巻し、既に世界で二億人以上が感染し、四二六万人以上が死亡している。世界史を紐解けば、天然痘、風疹、ペスト、コレラ等の感染症は、各時代の征服と被征服の帰趨を決し、様々な帝国の興亡に大きな影響を与えてきた。[*1] 事実、二〇二〇年に我が国及び米国において、それが直接の原因とまでは言えないものの、政権の交代がもたらされたことはコロナ禍の年の象徴的な出来事であった。その意味で、世界規模の爆発的流行と大きな災厄をもたらしたコロナ感染症もまた、従前の幾多の感染症と同様、世界の安全保障環境に大きな爪痕を残すことは疑いを入れない。

2　発　生

中国は、二〇一九年末の武漢におけるコロナ感染症の発生当初、コロナ感染症の発生源が自国であることを隠蔽又は希釈することに腐心した。それは、内部通報者の黙殺、証拠の破壊及び隠滅、ヒト・ヒト感染の否定という形で現出した。[*2] さらに、武漢で発生した感染症のウイルス自体が米軍からもたらされたという情報を流布させるといったディスインフォメーションの手法も駆使した。[*3]

3　コロナ感染症の伝搬

当初、中国において猖獗を極めたコロナ感染症は、同国における最先端技術の活用を含む抑圧的な防疫手法により、二〇二〇年四月の半ばには感染のピークを超え、中国政府は、いち早く経済活動の再開に楫を切った。一方、欧州、米国等の西側先進国においては、一時期ピークアウトを迎えたかと思われた国においても、第二波、第三波、第四波、第五波の流行に見舞われたり、引き続き高水準で感染者数が増加したりするなどの現象により、にわかに経済再開を進められない事態が続いている。こうした状況は、二〇二〇年の四半期ごとの各国別経済成長率からも看取できる（図1参照）。

4　中国の外交姿勢

中国は、コロナ感染症の国内での減少を背景に、医療物資を一二〇箇国及びWHO等四つの国際機関に提供することを表明するとともに、診療・対策に関する情報を一八〇箇国及び一〇余りの国際・地域機関と共有するなどして、「責任ある大国」としての国際貢献を強調する「マスク外交」、「ワクチン外交」を展開した。また、初動の遅れに関する批判に対しては、全世界がウイルスと闘うための貴重な時間を勝ち取り、重大な貢献をしてきたとしてこれに反論するとともに、「この貴

図1　G7諸国と中国の足元の経済状況について

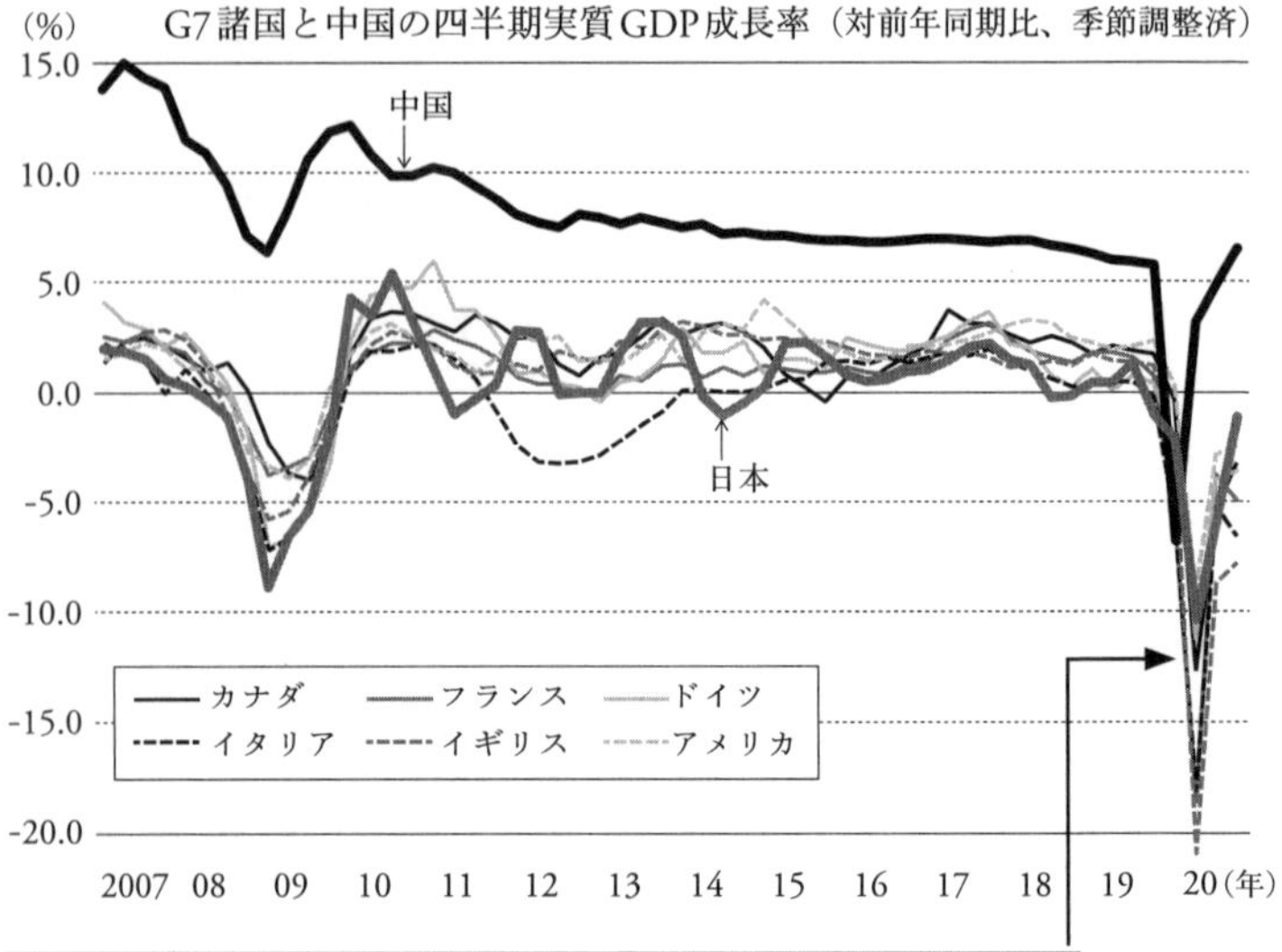

	カナダ	フランス	ドイツ	イタリア	イギリス	アメリカ	日本	中国
Q4_2019	1.7	0.8	0.4	-0.2	1.2	2.3	-1.0	5.8
Q1_2020	-0.3	-5.6	-2.2	-5.8	-2.2	0.3	-2.1	-6.8
Q2_2020	-12.7	-18.6	-11.3	-18.2	-21.0	-9.0	-10.3	3.2
Q3_2020	-5.3	-3.7	-4.0	-5.2	-8.7	-2.8	-5.8	4.9
Q4_2020	-3.2	-4.9	-3.6	-6.6	-7.8	-2.4	-1.1	6.5
Q1 → Q2	**-11.4**	**-13.5**	**-9.7**	**-13.0**	**-19.0**	**-9.0**	**-8.3**	11.6
Q2 → Q3	8.9	18.5	8.5	15.9	16.1	7.5	5.3	3.0
Q3 → Q4	2.3	**-1.4**	0.3	**-1.9**	1.0	1.0	3.0	2.6

Q4 → Q1
-9.7% ＊

＊四半期実質GDP成長率（対前期比、季節調整済）

出典：OECD. stats

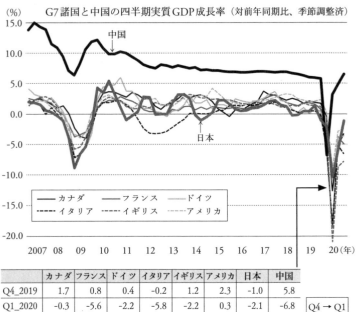

重な時間で米国は何をしていたのか。[*4]」などと米国批判を展開した。さらに、「中国共産党の揺るぎない指導、国家の強大な動員能力、挙国体制という制度的優位性のある中国には、新型肺炎に早期に完全勝利する能力があり、勝算があると我々は確信している。[*5]」として自国体制の優位性のアピールにも余念がなかった。

5 米国の反応

こうした中国の姿勢にも起因して、コロナ感染症の発生源や感染拡大後の対応等について米中の非難合戦が激化する中で、トランプ大統領側近のオブライエン国家安全保障問題担当大統領補佐官の演説（二〇二〇年六月二四日）を皮切りに、レイFBI長官（同年七月七日）、バー司法長官（同月一六日）、ポンペオ国務長官（同月二三日）が相次いで中国批判の演説を行った。これらは、中国共産党のマルクス・レーニン主義イデオロギー、一党独裁体制に対する批判に始まり、米国の企業情報、知的財産権及び経済活動に対する中国の経済諜報活動、短期的利益優先の対中融和の企業行動が長期的には自由主義秩序を脅かすこととなるとの批判、盲目的対中関与政策からの決別、そして、中国に対する相互主義・透明性・説明責任の要求といった内容で極めて網羅的かつ本質的なものであった。

6　経済安全保障とインテリジェンス

米中対立が先鋭化する一方で、コロナ感染症による各国のロックダウンや国境間の移動制限、自国優先の施策は、国際社会における分断の契機を助長するとともに、我が国においても、医事薬事分野におけるデジタル化の遅れや他国に過度に依存したサプライチェーンによる必要物資供給体制の脆弱性を露呈させた。一方、各国がポスト・コロナの国際秩序の在り方を模索する中、中国が主導するデジタル監視型・国家資本主義型のそれが台頭しつつあり、自由で開かれた国際社会における既存の国際秩序を脅かしかねない事態となっている。

我が国としては、自身が抱える経済・社会の脆弱性を速やかに解消しつつ、我が国しか果たせない強みを活かす「戦略的不可欠性」[*6]や、特定国への過度な依存を回避して主体的に政策決定するための「戦略的自律性」[*7]を高めるとともに、国際社会においてはルール形成を主体的に担い、国際協調の中核となることによって、自由で開かれた国際秩序の再構築を追求しつつ、国益を最大限確保していく必要がある。[*8]

かかる政策目的を達成するために、経済安全保障戦略の策定が叫ばれている。[*9] 経済安全保障[*10]について、今のところ確たる定義は存在しないが、以下の三つの局面において理解可能であろう。①経済を、安全保障政策の「力の資源」として利用する政策（勢力均衡政策の一環としての経済の利用。エコノミック・ステート・クラフト）、②国家・国民経済体系の存続・維持・発展への脅威に対処するための規制を始めとする各種政策、③相互依存の深まった自由で開かれた国際経済システムの維持である。[*11]

かかる経済安全保障の、①のエコノミック・ステート・クラフトが他の国際主体から我が国に対して行使される局面、②の国家・国民経済体系に対する脅威の評価において、インテリジェンスが極めて重要な意味を有することになる。一方、経済安全保障に関するインテリジェンスでは、対象となる経済主体の構成、ガバナンス、投資性向、特定国家との関係等が重要な要素となり、これまでインテリジェンス・コミュニティ構成各機関が集積してきた情報とは異なる分野での情報の収集・分析が求められている。我が国においても、新たな情報線の開拓、情報収集・分析体制の充実強化が求められている。

二　内閣の情報機構

かかる現状認識を踏まえた上で、我が国のインテリジェンス・コミュニティの中核である内閣の情報機構の現状を見ていこう。

1　内閣情報官の地位

内閣情報官は、内閣における情報収集、分析すなわちインテリジェンス機能の中核としての任に

図2　インテリジェンス・コミュニティ

当たっており、その重要性は、ポスト・コロナの時代においても増すことはあっても、減ずることはない。

内閣情報官について、写実的観点から当面の定義を与えるならば、内閣情報調査室各部、CSICE（内閣衛星情報センター）、CTU－J（国際テロ情報収集ユニット）[*12]、CTI－INDEX（国際テロ対策等情報共有センター）[*13]等を通じて当該分野の一次情報の収集を行い、インテリジェンス・コミュニティ（図2）所属の各機関及び同盟国等の協力を得て、また、内閣情報会議（平成一〇年［一九九八年］一〇月二七日閣議決定）、合同情報会議（昭和六一年［一九八六年］七月一日内閣官房長官決裁）等の各種会議及びその他の情報の交換・提供の場を通じて、各種情報の集約と統合を図り、さらに、内閣情報分析官を通じてオール・ソース・アナリシスを行い、そのあらゆる成果を踏まえて、内閣の重要政策に関する情報を、内閣総理大臣（以下「総理大臣」という。）、内閣官房長官（以下「官房長官」という。）その他の官邸要路や国家安全保障会議（NSC）等の政策決定者に対して提供しているということができよう。

組織法的に見れば、「内閣の重要政策に関する情報の収集調査に関する事務[*14]」は内閣官房の事務とされているが、一方において、内閣官房はその組織の性格からして「内閣総理大臣との直接の信頼関係の下で機動的に運営されるものであり、その組織は基本的に弾力的なものとする必要がある。また、時々の課題に応じ、内外の人材を随時糾合して編成できるようにすべきである。このため、その内部組織は、現行の五室［当時］にこだわらず、時の内閣総理大臣の意向に沿った柔軟かつ弾力的な運営が可能な仕組みとする。」（例えば、行政改革会議最終報告）とされているところである。

かかる内閣官房の組織的な性格に規定され、内閣情報官は、実質的には行政機関たる内閣情報調査室の長であるにもかかわらず、法令上は、内閣法第二〇条第二項に「内閣情報官は、内閣官房長官、内閣官房副長官、内閣危機管理監及び内閣情報通信政策監を助け、第十二条第二項第二号から第五号までに掲げる事務のうち特定秘密（特定秘密の保護に関する法律［平成二十五年法律第百八号］第三条第一項に規定する特定秘密をいう。）の保護に関するもの（内閣広報官の所掌に属するものを除く。）及び第十二条第二項第六号に掲げる事務［内閣の重要政策に関する情報の収集調査に関する事務］を掌理する。」とあるように、内閣官房長官、内閣官房副長官、内閣危機管理監及び内閣情報通信政策監のスタッフとして規定されている。

すなわち、現在の内閣情報官は、被補佐官庁に従属するという意味において「独立性」の面において、さらに、「内閣総理大臣の意向に沿った内閣官房の柔軟かつ弾力的な運営」という意味において組織の「恒常性」の面において、それぞれ問題を有している。

2 内閣情報官の役割

1の後半で見たような法的な枠組みを離れて、内閣情報官には幾つかの機能的な役割が期待されている。

第一は、インテリジェンス・コミュニティの代表者としての役割である。内閣のインテリジェンス体制（図3参照）を支えているのは、官邸直属の情報機関として、内閣の重要政策に関する情報の収集・集約・分析を行う内閣官房内閣情報調査室である。そして、内閣情報調査室を含むインテリジェンス・コミュニティ構成各機関は、内閣の下に相互に緊密な連携を保ちつつ、情報収集・分析活動に当たることとされている。一方、我が国ではインテリジェンス・コミュニティ構成各機関の独立性が高く、コミュニティ自体が緩い連合体である。また、内閣情報官には、情報収集・分析の面でインテリジェンス・コミュニティ構成各機関に対する総合調整のための権限が与えられているわけではない（内閣法第二〇条第二項参照）。したがって、国内的に内閣情報官は、インテリジェンス・コミュニティの長として認識されているとは言えないかもしれない。一方で、国際場裏においては、内閣情報官は、我が国のインテリジェンス・コミュニティを代表する機関として位置付けがなされつつある。

第二は、政策決定者とインテリジェンスの結節点としての役割である。すなわち、重要なインテリジェンスは、内閣情報官を通じて、総理大臣、官房長官、内閣官房副長官等の官邸要路に報告さ

図3　内閣のインテリジェンス体制（概観図）

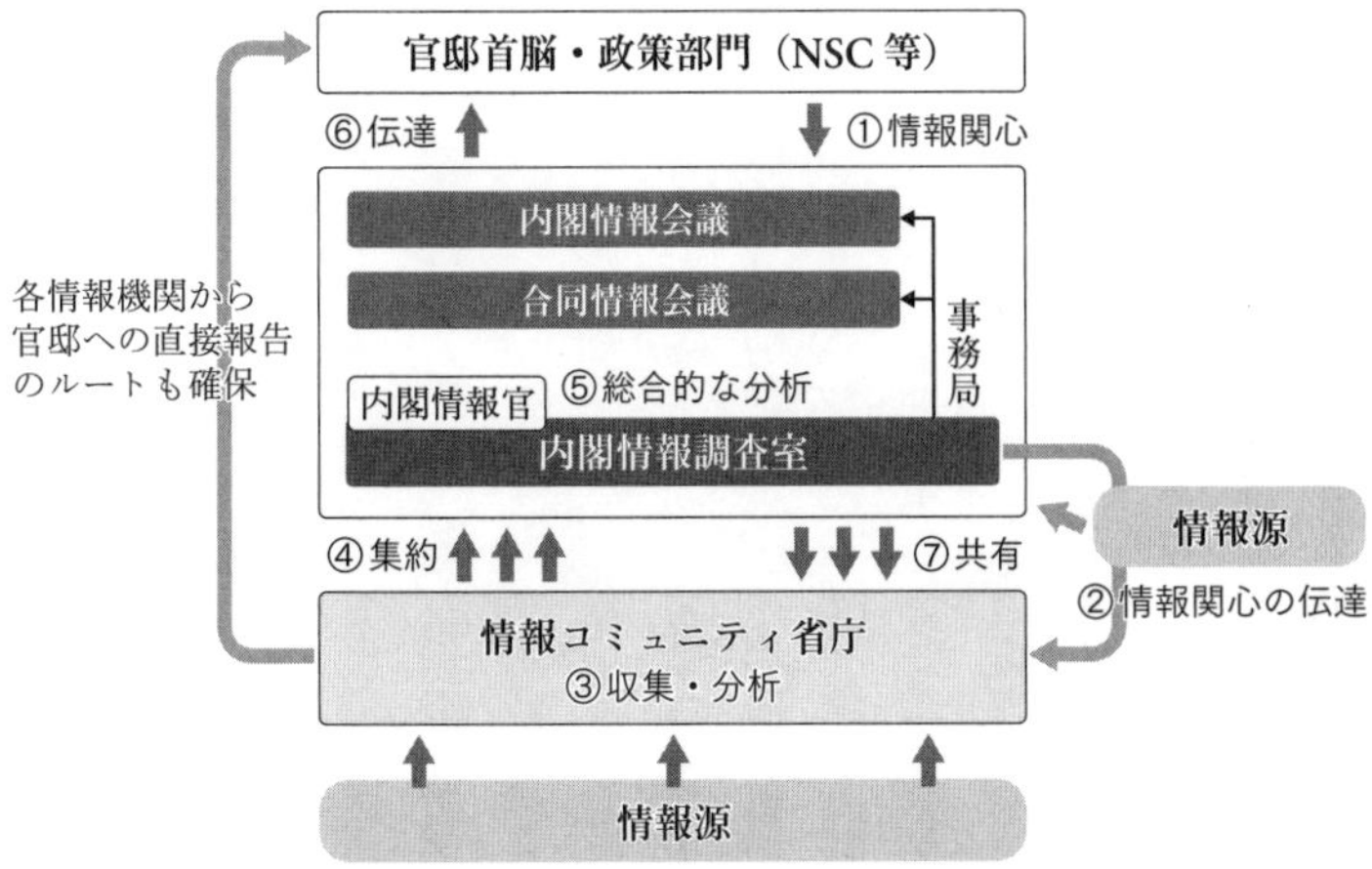

れる。内閣情報官が、国家安全保障会議に定常的構成員として出席するのも正にこの趣旨である。*15 一方で、我が国では、行政組織の建て付けとして、情報収集及び分析が政策決定者により政策目的寄りに歪められることのないよう伝統的に情報と政策の分離が強調されてきた。*16 内閣情報官は、インテリジェンス・コミュニティ構成各機関からの情報を歪めることなく正確に政策決定者に提供する一方、政策決定者からの情報要求を当該機関の特質をも勘案しつつ伝達し、フィードバックされた情報を的確に集約・分析した上で、政策決定者に再度伝えるというインテリジェンス・サイクルの一連の流れを円滑に循環させることが求められている。

第三は、官邸要路へのアドバイザーとしての役割である。内閣情報官は、定例のブリーフィングを始め様々な機会に官邸要路と面会する。内閣情報官の報告は、勿論、インテリジェンス・ブリーフィングが中核であるが、それに関する政策について助言を求められることもあり、その場合には政策と情報の分離の原則を逸脱しない範囲において、積極的に意見具申をすべきものと思料する。

第四は、日米同盟の陰の擁護者としての役割である。米国では、安全保障を支える外交、軍事に次ぐ大きな支柱としてインテリジェンスが位置付けられている。かかる同盟国の安全保障の枠組みに対応するという意味において、内閣情報官は、日米安全保障体制に確実に組み込まれ、それを支える有力な支柱としての役割を期待されている。

3 内閣総理大臣、内閣官房長官を始めとする官邸要路への報告

内閣情報官の最も重要な任務は、総理大臣、官房長官を始めとする官邸要路への報告である。提供情報の内容と質、報告手法の巧拙が内閣情報官の存在価値を決定している。

(1) 準備

官邸要路は、政府における最重要な政策決定者であり、その意味においてブリーフィングの準備は、最大限の入念さと慎重さを持って行う必要がある。一方、常に政策決定者に最新の情報を伝えるという事柄の性質上、素材の提供は直前であり、短時間での頭の整理と素材の大胆な取捨選択が求められる。

(2) 選択と集中

ブリーフィングは、政策決定者の超過密な日程を縫うようにして行われており、与えられる時間は極めて限られている。事象を散文的に説明していたのでは到底時間は足りない。したがって、ある程度予備知識のある対象に、一主題について一言で何を語るかを考える。その上で、それぞれの事項から構成される全体のブリーフィングの展開と流れを大まかに頭の中でまとめることが最も重要である。

4 内閣情報会議、合同情報会議

内閣情報会議は、官房長官を長として、半年に一回開催しているインテリジェンス・コミュニティの次官級の会合である。また、合同情報会議は、内閣官房副長官（事務）を長として、ほぼ毎週開催されるインテリジェンス・コミュニティの局長級の会合である。後者の場を借りて、情報連絡官会合が行われ、国家安全保障局長が政策部門からの情報関心を示すこととなっており、これらの制度もまた情報と政策の重要な結節点となっている。

5 特定秘密保護法

特定秘密の保護に関する法律（平成二五年法律第一〇八号。以下「特定秘密保護法」という。）は、二〇一三年一二月六日に成立し、二〇一四年一二月一〇日から施行された。内閣法第二〇条第二項に規定するとおり、内閣情報官は、特定秘密保護法の施行に関して、総合調整権を行使している。同法の制定により、内外から強く求められてきた包括的な秘密保護法制が我が国においても整備されたこととなり、同盟国等相互間における情報交換は量的にも質的にも長足の進歩を遂げた。また、同法の審議の過程で国会法（昭和二二年法律第七九号）の改正が行われることとなり、同法に基づき衆参の情報監視審査会が設置された。同審査会は、特定秘密指定の在り方を始めとして特定秘密保護法の施行状況の審査等を行っている。[*17] また、将来的に対外情報機関が設置された場合にはそのオーバーサイトを同審査会が行うこととなっている。[*18]

6 第一次情報機関としての役割

内閣情報官の下にあるCSICE（内閣衛星情報センター）、CTU－J（国際テロ情報収集ユニット）、CTI－INDEX（国際テロ対策等情報共有センター）等の大小の情報組織は、画像情報、カウンター・テロリズム、情報解析等の特定分野において一次的情報収集に当たっている。一次情報の収集機能の強化は、個別事象を通じて全体を管見することにも繋がり、内閣情報官がインテリジェンス・コミュニティ内における総合調整権能を発揮する上にも重要である。

三 内閣の情報機能強化のための基本的方向性

前記二の内閣情報官を始めとする内閣の情報機構の実情を前提として、今後の基本的方向性を考えてみたい。

第一に、対外政策、安全保障、危機管理を含む国家の基本戦略の立案・遂行のため、政府全体をリードする独立かつ恒常的な情報機関を確立するには、当該機関は、その重要性に鑑み、日本国憲法上「国務を総理する」という高度の統治・政治作用、すなわち行政各部からの情報を考慮した上での国家の総合的・戦略的方向付けを行うべき地位にある内閣の機関とすることが必要である。[*19]

第二に、政策的な要請による恣意的な情報の操作を防止するため、情報収集・分析機能と政策立案機能とは明確に分離されるべきである。したがって、政策の企画立案を担う府省[*20]が我が国の対外政策、安全保障等の基本方針に関する対外情報機能をも併せて担うことは適当ではなく、当該機能は内閣に置かれる機関に留保されるべきである。この観点については、政府におけるこれまでの情報機関に関する議論を振り返っても、行政改革会議における議論において指摘されているところである。[*21]また、内閣や内閣官房に置かれた機関の中でも、情報の受け手という形で所掌事務は接着するが、国家安全保障局のような政策立案機関とは独立した組織とされるべきであろう。

第三に、インテリジェンス機能、特に対外情報機能の強化のためには、外務大臣の下にある在外公館という情報インフラの活用は不可欠である。特に、在外公館は我が国政府を代表する機能を有することに留意すべきであり、さらに、対外政策、安全保障、危機管理を含む国家の基本戦略に係る情報は、一府省の下においてのみ活用されるべきではなく、国家の総合的・戦略的方向付けを行うため、内閣において集約・分析の上活用されるべきである。こうした思想は、二〇一五年の内閣官房への国際テロ情報集約室の設置において結実している。

また、インテリジェンスは、一般的な情報収集活動によっては得ることのできない、いわゆる秘密情報を含むものであるところ、かかる情報を取り扱うことのできる保全体制が確立した組織であることが求められる。

第四に、権限と責任という観点からも、情報機関が行う情報活動に伴う責任については、当該情報機関に極限され、政策部門や意思決定部門に累が及ばない工夫が必要である。

第五に、情報機関については、独善に陥り、独断専行することがないよう、不断の監視・監督が不可欠である。対外政策、安全保障、危機管理を含む国家の基本戦略に係る情報を取り扱う情報機関については、これらの情報の重要性・多様性に鑑み、民主的観点からの監視・監督の在り方が検討されるべきである。[*22]

第六に、情報収集活動を的確に実施するためには、適性を有する職員を十分に確保するとともに、当該職員に専門的能力を修得させるための高度な教育訓練を行う必要がある。

四　内閣の情報機能強化に向けた具体的提言

前記三の検討を踏まえ、内閣のインテリジェンスの在り方について、あくまで私見であるが、幾つかの提言を行うこととしたい。

第一に、我が国が真に独立した国家としての戦略を策定し、遂行するために必要なインテリジェンス機能の強化を目的とするのならば、「内閣の重要政策に関する情報の収集調査に関する事務」（内閣法第一二条第二項第六号）、すなわち、「内閣の重要政策に関する情報の収集及び分析その他の調査に関する事務（各行政機関の行う情報の収集及び分析その他の調査であつて内閣の重要政策に係るものの連絡調整に関する事務を含む。）」（内閣官房組織令［昭和三二年政令第二一九号］第四条第一項第一号）をつかさどる内閣情報調査室の改編、拡充強化がまずもって図られるべきである。

この内閣の情報機能の強化という視点なくして、個々の府省における「情報機能強化」に向けた「改革」や取組は、むしろ我が国のインテリジェンス・コミュニティ内部の分散的契機を助長し、内閣の重要な政策決定に係る情報の伝達、集約及び分析を混乱させることに通じることになりかねず、むしろ有害である。

第二に、内閣情報調査室の改編、拡充強化に当たって留意すべきは、改編、拡充強化された機関（以下「内閣情報機関」という。）は、内閣の事務を助けるとともに、独立し、かつ、恒久的な行政機関としての体裁をとる必要がある。[*23]

具体的には、現在の内閣情報調査室の「局」等への格上げが検討されるべきである。[*24] この場合において、当該組織を内閣に置くか、内閣官房に置くかが一つの問題となる。当該組織の独立性及び恒久性を重視するのであれば内閣法制局のように内閣に置かれる機関となるであろうし、現行の内閣官房の所掌事務との継続性、政策部門との近接性、インテリジェンス・サイクルの迅速性を重視するのであれば、国家安全保障局のように内閣官房に置かれる機関となろう。また、内閣情報調査室の内部部局についても、従前の総務部門、国内部門、国際部門、経済部門をそれぞれ、「部」に格上げするとともに、画像情報、カウンター・テロリズム、情報解析等の分野における一次的情報収集能力を更に強化すべきである。

同時に、内閣情報機関を、民主的観点から、国民を代表して管理・監督し、国会に対して政治的責任を明確化するという意味において、国会議員の資格を有する担当大臣又は担当補佐官を設置することを検討すべきである。[*25]

第三に、対外政策、安全保障、危機管理に際しての意思決定が、総理大臣のリーダーシップの下で適切に行われるためには、必要な情報が情報関係者と政策決定者との間で迅速に共有されることが不可欠である。これまで、府省が取り扱っている情報のうち、我が国の対外政策、安全保障、危機管理の基本に関わるものは、いわば府省の自主性に基づいて内閣官房を通じて内閣へ提供されてきたところであるが（図3参照）、かかる情報を高度な保全を前提としつつ制度的に内閣に集約する仕組み、すなわち、法令上の権限として、内閣情報機関の長の各種情報に対するアクセス権[*26]が保障されるべきである。

さらに、内閣情報機関には、次長若干名を置き、うち、外務省国際情報統括官、防衛省情報本部長、警察庁外事情報部長及び公安調査庁次長は、同機関の次長を兼務することとし、外交情報、防衛情報、警察情報及び公安情報が制度的に内閣情報機関の長にもたらされることを確保すべきである。

第四に、我が国のインテリジェンス・コミュニティが有機的かつ機動的に運営されるためには、その中核をなす内閣情報会議及び合同情報会議を抜本的に改組し、その透明性を確保するという観点からも設置根拠を法律で規定すべきである。内閣情報会議は、現在、関係省庁の次官級の会議体であるが、これを閣僚級に格上げした上で、いずれも仮称であるが年次情報評価書[*27]、年次及び中長期情報活動計画[*28]の審議決定機関とすべきである。また、これらは情報活動の民主的統制という観点から、情報保全上の措置を施した上での国会への報告の在り方を検討すべきである。また、こうした場における内閣情報機関の長の総合調整機能を強化することが必要不可欠である[*29]。

第五は、対外情報機能の強化についてである。

二〇一五年一月に発生した「ＩＳＩＬによる邦人人質殺害事件」を反省教訓として、同年一二月、「邦人人質事案等の国際テロ事案を未然に防止し、また、発生した場合の有効な対処を実現していくため、国際テロ情勢に関する情報収集を含む国際テロ対策の強化に関する日本政府全体での取組を推進する観点から」（平成二七年［二〇一五年］一二月八日外務省訓令第二五号）、外務省にＣＴＵ－Ｊ（国際テロ情報収集ユニット）が設置されるとともに、内閣官房に国際テロ情報集約室が設置された（平成二七年一二月四日内閣総理大臣決定）。これらは、前者が実施部隊、後者が司令塔という形でインテリジェンス・コミュニティの総意として設置されたものであり、国際テロ情報に局限されてはいるが、海外における情報収集に特化した組織であり、その体裁から言っても対外情報機関の嚆矢とも言うべきものである。今後はその情報収集目的を大量破壊兵器の不拡散、経済安全保障といった分野に拡大し、更に人員組織も充実強化を図るべきである。

第六は、人材の育成についてである。

情報活動には、それに従事する職員の適性が要求され、事務の専門性に合致する教育訓練が必要である。また、情報は、個々の府省の所掌事務の範囲にとどまらず、我が国の対外政策、安全保障、危機管理等の基本方針の決定の基礎となるものである。したがって、人材の確保・育成は、一府省のみの視点において行われるべきではなく、正に国家の総合戦略の一部として取り組まれる必要がある。したがって、人材の育成は、内閣の統一した方針の下、インテリジェンス・コミュニティ関係省庁の既存の研修施設を最大限活用する一方、情報活動に従事する職員に対し様々な教育訓練を施すことのできる高度な研修施設を設置すべきである。

終わりに

インテリジェンスの専門用語に stovepipes（ストーブの煙突）という単語がある。この単語を聞く度に思い出すのは、パリの古い家屋の屋根に林立する排煙筒である。これらは、それぞれのアパルトマンの暖炉に通じているが、それぞれの排煙が混じることはない（時には、煤で目詰まりを起こすことはあるが……）。伝統的な情報組織は、正にこのような形の情報の伝達を指向してきた。なぜならば、一つの情報源に何らかの事故が生じても他に累を及ぼすことがないからであり、また、情報の流れが一筋であることからその保全も確実だからである。一方で、この言葉は、インテリジェンス・コミュニティに複数存在する情報機構のセクショナリズムや縦割りを揶揄する言葉としても用いられてきた。その最たるものは、何らの情報関心も与えられずに情報機構が生産するインテリジェンスの自己目的化と重複である。近年は、こうした弊害を克服するために政策決定部門との接点となり得る情報部門の統括組織、すなわち米国のDNI[*30]や豪州のONI[*31]のような機構が設けられる傾向がある。こうした組織の長の役割は、本稿の二2で述べたように、①インテリジェンス・コミュニティの代表者、②政策決定者とインテリジェンスの結節点、③政策決定者へのアドバイザーというものであり、我が国の内閣情報官もその下にある内閣の情報機構の更なる充実強化を図りつつ、正にかかる役割を十全に果たしていくことが求められている。

【注】

＊1 W・H・マクニール『疫病と世界史（上）（下）』（中公文庫、二〇〇七年）。
＊2 CORONA BIG BOOK, MAIN MESSAGES, O'DONNELL & ASSOCIATES, APRIL 17, 2020
＊3 二〇二〇年三月一三日趙立堅外交部報道官発言。
＊4 二〇二〇年三月一二日耿爽中国外交部報道官発言。
＊5 二〇二〇年二月二〇日王毅外相発言。

＊6　自由民主党政務調査会新国際秩序創造戦略本部提言『「経済安全保障戦略」の策定に向けて』（令和二年［二〇二〇年］一二月一六日）において、「戦略的不可欠性」とは「国際社会全体の産業構造の中で、わが国の存在が国際社会にとって不可欠であるような分野を戦略的に拡大していくことにより、わが国の長期的・持続的な繁栄及び国家安全保障を確保すること」と定義付けられている。

＊7　前記戦略本部・「向けて」において、「戦略的自律性」とは、「わが国の国民生活及び社会経済活動の維持に不可欠な基盤を強靭化することにより、いかなる状況の下でも他国に過度に依存することなく、国民生活と正常な経済運営というわが国の安全保障の目的を実現すること」と定義付けられている。

＊8　前記戦略本部「中間とりまとめ」（令和二年［二〇二〇年］九月四日）。

＊9　前記戦略本部・「向けて」一一頁参照。

＊10　二〇一七年に策定された米国の「国家安全保障戦略」第二章「米国の繁栄の促進」においては、①国内経済の活性化、②自由かつ公正な互恵的経済活動の促進、③研究開発、技術、発明、改革の先導、④国家安全保障革新基盤の促進及び保護、⑤エネルギー優越性の確保という柱が立てられている。

＊11　中村直貴「経済安全保障─概念の再定義と一貫した政策体系の構築に向けて─」立法と調査二〇二〇年一〇月第四二八号の分類による。

＊12　国際テロ情報集約室の設置に関する規則（平成二七年［二〇一五年］一二月四日内閣総理大臣決定）第二条、国際テロ情報収集ユニットを設置することに関する訓令（平成二七年一二月八日外務省訓令第二五号）参照。

＊13　国際テロ情報集約室の設置に関する規則第四条参照。

＊14　内閣法（昭和二二年法律第五号）

第十二条　内閣に、内閣官房を置く。

2　内閣官房は、次に掲げる事務をつかさどる。

二　内閣の重要政策に関する基本的な方針に関する企画及び立案並びに総合調整に関する事務

三　閣議に係る重要事項に関する企画及び立案並びに総合調整に関する事務
四　行政各部の施策の統一を図るために必要となる企画及び立案並びに総合調整に関する事務
五　前三号に掲げるもののほか、行政各部の施策に関するその統一保持上必要な企画及び立案並びに総合調整に関する事務
六　内閣の重要政策に関する情報の収集調査に関する事務

＊15　二〇一三年二月二〇日（水）参議院予算委員会　安倍総理答弁

今、グローバルな時代の中で、そもそも日本企業、海外で活躍をしてきたわけでありますが、その中で、言わば冷戦構造が崩壊した後のなかなか予見が難しい状況の中では情報収集というのは極めて重要であります。

その中で、今、日本においては、各、内調、あるいはまた外務省、そしてまた情報本部等々幾つか情報収集をする機関がございますが、これを、こうした情報を更に、それぞれの情報収集機関で分析も行いますが、そういう情報機関に対して政策的な発注をしっかりとしていくということも大切なんだろうと思います。

その意味において、今、日本版のNSCをつくって言わば政策的に発注をすると、情報機関側に投げると。そして、それを受けて情報機関がそれぞれ、これを一つにまとめる必要というのはないんでしょうけれども、この情報収集そして分析を行い、そして政策を決定する、政策決定をする言わば司令塔を担うこのNSCに持ってきていただいて、そこで政策的な選択肢を示してもらって、そしてそれが総理大臣に上がってくると。こういう言わば政策を発注し、情報収集してくると、こういう言わば組織をちゃんと整えていくことも重要ではないだろうかと、このように思います。

＊16　官邸における情報機能の強化の方針（平成二〇年［二〇〇八年］二月一四日）（抄）

2　情報機能の強化

(1)政策との連接

①政策と情報の分離

情報部門においては、政策部門の情報関心に基づいて、情報を収集し、収集された情報の集約・分析を行い、その成果を政策部門に提供する。政策部門は、提供された情報を政策立案及びその実施に活用し、その上で、新たな情報関心を提示する。他方、政策部門は、適正な政策判断を行うためには、収集された情報を政策部門から独立した客観的な視点で評価・分析する別個の部門が必要であることから、官邸における政策部門と情報部門は、官邸首脳の下、別個独立の組織とし、政策と情報の分離を担保する。

＊17 国会法第一〇二条の一三から二一まで参照。

＊18 国会法等の一部を改正する法律（平成二六年法律第八六号）

附　則

（検討）

3　この法律の施行後、我が国が国際社会の中で我が国及び国民の安全を確保するために必要な海外の情報を収集することを目的とする行政機関が設置される場合には、国会における当該行政機関の監視の在り方について検討が加えられ、その結果に基づいて必要な措置が講ぜられるものとする。

＊19 政府における内閣機能の強化に関する議論については、行政改革会議集中審議議事概要資料一〇「内閣機能の強化に関する論議結果」を参照。

＊20 中央省庁等改革基本法（平成一〇年法律第一〇三号）第一六条第一項。

＊21 内閣の補助機関であるとともに、実質的に内閣の「首長」たる総理大臣の活動を直接に補佐・支援する強力な企画・調整機関とすべき内閣官房が、基本方針の策定、政府部内最終調整、危機管理等と並んで「情報」機能を有するべきであるとされている。また、情報機能について、①「情報と政策の分離」の観点及び②情報分析業務の専門性に照らし、内閣官房に、総合戦略を担う部門とは別に、独立かつ恒常的な組織を設けるべき（具体的には、内閣情報調査室の機能・体制を強化する）とされている（行政改革会議最終報告及び論議結果）。

＊22 前掲＊18参照。

＊23 現状の内閣情報官は、実質的には行政機関たる内閣情報調査室の長であるにもかかわらず、法令上は内閣官房における参画職としての形式で規定されているところ、恒常的かつ独立した内閣情報機関の長であることを明らかにするような組織法上の位置付けがなされるべきである。

＊24 内閣法第一二条第四項は、「内閣官房の外、内閣に、別に法律の定めるところにより、必要な機関を置き、内閣の事務を助けしめることができる。」と定めている（例：内閣法制局設置法〔昭和二七年法律第二五二号〕）。

＊25 例えば、あくまで内閣府の事務についてであるが、金融庁の例等が存在する。

○中央省庁等改革基本法

（担当大臣）

第十一条　内閣府の任務のうち国政上重要な特定の事項に関する企画立案及び総合調整について、国務大臣に、これを担当させることができるものとする。この場合において、当該国務大臣に強力な調整のための権限を付与するとともに、併せて、当該国務大臣がその任務を円滑に遂行することができるようにするため、関係する国の行政機関の間における協議及び調整の仕組みを整備するものとする。

3　金融庁が所管する事項については、第一項の国務大臣に担当させるものとする。

○金融庁設置法（平成一〇年法律第一三〇号）

第二十四条　金融庁は、内閣府設置法第五十三条第二項に規定する庁とする。

○内閣府設置法（平成一一年法律第八九号）

第五十三条　（略）

2　前項の規定にかかわらず、法律で特命担当大臣をもってその所掌事務の全部を掌理させるものと定められている庁のうち別に法律で定めるものには、当該法律の定める数の範囲内において、官房及び局を置くことができる。

＊26　国家安全保障会議設置法（昭和六一年法律第七一号）
（資料提供等）
第六条　内閣官房長官及び関係行政機関の長は、会議の定めるところにより、会議に対し、国家安全保障に関する資料又は情報であつて、会議の審議に資するものを、適時に提供するものとする。
2　前項に定めるもののほか、内閣官房長官及び関係行政機関の長は、議長の求めに応じて、会議に対し、国家安全保障に関する資料又は情報の提供及び説明その他必要な協力を行わなければならない。

＊27　米国においては、国家情報評価（National Intelligence Estimates）が、国家情報会議（National Intelligence Council）において、米国インテリジェンス・コミュニティの協力を得て作成されている。

＊28　国防の面において、これに類するものとしては、防衛計画の大綱、中期防衛力整備計画がある。

＊29　現在の我が国のインテリジェンス・コミュニティの枠組みでは、内閣情報官は、内閣情報会議や合同情報会議においては、委員の一人に過ぎず、僅かに内閣情報調査室が両会議の庶務を務めるに過ぎない。

＊30　Director of National Intelligence：国家情報長官。二〇〇四年に情報改革とテロ予防法に基づき設置される。国家情報長官は、情報機関を統轄する閣僚級の高官であり、米国のインテリジェンス各機関の人事・予算を統括する。

＊31　Office of National Intelligence：国家情報庁。二〇一八年に設置され、首相に対する直接の報告機関として規定される。

（書き下ろし）

経済安全保障の視座

はじめに

工作機械図面、粉末成形プレス図面、フラッシュメモリ開発情報、工業用タップ等製品設計データ、光ファイバーに関する独自技術設計図、ドリル刃先等の設計データ、導電性微粒子に関する情報。これらは、過去一〇年間で外事警察が摘発した営業秘密侵害に関する不正競争防止法（平成五年法律第四七号）違反事件で漏出した情報の一部である。

真空ポンプ、マシニングセンタ、直流磁化特性自記測定装置、化学用ポンプ、炭素繊維、プラズマエッチング装置、ライフルスコープ、半導体製造装置、真空吸引加圧鋳造機、炭素繊維製造装置、暗視型赤外線ビデオカメラ、噴霧乾燥機。これらは、同じく過去一〇年間で外事警察が摘発した外国為替及び外国貿易法（昭和二四年法律第二二八号）違反で不正に輸出された物品の一部である。

この一覧を見ただけでも、外国のスパイがエージェントを通じて、密かに軍事政治情報を入手するという、かつてゾルゲ事件で見られたような古典的諜報活動はむしろ少数となり、外国政府及び企業の情報収集の矛先が我が国及び日本企業が保有する先端技術に向けられていることが明らかになっている。

また、先端技術の獲得は、情報や物品の収集にとどまらず、それを担う研究者にも向けられている。それは、無形技術移転（Intangible Technology Transfer）と称されている。中国は、二〇〇八年一二月から「千人計画」を開始した。これは、海外の優秀な研究者、経営管理の専門家等優秀な人材を国籍を問わず中国に招聘するプロジェクトである。招聘の条件は、研究者では、海外で博士号を取得している者、海外の著名な高等教育機関、研究機関で教授又は同等のポストに就いた者で、中国の高等教育機関、学術研究機関で、年に六箇月以上研究活動に従事することが義務付けられている。勿論、この中には我が国の大学や研究機関で修学、研究を行った中国人も含まれているし、招聘の対象は、日本人を含む外国人研究者にも及んでいる。[*1]

一　技術革新と安全保障

ＡＩ、量子、ブロックチェーン、バイオテクノロジー等の革新的技術の出現は、経済のみならず、安全保障の分野においても「革命」とも呼ぶべき大きな変化を引き起こしている。各国は、戦略・戦術を策定する上でゲームチェンジャーとなり得る最先端の技術開発に官民を挙げて注力している。

また、宇宙・サイバー・電磁波といった技術革新に伴う新たな戦域の出現は、陸・海・空といった地理的領域における対応を重視してきた安全保障の在り方を根本的に変化させている。

一方、中国においては、二〇一七年秋の第一九回共産党大会で「軍民融合発展戦略」が七大国家戦略の一つとして「中国共産党規約」に書き込まれた。その目的は、民間企業を含む非軍事産業の能力を武器・装備の研究開発に活用することであり、清華大学、中国科学技術大学を始めとする一般理工系大学も、国防系学術研究機関や軍産企業と共同で多岐にわたるプロジェクトを立ち上げている。

近年、「安全保障が経済、技術分野に拡大しつつある」と言われている。その要因は、以下の四点に集約できるであろう。第一は、AI、量子、ブロックチェーンのような軍事を含めた国家・国民活動全体に変化をもたらす革新的技術の誕生である。第二は、インターネットのように、かつては軍事由来の技術が民生に転用されていた状況から、民間の先端技術の軍事への転用の重要性が飛躍的に高まるという産業構造上の変化である。第三に、宇宙・サイバー・電磁波という新たな戦域は、科学技術に依存する割合が極めて高く、その優劣が戦闘の勝敗を決するという側面である。第四に、コロナ禍において明らかになったように、医事薬事物資のような国民生活にとって不可欠な物資のサプライチェーンの確保とエネルギー、電気通信、公共交通機関のような重要インフラの継続維持の重要性が身近なものとして改めて強く認識されたことである。

これらについて、安全保障という観点から留意すべき点を挙げれば、以下のとおりである。

第一にAI、量子、ブロックチェーンといった革新的技術については、それが国家国民に及ぼす影響の大きさを考えれば、こうした分野で如何に他国に依存しない技術的自律性を保持し続けるかということが大きな課題であり、これは優れて国の産業政策に関わる問題である。第二に、民間技術の軍事転用の可能性と重要性の高まりについては、軍事転用可能な機微技術を国家の内部だけではなく、民間に存在するものも含めて如何に漏洩や窃取から守るかということが必要となってくる。第三に、宇宙・サイバー・電磁波という新たな戦域における優位性の確保については、自国の技術の優位性の維持もさることながら、同盟メカニズム全体の中で、如何に懸念対象を凌駕するかという視点が死活的に重要である。第四にサプライチェーンの自律性については、戦略的自律性という安全保障的考量を、最大利潤の追求という経済原則と如何に折り合いをつけるかが課題となろう。

二　国家安全保障局経済班の設置と経済安全保障政策の方向性

1　国家安全保障局経済班の設置

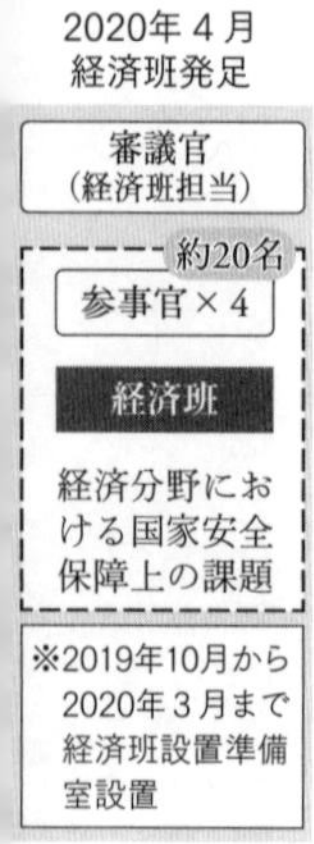

前記一で詳述したとおり、安全保障の裾野は、経済・技術分野に急速に拡大している。サイバー・セキュリティ、機微技術管理、更

図1　国家安全保障局の体制

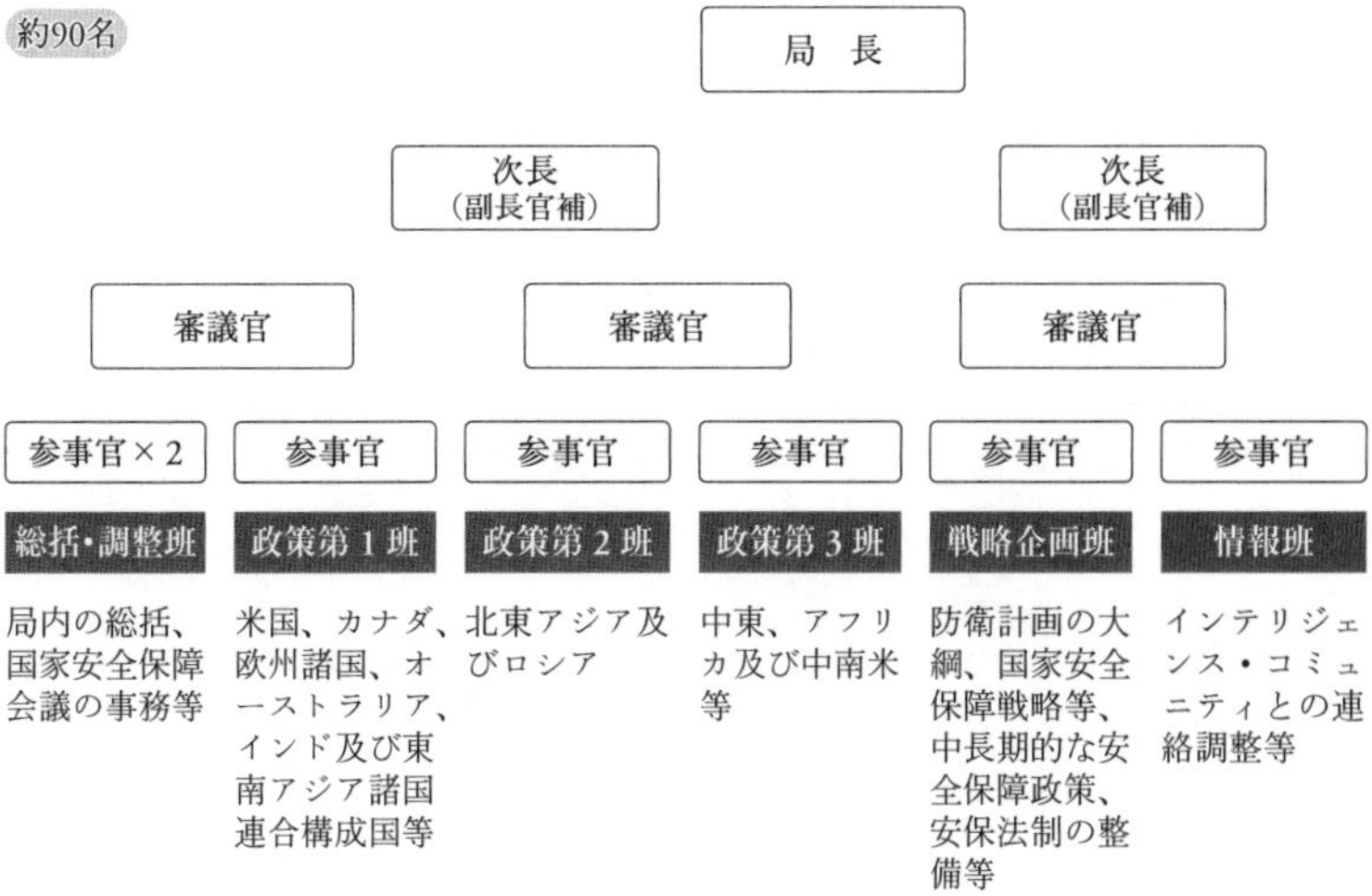

には、新型コロナウイルス感染症への水際対策といった安全保障と経済を横断する領域で様々な行政課題が顕在化しつつある。

こうした中、自由民主党のルール形成戦略議員連盟は、二〇一九年三月二〇日に日本版国家経済会議の創設を求める提言を取りまとめ、同年五月二九日、内閣総理大臣に対して提言がなされた。

同提言においては、「(米国は)国家経済会議(NEC)を設立しているが、中国のエコノミック・ステイトクラフトに対抗するためにはNECを更に発展させなければならないと考え、現在、再構築に取り組み始めた。具体的には国防権限法や安全保障上の最先端基盤技術の輸出規制強化(輸出管理改革法:ECRA)、外国企業の対米投資の監視強化(外国投資リスク審査近代化法:FIRRMA)

に取り組み始めており、UKUSA協定を締結しているファイブアイズをはじめ、日独仏は同調が求められ始めている。そして、日本に対してもエコノミック・ステイトクラフトに関するインテリジェンスを共有し、政策を包括的に構想して民間企業を巻き込んだ実行を担う日本版NECの創設を求める声が上がり始めている。……。

ついては、米中のエコノミック・ステイトクラフト戦争の下で我が国が生き抜くために、戦略的外交・経済政策を練り上げる『国家経済会議（日本版NEC）』の創設を提言する。」と記載されている。

かかる提言を受け、二〇一九年一〇月、国家安全保障局（NSS）は、経済班設置準備室を立ち上げ、経済産業省、財務省等の経済官庁からの強力な支援を得つつ必要な体制整備を行うとともに、経済分野における安全保障上の課題について、俯瞰的・戦略的な政策の企画立案・総合調整を迅速かつ適切に行うために、二〇二〇年四月一日には、国家安全保障局に経済班を発足させた（図1参照）。

国家安全保障会議（NSC）とは独立して「国家経済会議」を設けなかった理由は、会議体組織が二つ形成されることにより、事務局が並立し、人的リソースが分散化することや安全保障分野における事務の重複を恐れたからである。

経済班は、内閣審議官を長として、参事官四名、総勢約二〇名の各省庁からの俊秀で構成されている（執筆当時）。

2 経済安全保障の政策の方向性を示す二〇二〇年七月一七日付けの四つの閣議決定文書

二〇二〇年四月に発足した国家安全保障局経済班の積極的な取組も奏功して、七月一七日に閣議決定された四つの文書には、経済安全保障に係る重要な政策の方向性が示されている。

(1) 経済財政運営と改革の基本方針二〇二〇

「経済財政運営と改革の基本方針二〇二〇」は、「経済安全保障の観点も踏まえつつ、強靭な経済・社会構造を構築する。」と述べ、技術流出防止策として、「我が国の技術的優位性を確保・維持する観点等を踏まえ、大学・研究機関、企業等における技術流出防止の強化に向けた関連情報の収集や制度面も含めた枠組み・体制の検討及び構築を推進する。」とし、また、サプライチェーンの強化についても、「感染症の拡大の影響により脆弱性が顕在化したことを踏まえ、生産拠点の集中度が高いもの等について、国内外でサプライチェーンの多元化・強靭化を進める。さらに、価値観を共有する国々との物資の融通のための経済安全保障のルールづくりを進める。」と述べている。更に、土地の利用・管理については、「安全保障等の観点から、関係府省による情報収集など土地所有の状況把握に努め、土地利用・管理等の在り方について検討し、所要の措置を講ずる。」としている。

(2) 成長戦略フォローアップ

また、「成長戦略フォローアップ」においても、日本経済・社会構造の在り方として、「経済安全保障の観点からも強靭な日本経済・社会構造を構築していく。」とし、技術流出対策としては、「研究活動や企業活動の国際化に伴う留学生・研究者等の移動、企業買収や、サイバー空間における情報窃取等の様々な経路による国外等への技術流出について、関係府省庁が情報を収集、共有し、諸外国の機微技術管理等の政策に留意しつつ、連携した対策を推進する。その際、我が国の技術的優位性を確保・維持する観点も踏まえ、研究成果の公開・非公開、特許出願公開や特許公表、外国からの研究資金の受入れ、留学生・外国人研究者等の受入れ、重要な技術情報を取り扱う者への資格付与の在り方についての制度面も含めた枠組み・体制の検討及び構築を推進する。」としている。

(3) 成長戦略実行計画

また、成長戦略実行計画においては、ビヨンド5Gのコンテクストにおいて、「ビヨンド5Gは、5G、ポスト5Gを超える超大容量、超低遅延、超多数同時接続、超低消費電力、超安全・信頼性などの特徴を備えるSociety5.0時代の重要インフラで……、我が国の安全保障にも深く関与するものである。」と述べている。また、MDA（Maritime Domain Awareness）の視点からも、「我が国においても、経済安全保障や海洋関連産業の成長産業化の観点から、海洋状況把握の能力強化（海洋情報の収集能力及び集約・共有体制の強化）を図る。」としている。

(4) 統合イノベーション戦略二〇二〇

「統合イノベーション戦略二〇二〇」は、様々な脅威に対する総合的な安全保障を実現するための目指すべき将来像として、

「・我が国の安全保障環境が一層厳しさを増している中、大規模な自然災害、感染症の世界的流行、インフラ老朽化、国際的なテロ・犯罪や、サイバー空間等の新たな領域における攻撃を含めた国民生活及び社会・経済活動への様々な脅威に対する総合的な安全保障を実現」を掲げ、その目標の一つとして、

「・我が国の技術的優越性の確保・維持といった観点や研究開発成果の大量破壊兵器等への転用防止、研究の健全性・公正性（「研究インテグリティ」）の自律的な確保といった観点から、科学技術情報の流出に対応」するとしている。

さらに、その目標達成に向けた施策・対応策として、具体的に、

「○国際的な技術流出問題の顕在化といった状況を踏まえ、我が国の技術的優越性の確保、維持といった観点や、研究開発成果の大量破壊兵器等への転用防止、研究の健全性・公正性（「研究インテグリティ」）の自律的な確保といった観点から、科学技術情報の流出対策に取り組む。……特に、国際的に技術管理の重要性が高まる中、大学・研究機関、企業等が法令を遵守し、実際の技術流出の未然防止、リスク低減のための措置を図ることが、海外の

共同研究先との信頼関係を築き、連携を強化することにつながるとの認識を産学官で共有し、取組を進める。……。

・研究活動や企業活動の国際化に伴う留学生・研究者等の移動、企業買収や、サイバー空間における情報窃取等の様々な経路による国外等への技術流出について、関係府省庁が情報を収集、共有し、諸外国の機微技術管理等の政策に留意しつつ、連携した対策を推進。

・科学技術の発展の基礎として研究成果の公開性の担保が重要であることは論を俟たないが、技術流出が生じて安全保障上の懸念につながることのないよう、諸外国の状況等を踏まえつつ、イノベーション促進等の要請と安全保障との両立を図る。……。

・研究開発成果のうち特許に関する取扱いについては、……他の媒体を通じた技術流出への対処方策との整合性・バランスや各国の特許制度の在り方も念頭に置いた上で、利用者の負担にも配慮しつつ、イノベーションの促進と技術流出防止の観点との両立が図られるよう、特許出願公開や特許公表に関して、制度面も含めた検討を推進。

・外国資金の受入について、その状況等の情報開示を研究資金申請時の要件とし、政府資金が投入される研究を対象に透明性と説明責任を求めるとともに、虚偽申告等が判明した際の資金配分決定を取り消すなどの枠組みの具体策を検討し、所要の措置を講ずる。

・国際的に技術管理の重要性が高まっている点を踏まえ、大学・研究機関・企業等が法令を遵守し、技術流出の未然防止、リスク低減のための措置に取り組むことが重要であり、留学生・外国人研究者等の受入れに当たっても、大学・研究機関・企業等における機微な技術情報へのアクセス管理や管理部門の充実など内部管理体制が一層強化されるよう、産学官による取組を推進。……。

・技術流出防止のより実効的な水際管理を図るため、関係府省庁の連携による出入国管理やビザ発給の在り方の検討を含め、留学生・研究者等の受入れの審査強化に取り組み、そのためのＩＴ環境の整備等を推進。

・……、関係府省庁が連携して、人材流出を通じたものを含め、技術流出のおそれに関する意識啓発や情報共有の取組を推進。

・安全保障貿易管理の面等から適切に技術を管理すべき政府研究開発事業を精査し、事業の特性を踏まえつつ、安全保障貿易管理の要件化等の対象事業を拡大するほか、研究開発主体が必要な技術管理を行うよう、対象事業の執行機関は、適切に対象事業を運営。

・リバースエンジニアリング等による技術流出を防止するため、二〇一八年度から実施している技術の調査・試験等の結果を活用した技術流出防止に係る手引き書を作成し、我が国が整備すべき必要な体制・規則等の考察を推進。」

という諸点を明らかにしている。「統合イノベーション戦略二〇二〇」は、技術漏洩対策としては、最も網羅的な政策の在り方を提示している。

三　自由民主党政務調査会新国際秩序創造戦略本部提言『経済安全保障戦略』の策定にむけて」

一方、自由民主党においては、「世界各国においては、『国家安全保障戦略』の中に経済安全保障を位置づけるようになってきている一方で、わが国においては、国家の独立と生存及び繁栄を経済面から戦略的に確保するとの問題意識は比較的希薄であり、そのような環境整備もできていない。」という問題意識の下に、二〇二〇年六月に「新国際秩序創造戦略本部」を立ち上げ、同年一二月一六日には提言「『経済安全保障戦略』の策定に向けて」を公表した。同提言の策定に当たっても、国家安全保障局経済班が緊密な連携を図ったことは言うまでもない。

1　経済安全保障戦略の必要性

同提言は、経済安全保障戦略策定の必要性の背景を、①グローバル化の進展が各国間の経済的依存関係を複雑化し、エコノミック・ステート・クラフトを行使しやすい状況が現出しているとし、また、②コロナ禍が我が国が抱える脆弱性や潜在的リスクを顕在化させたと分析している。一方、二〇一三年に制定された我が国の国家安全保障戦略においては、我が国の国益を経済的な面から如何に実現していくかといった視点は明確には盛り込まれていないとしている。その上で、我が国の独立と生存を確保し、経済的繁栄を実現していくための戦略、いわゆる「経済安全保障戦略」策定の必要性を訴えている。

2　経済安全保障の基本理念と定義

同提言は、我が国の経済安全保障は、我が国の国益を経済面から確保すること、すなわち「我が国の独立と生存及び繁栄を経済面から確保すること」と定義し、経済安全保障戦略は、これを実現するための戦略であるとしている。

さらに、経済安全保障戦略を考察する上での道具概念として、「戦略的自律性」と「戦略的不可欠性」を提示している。

「戦略的自律性」とは、「わが国の国民生活及び社会経済活動の維持に不可欠な基盤を強靭化することにより、いかなる状況の下でも他国に過度に依存することなく、国民生活と正常な経済運営というわが国の安全保障の目的を実現すること」とされている。

また、「戦略的不可欠性」とは「国際社会全体の産業構造の中で、わが国の存在が国際社会にとって不可欠であるような分野を戦略的に拡大していくことにより、わが国の長期的・持続的な繁栄及び国家安全保障を確保すること」とされている。

戦略的自律性も戦略的不可欠性も、国際的なサプライチェーンに関する概念であるが、前者はそれが欠ける場合には国民生活や社会経済活動が立ち行かなくなるという意味において防衛的概念であるが、後者は国際的サプライチェーンの中のチョークポイントとなる技術を保有、拡大するという意味において、エコノミック・ステート・クラフトにも通じるプロアクティブな概念である。

3　我が国がとるべき経済安全保障上の基本方針

(1) 現状の確認と必要な手段の特定

同提言は、基本方針を定める前提として、①我が国が有すべき戦略的自律性と戦略的不可欠性の具体的内容を把握し、②両者を確保していくために必要な戦略・政策を特定し、③これを実現していくために必要なメカニズムを整備する必要を強調している。

(2) 技術の保全・育成

同提言は、経済安全保障の軸の一つが特定の技術の保全・育成であるとしている。その上で、国家安全保障の観点から戦略的自律性及び戦略的不可欠性を支える技術を特定し、その保全・育成に万全を期する必要があるとしている。また、技術の保全の重要なツールの一つとして、輸出管理や投資審査といった取組を適宜見直すとともに、技術流出経路の多様化への対応を含め、統合的・包括的な対策を講じていく必要があるとしている。

(3) 戦略策定に当たっての考え方

以上を前提として、同提言は以下の二点を政府に求めている。

ア　経済安全保障戦略の策定

これまでの前例やしがらみにとらわれることなく、我が国が必要とする経済安全保障戦略を策定すること。これを着実に実施していくために最も適切かつ必要なメカニズムを整備すること。なお、将来的には「国家安全保障戦略」に経済安全保障の観点を盛り込むことを検討すること。

イ　「経済安全保障一括推進法（仮称）」の制定

その上で、こうした取組を法的に担保することが必要であることから、各省庁は国家安全保障局等と連携しつつ、それぞれが所管する業法等の在り方について検討すること。その上で、経済安全保障関連の施策を実施するための法的根拠の整備を含め、二〇二二年の通常国会における「経済安全保障一括推進法（仮称）」の制定を目指すこと。

四　経済安全保障政策の実現に向けて

前記二及び三で見てきたように、経済安全保障に関し、取り組むべき政策の方向性は、既に政府、与党の政策提言において、かなりの程度示されつつある。今後は、如何なる分野において、如何なる優先度で、如何なる手段を用いて政策を実現するかが課題となる。また、法律の制定等を伴わず、運用によって実施可能な施策については、国家安全保障局が中心となり関係省庁が精力的に調整を進め、迅速に政策を実現していくべきであろう。

1　技術の保全

(1) 国からの投資審査及び事後モニタリングの執行体制の強化

技術の保全の分野では、まず、外国からの投資審査及び事後モニタリングの執行体制を強化しなければならない。

例えば、米国の対外投資委員会（Committee on Foreign Investment in the United States：ＣＦＩＵＳ）は、中国籍の個人二名が所有していたデラウエア州のロールズ・コーポレーション（Ralls Corporation）が、二〇一二年三月、オレゴン州内の米海軍によって管理されていた飛行制限区域とその周辺に所在していた四基の風力発電事業を買収した事案で、同年七月二五日にロールズ社に対して、プロジェクト現場の建設及び事業の停止、現場への出入り禁止等を求める暫定命令を発出し、更に、同年九月二八日にはオバマ大統領が大統領令を発し、同令において同社及び関係者が米国の国家安全保障を損なう行動をとるおそれがある「確かな証拠（credible evidence）」があると述べている。こうした公権力による事後的な介入の拡大は、今後の我が国の制度設計において、大いに参考となろう。

(2) チョークポイントとなる機微技術の保護

チョークポイントとなる機微技術については、自国生産を継続発展させるとともに、輸出管理の強化や特許公開の在り方について検討を加える必要がある。

米国を例にとれば、台湾の世界最大のファウンドリ・メーカーであるＴＳＭＣ（台湾積体電路製造）は、米国の半導体メーカーと係争関係にあったところ、当該米側企業の「半導体の製造はアジアへの移転が続いているが、当社はこの流れに逆らい、米国と欧州の製造拠点を保護する」という主張に沿った形で米アリゾナ州に新工場を建設することを発表した。これは、機微技術を使った外国企業の生産拠点を自国に移転するという米国の政府・企業が一体となった取組の事例であるが、今後の我が国の半導体製造復活の在り方として参考になろう。

(3) 我が国の大学や研究機関における機微技術の保護

我が国の大学や研究機関において機微技術を専攻する留学生や外国人研究者については、受入審査を強化するとともに、競争的研究資金の申請に当たっては外国資金の受入状況等の開示を求めていくことが重要である。

ＦＢＩのレイ長官の二〇二〇年二月六日の講演によれば、「かかる取組は一人法執行機関の取組だけでは不可能であり、政府と民間セクターが協力して、社会全体の対応が必要である。」としている。そのため、「インテリジェンス・法執行機関は、最も価値のある資産を保護するために必要な情報を企業や大学に提供するとともに、中国の知的財産に対する継続的な取組に関する情報をFortune1000 企業と共有している。さらに、ＦＢＩ各支部には、コーディネーターがいて、地元の企業や大学との関わりを主導している。二〇一九年一〇月には、FBI本部でアカデミア・サミットを開催し、一〇〇人以上の参加者が、キャンパスの国家安全保障上の脅威に取り組むために、学術コミュニティのFBIやその他の連邦機関との協力の在り方について話し合いが持たれている。さらに、FBIは、中国と関わりを持つ際に、ビジネスパートナーと学術パートナーが長期的な視野を念頭に置くことを奨励している。」としている。[*2]

いずれも、我が国にとって参考となる発言である。

(4) 民間におけるセキュリティ・クリアランス(適性評価)

前記一では、軍民融合が進む中で機微技術を国家の内部だけではなく、民間に存在するものも含めて如何に漏洩や窃取から守るかということが必要となると述べた。我が国では、特定秘密の保護に関する法律(平成二五年法律第一〇八号)が二〇一三年一二月六日に成立し、二〇一四年一二月一〇日から施行されているが、同法はあくまで国家内部に存する秘密の保全に主眼が置かれている。勿論、国家から民間企業に伝達された秘密は保全され、その限りにおいて同法は民間事業者にも適用されるが、残念ながら民間企業において生成された機微情報を保護する仕組みにはなっていない。したがって、例えば、日米の民間企業同士で機微情報のやりとりをする場合において、我が国企業の担当者に適性評価が付与されていないなどの理由で、あるプロジェクトに関し、情報の交換や協力に支障が生ずる局面が出てくることが予想される。今後、同盟国や同志国が経済安全保障上の保全措置を強化すればするほど、この問題は顕在化することになり、我が国においても、今後、民間事業者を対象とした機密取扱いの資格制度の導入が急がれることとなろう。[*3]

2 技術の特定・育成

我が国が保有する技術の優越性を確保するために、安全保障に資するか、優越性喪失のリスクがあるかといった観点から、支援・保全すべき技術を関係省庁が連携して選定する仕組みを構築しつつ、保全措置を講じた上で育成・支援する仕組みを検討する必要がある。

二〇二〇年一〇月一五日に公表された米国の「重要・新興技術国家戦略」は、開放性、民主主義、市場主義等の価値を共有する同盟国・パートナーとともに、世界の「重要・新興技術（Critical and Emerging Technologies）」[*4]を牽引すると述べている。一方、すべての技術分野において、米国単独で世界を牽引することは実現可能ではないとされ、米国は最優先の技術分野において、指導国（technology leader）となり、次いで優先度の高い分野では、同盟国やパートナーと対等に協議する（technology peer）としている。

また、二〇一八年一一月一九日、米国商務省は、ＥＣＲＡ（Export Control Reform Act：輸出管理改革法）に基づき輸出規制対象とするエマージング技術一四分野を公表し、①米国の知財を利用している技術、②米国の研究機関や企業と共同で開発した技術、③米国政府の補助金等の公的資金が過去に開発に使われた技術については、ＥＡＲ（Export Administration Regulations：輸出管理規則）を始めとする様々なルールに照らして問題がないような技術情報管理や、サプライチェーンマネジメントが求められることになった。[*5]

ここで例示された、重要・新興技術やエマージング技術の分類は、我が国が支援・保全すべき技術を選定するに当たっても参考となろう。

3 基幹インフラ等の信頼性の確保

基幹インフラを構成する企業等に対し、懸念主体による買収や役員の派遣の防止、懸念主体が提供する機器やサービスがもたらす機能停止や情報流出といったリスクを排除することが経済安全保障上重要である。

トランプ大統領は、二〇一八年三月、シンガポールに本社を置くブロードコム（Broadcom Limited）が、デラウエア州法人のクアルコム（Qualcomm Incorporated）を買収することについて、CFIUSの調査・決定に基づき、国家安全保障に対する脅威の「確かな証拠（credible evidence）」があると言及しつつ、これを阻止した。報道によれば、両者に対する財務省の書簡は、「クアルコムのように広く知られており信頼できる企業が、米国の通信インフラ分野において主要な役割を担うことは、かかるインフラの保全に大きな信頼をもたらす。」と述べている。

今後、我が国においても、産業セクターごとに既存の関連法規を点検し、改正を含め、所要の措置を講じていく必要があろう。

4　普遍的価値やルールに基づく国際秩序の維持・強化

国際的なデータガバナンスの規律確保のためＤＦＦＴ（Data Free Flow with Trust）[*6]の具体化を進め、また、国際標準化や貿易自由化に向けたルール作りを推進し、さらに、その履行を確保することが重要である。また、ＷＴＯ改革を推進して、市場歪曲的措置（market-distorting measures）是正のためのツールを確保強化するといった取組も必要となろう。

5　情報収集能力の強化

前記の措置を実現していくために重要なのは、インテリジェンス・コミュニティ全体の経済安全保障分野における情報収集能力の強化である。経済安全保障に関するインテリジェンスでは、対象となる経済主体の構成、ガバナンス、投資性向、特定国家との関係等が重要な要素となり、これまでインテリジェンス・コミュニティ構成各機関が集積してきた情報とは異なる分野での情報の収集・分析が求められている。我が国においても、新たな情報線の開拓、情報収集・分析体制の充実強化が求められている。

また、経済安全保障の視点が企業統治等の重要な要素に位置付けられるような社会環境の醸成も重要であろう。

【注】

＊1 二〇二一年一月一日付け読売新聞一面「中国『千人計画』に日本人　政府、規制強化へ　情報流出のおそれ」は、この事実を比較的詳細に報じている。

＊2 レイ長官発言の引用。
「経営幹部や取締役会には、誰と取引することを選択し、誰がサプライチェーンに参加するかを慎重に検討するよう求めています。特定のベンダーとの合弁事業または契約を結ぶという決定は、短期的には彼らにとって良さそうに見え、今日は大金を稼ぎ、次の決算発表では素晴らしいように聞こえるかもしれません。しかしながら、彼らが知的財産を毀損させたり、最も機密性の高いデータの幾つかを漏洩させたりすることに気付いた数年後、それほど魅力的には見えないかもしれません。」

＊3 二〇二一年一月六日付け産経新聞五面「機密取り扱い　資格創設へ　流出防止　経済安保強化」。

＊4 同戦略は、「重要・新興技術」を「関係省庁協議に基づき、国家安全保障会議（NSC）が評価・特定する、軍事・インテリジェンス・経済活動の優位を含む米国の国家安全保障上の優位に重要又は重要となり得る技術」と定義し、以下の二〇分野を提示している。
①先端コンピューティング、②先端通常兵器関連技術、③先端エンジニアリング素材、④先端製造、⑤先端センサー、⑥航空エンジン技術、⑦農業技術、⑧人工知能（AI）、⑨自律システム、⑩バイオ技術、⑪化学・生物・放射性物質及び核（CBRN）緩和技術、⑫通信・ネットワーク技術、⑬データサイエンス及びストレージ、⑭分散型台帳技術（ブロックチェーン）、⑮エネルギー技術、⑯ヒューマン・マシーン・インターフェース、⑰医療及び公衆衛生関連技術、⑱量子情報科学、⑲半導体及びマイクロエレクトロニクス、⑳宇宙関連技術

＊5 國分俊史『エコノミック・ステイトクラフト　経済安全保障の戦い』（日本経済新聞出版、二〇二〇年）七三頁。

＊6 二〇一九年一月二三日に行われた「ダボス会議」で安倍総理は「成長のエンジンはもはやガソリンではな

くデジタルデータで回っている」、そして「新しい経済活動には、DFFT＝DATA FREE FLOW WITH TRUSTが最重要課題である」と提言した。そして、同年六月二九日G20大阪サミット首脳宣言においても、「データや情報等の越境流通は、生産性の向上、イノベーションの増大をもたらす一方で、プライバシー、データ保護、知的財産権及びセキュリティに関する課題を提起、これらに対処することにより、データの自由な流通を促進し、消費者及びビジネスの信頼を強化する。DFFTはデジタル経済の機会を活かすものである」と提言した。

（書き下ろし）

インテリジェンス――米中対立のはざまで我が国が生き残る鍵

北村前国家安全保障局長インタビュー（聞き手　編集部）

外交・安全保障政策の司令塔である国家安全保障局（ＮＳＳ）が発足したのは二〇一四年。従来、外務、防衛、警察等の省庁がそれぞれの行政目的で情報を収集し、政策決定も縦割りに対応していた外交・安全保障分野について、総理官邸が統括することを可能にするため、安倍晋三前総理の肝いりで創設された組織だ。その二代目局長を務めた北村滋氏が二〇二一年七月に勇退した。

北村氏は、警察官僚から内閣情報官を経て、国家安全保障局長を務め、野田内閣、第二次・第三次・第四次安倍内閣、菅内閣の実に九年半にわたり、官邸で国家のインテリジェンス、そして安全保障政策を統括することを通じて歴代政権を支えてきた。外交・安全保障の舞台裏を取り仕切る中で、未熟とも言われる我が国の情報機関や安全保障機構が抱える課題を如何にして乗り越えてきたのか。また、米中が厳しく対立し、地政学的にも最も緊張の高い地域となったインド太平洋地域。ここに位置する我が国に、将来どのような課題があるのかを聞いた。

未成熟だった我が国の情報能力

――かつて後藤田正晴元副総理は我が国独自の情報機関を持つ必要性を訴える一方、情報の「米国依存」を嘆いておられました。我が国のインテリジェンスの現状についてどのように考えていますか。

例えば日米間についていうと、相互協力というのは、当時よりはかなり進んでいると思います。我が国は、東アジアにあって中国、朝鮮半島、ロシアに近いという地政学的な特徴がある。このため、ヒューミント(人的情報活動)でもテクニカル・インテリジェンス(高度な情報技術を用いた情報活動)でも、我が国では、米国では入手できない情報が取れる。そういった意味では、後藤田さんの時代より、日米相互補完性は高まっていると思います。

――日米相互補完性の向上も含めて我が国の情報機能の拡充は世論のアレルギー反応も大きいかと思います。

特定秘密保護法の策定・施行の経験がありますが、世論の様々な反応があることは重々承知しています。しかし、経済活動までもが安全保障の主要素として語られる現在、諸外国の動きに出遅れることはできない。今後、どのようなタイミングで新たな制度を作っていくかが、大きな課題です。

――警察官僚から内閣情報官、国家安全保障局長という四一年以上に及ぶキャリアパスの中で、入庁一六年目の一九九五年、一連のオウム真理教事件という国家の安全保障を揺るがす事件に遭遇しましたね。

在フランス日本大使館に一等書記官として勤務していましたが、その年に発生した阪神淡路大震災等の件もあり、当時の警察庁警備局は猫の手も借りたい状況で、早めの帰朝命令を受け、三月初旬には霞が関の警察庁にいました。警備局長は現在の杉田和博官房副長官。ロシアや中国、北朝鮮等による我が国に対する有害な活動を監視し、取り締まる外事課の長が小林武仁さんでした。そのころ日本警察が直面していた最大の課題はオウム真理教です。地下鉄サリン事件は未だ発生していませんでしたが、既に、教団はその後の捜査によって明らかにされる数々の凶悪事件への関与の疑いが濃厚で、しかも、ロシアに勢力を伸張していました。外事課では、教団のロシア支部と本部との関係を解明する一方、教祖の麻原彰晃を始め教団幹部を水際で発見・検挙することを目指して全国の外事警察に情報収集と捜査を指示していました。

——地下鉄サリン事件発生で、取組は変わりましたか。

外事課には、地下鉄サリン事件に関する欧米の捜査・情報機関との連携という特命が加わりました。ポスト冷戦の大型事件として、欧州や同盟国は、我が国以上の危機感を持っていました。

——欧米諸機関がそこまで高い関心をもったのはなぜですか。

①共産主義陣営と自由主義陣営とによるイデオロギー対立の終焉を強く印象付けた事件であったこと、②軍以外で製造された化学兵器が犯行に使用されたこと、そして③テロ組織化したカルト教団が起こしたこと、さらに、④生活インフラである地下鉄を舞台に、都市型の大量殺傷テロが起こされたことです。国家安全保障に深く関わる事件であり、どの国でも起き得ることだと考えたから

でしょう。

――連携はスムーズにいきましたか。

当時、オウム真理教に係る主たる事件の捜査は刑事部門が遂行していました。刑事部門から情報部門に思うように情報が提供されないことから、小林外事課長は非常に苦労されていました。同盟国や同志国から「どのような事件なのか」と尋ねられても説明ができないわけです。

諸外国は国家安全保障に関わる事態と捉えているが、我が国では刑事事件としての捜査が優先です。刑事訴訟法に基づいて「捜査密行の原則」で捜査が進む。一方で、捜査で得られた膨大な情報へのアクセスは制限されています。国内捜査とテロ対策としての国際協調。どちらが上ということでなく、秘密情報の管理の仕組みを作った上で、説明を含め、情報を目的に応じて活用できる体制作りの必要性を痛感しました。

――「情報」は得ることも重要ですが、漏洩から「守り」、効果的に「使う」ことも課題ですね。

ええ。就中、国家の危機管理や安全保障に関する情報は、府省の一部局が後生大事に抱えていては意味がない。とりわけ政策決定者に滞りなく伝え、「備え」や「攻め」に役立てることが重要です。

長く携わってきた北朝鮮問題の例でいえば、私が内閣情報官の人事を内示され、発令されるまでの間に起きたことですが、二〇一一年一二月一九日に金正日前総書記の死去についての情報が、当時の野田佳彦総理に十分に伝わらなかったという問題が生じました。

――北朝鮮のトップの死は、我が国にとっても情報能力が試され、安全保障に関わる事態ですね。これもある意味で我が国の情報機能の未熟さが出たものでしょうか。

北朝鮮のような閉鎖的な国家の情報収集、分析はどの国にとっても容易ではありません。少し古い話ですが、金前総書記の前、金日成主席の死去にまつわる話からさせてください。

――一九九四年ですね。

私は在フランス日本大使館の一等書記官でしたが、金日成主席の死去を受け、ル・モンドが、北朝鮮が体制崩壊すると一面トップで伝えたんです。衝撃的な内容で、どういうソースから出ているのかよく分からないが、特定意図で流された情報をつかまされた可能性もある。

しかし、我々としては、金正日後継体制が着々と形成されつつあると認識していたのでル・モンドの記事は極めて違和感がありました。

仮にフランス当局がそのように受け止めているとしたら、いずれそれが我が国にも伝わって混乱し、結局は国益にとってもマイナスになりかねません。そこで、フランスの当局にブリーフの機会を与えてもらって、当方の複数のソースからの検証も経た上での我々の見方を直接伝えました。

世界的に影響力が大きいメディアが出所不詳な情報を元にインパクトあるニュースを伝え、我々と大きく異なる見解だったとき、徹底してその真偽や意図、背景を追究して、必要な場合は関係当局と正確な情報を共有する。これは非常に重要です。特に、北朝鮮のような国家のトップの死は、体制崩壊を含め安全保障環境の変化につながる可能性もあります。

――金前総書記の死去も極めてデリケートな問題であり、先代のときと同様の緊張感を持って受け止めたということですね。

そうです。金前総書記の死去を巡る国内の情報伝達の経緯については、内閣情報官着任後、私なりに検証しました。朝鮮中央放送等の官製メディアが開始を繰り上げて午前一〇時から、正午に「特別放送」をすると三回も予告し、テレビ放送の背景やトーンも明らかに暗かった。それまでに北朝鮮で「特別」を冠した放送は一九七二年の南北共同宣言、九四年の金日成死去、二〇〇〇年の南北首脳会談開催決定――の三回です。この公開情報から、最高指導者の死亡も強く想定し得たと思います。

――しかし、野田元総理は午後零時一〇分から予定されていた遊説のため新橋へ向け官邸を後にしてしまった。

正午のNHKニュースが金前総書記の死去を伝えたことで官邸に引き返したのですが、出発するまでに、その情報について「可能性」の段階で当然耳に入れ、備えるべき事象だったと考えます。

こういうとき、安全保障会議とか関係閣僚会議の開催とか、官邸要路で情報共有するなり、政策の確認なり、構えがあっても良かった。可能性としては体制崩壊、武装難民の漂着・流入等の事態もあり得るわけですから。

――一定の情報があって、分析もなされ、死去の可能性も想定できたが、公式の死亡発表前に国家の体制を組めなかった。

少なくともそう見られる余地を残しました。この事例に思ったのは、政策決定者に対する情報伝達の在り方です。

――国家安全保障に関する情報を得たとき、それを直接、強く政策決定者に打ち込むことの必要性ですね。

金前総書記死亡を巡る情報伝達問題の核心はそこです。この事件の直後に内閣情報官に就任するのですが、心に刻みました。

――情報を「守る」という面でも我が国には多くの課題があります。例えば海上自衛隊三佐による情報漏洩事件（ボガチョンコフ事件）では、確かにプロのスパイは巧みではありましたが、結果的に見ると、自衛隊の情報保全体制には問題が多かった。

捜査や公判で、海自三佐がロシア軍スパイに籠絡されていく過程が詳らかになり、防衛省の検証で漏洩を許した原因として、秘密文書の取扱いの不徹底や、外部から働きかけを受けた場合の対応の不十分さが判明しましたが、刑罰は結局、自衛隊法違反の罪で懲役一〇月の実刑でした。

――この事件をきっかけに自衛隊法が改正されました。防衛秘密制度が新設されて情報漏洩の上限罰則は最大懲役五年となりました。

しかし、残念ながら自衛隊に関する情報漏洩事件はその後も相次ぎます。二〇〇七年のイージス艦情報漏洩では、起訴された自衛官は懲役二年六月、執行猶予四年です。同盟国である米国との当時の協議で痛感したのは、米国側は、続発の背景に、刑罰の軽さがあるのではないか、つまり、我が国は国家の秘密というものを守ろうという意志がないのではないかと認識しているということでした。

外国の担当官と検挙したスパイの量刑を話し合った折、向こうでは大体、無期懲役とか懲役数十年とかなんです。片や、我が国の事件について説明すると、お宅の国は何で凶悪なスパイが、全員釈放されているんだと訝られる。情けないけれど法制度がそうなっているから仕方がない。

さらに、こういうことが続くようでは同盟国として安心して情報を共有できないと言われるようになる。米国側の疑念は我が国から見ている以上に大きかったと思います。

――情報を漏洩から守る体制が整ってこそ、積極的に情報を取り、情報を使うというサイクルが、政策に活かされていく。今年で発生二〇年となる二〇〇一年の米国中枢同時多発テロ事件以降、安全保障に関する情報は国民の命を守るために、ますます重視されています。

テロから邦人を保護する観点で情報活動の重要性を痛感したのは、警察庁外事課長時代にイラクで発生したアル・カーイダによる香田証生さん殺害事件です。

――まだ、海外で現地の情勢に触れながら恒常的な体制で情報収集を行うことができる専門部隊が、我が国にはありませんでしたね。

それで、現地に固定の足場が必要だと考え、塩川実喜夫国際テロリズム対策課長（当時）をヨルダンに派遣し、直接情報活動に当たってもらった。

――その後、二〇一五年にも後藤健二さん、湯川遥菜さんがＩＳＩＬに殺害されてしまいましたね。

残念ながらここでも、邦人の生命を守りきることはできませんでした。大変申し訳ないことをしました。

――このＩＳＩＬ事件があった年、内閣官房の統括の下に「国際テロ情報収集ユニット」（ＣＴＵ－Ｊ）が設置されました。これは常時海外で情報収集に当たる組織ですね。

特定の危機に直面するに当たり、インテリジェンス・コミュニティ全体が総出で対処する体制を構築することが必要だという考えの下に、ＣＴＵ－Ｊはできました。常時、現場で状況に対応しながら、情報の収集、分析に当たる情報機構の必要性はずっと以前からの持論です。ＣＴＵ－Ｊは、形式的には外務省総合外交政策局に置かれていますが、職員は、警察庁、外務省、防衛省、公安調査庁等ほとんどのインテリジェンス・コミュニティ出身者から構成されています。また、政策部門からの独立性も強い。今後、大いに発展してほしい組織です。例えば大量破壊兵器の不拡散の問題や経済安全保障等を情報収集の対象にするのも一案ではないかと思っています。

強化された我が国の情報能力

――二〇一四年一二月、特定秘密保護法が施行されました。一部のメディア、世論は激しく反発しましたが、情報を「守る」ことは「使う」ことの前提。同法の意義について、生みの親としてお聞かせください。

おっしゃるように、重要な情報の交換に当たり、相互に漏洩防止の安心感を持たせるということです。例えばあなたがオレンジジュースを、私がグレープフルーツジュースを、それぞれコップ一杯ずつ持っている。それをそのまま互いにグラスごと渡す。これは交換の一つの在り方です。違うもの同士の交換です。

もう一つは、私は何も持っていないが、あなたから自分の空のコップに注いでもらう。そしてそれを少し甘くして、つまり付加価値を付けてあなたに返す。情報のギブ・アンド・テイクの原則もこうしたことに似ている。ただその前提は、コップが同じ強度でないと、この交換は成り立たないということ。つまり情報保全の仕組みが互いに同水準で制度化されていることが、情報交換の出発点なわけです。

特定秘密保護法は、外交、防衛、防諜、テロリズムという四分野における非常に機微な情報について、かなり高い刑罰法規で守られる仕組みです。これができて初めて、情報を託す方も安心するでしょう。このことは既に述べたように、米国当局からは強く要請されてきた。法施行によって情報交換の質・量とも格段に上がったと思います。

特定秘密保護法に対する逆風は非常に強かった。法案の成立の日には国会議事堂が「人間の鎖」で取り囲まれようとしました。大変申し訳ないことでしたが、安倍政権の政治的リソースも消耗させました。一部のメディアは、法が施行されると監視され、取り締まられて映画も撮れなくなるなどと書き立てていた。ただ、施行された現状を見てほしい。全然変わらないでしょう。

――当時、お母さまからも小言を言われたそうですね。

言われました。一部のメディアは、治安維持法の時代に逆戻りすると書き立てましたから。世の中を暗くしないでくれと。ただ、本当に暗くなりましたか。何度も言うようですが、安全保障に関する情報交換の枠組みは法整備でやっと出発点に立ったということなんです。情報を提供され、こちらも提供する体制が、かなりの部分できつつある。特定秘密保護法の施行によって初めて、情報保護協定も各国と結べているのです。

――米国は我が国にない情報の収集・分析体制を持つわけですが、例えば二〇一六年から一七年にかけ、核実験や弾道ミサイル発射で挑発を激化させた北朝鮮を巡る安全保障連携にも活かされたのでしょうね。

米国の国家安全保障問題担当大統領補佐官だったボルトン氏が、米朝関係はキューバ危機にも匹敵すると形容した時期ですね。

一六年の一月六日に四回目の核実験、二月七日に衛星打上げと称するいわゆる「テポドン二派生型」の発射。これに始まり二〇一七年一一月二九日の「火星一五」まで、二年間で三回の核実験と四〇発を超える弾道ミサイルの発射を実行しました。

――米国領を射程に収めるほどのミサイルまで発射、挑発していましたね。どのような人がカウンターパートでしたか。

内閣情報官の相方として最も長くお付き合いをしたのは当時、国家情報長官（DNI）のジェームス・クラッパー氏で、現在も私信のやりとりを継続しています。トランプ政権の誕生で、二〇一七年には、大統領の信頼が厚く、後に国務長官となるマイク・ポンペオCIA長官（当時）が主たるカウンターパートになりました。トランプ前大統領当時はDNIよりもCIA長官の方が重視されていたように思いました。北朝鮮による大陸間弾道ミサイル（ICBM）発射を始めとする各種の挑発に際しては、発射の二、三時間後に米国と緊急連絡ということも頻繁にありました。去る六月一日のニクソン・セミナーに、ポンペオ氏がやはりカウンターパートであったオブライエン前国家安全保障担当大統領補佐官と出席して、当時の私との協議について言及されており、深い友情を感じました。[*1]

――米国にとっても、核搭載のICBMを自国領域に打ち込む能力を、北朝鮮が得たかもしれないという状況です。米国も真剣だったのでしょうが、短時間で情報を整理、分析して提示しなければならないというのも大変ですね。日米では総合的な情報能力も違うし、認識差もあったのではないですか。

我が国も様々な情報収集手段が発達してきているので、核実験とかミサイルの発射で米国と見方が大きく異なるということはないと言っていいと思います。

――米国側が我が国を重視したポイントは何でしょうか。

まず地理的な理由から米国よりも我が国の方が精度の高い情報が入手できる場合があること。また、近隣国として長年渡り合ってきたわけですから、その蓄積に基づき、事象の特徴を素早く分析するインテリジェンスが形成されつつある。こうしたリソースを総動員して付加価値を付けて返す。

ミサイルとか核兵器とかの情報については、そういう関係になっていると思います。我々が一方的に情報をもらうだけということではないと理解してもらって構いません。

――二〇一七年に日本海に着弾したスカッドミサイル四発同時発射の折には、専門家が、日米の迎撃・対応力を超える「飽和攻撃」の可能性を指摘していますが、協議ではこうした点も議論されたわけですね。

様々な問題について議論をしました。一般的に飽和攻撃がなされた場合には、迎撃が困難になることは事実でしょう。また一〇〇〇キロを超える高高度から落下することで弾頭速度が高速になるロフテッド軌道についても、そうなのかもしれません。

――そういう場面では得られた情報を正確に評価し、政策決定者、首脳に早く、強く、端的にインプットする必要が生じるわけですね。

当時の安倍内閣では、危機管理が政権の一つの大きな柱でした。その意味でも、総理、官房長官のセンシティビティも非常に高かったし、北朝鮮のミサイル発射や核実験の度に国家安全保障会議（NSC）を開催しました。

なにより、情報保全体制を構築して日米での信頼関係を深めていた。そして、早期の情報共有体制ができていたので、こうしたことが可能だったのです。菅義偉総理も、官房長官当時には非常に早いタイミングで記者会見をされていました。

二〇一九年一〇月二日、島根県沖の排他的経済水域内に着弾した北朝鮮の潜水艦発射弾道ミサイル（SLBM）とみられる飛翔体の発射時には、七時一〇分ごろ発射され、記者会見まで一時間もかかっていません。発射の把握から国民への情報提供までのレスポンスは格段に早くなった。こうしたことも二〇一三年の国家安全保障会議、一四年の国家安全保障局の発足以降、整えられてきました。

日米首脳関係を「情報」でサポート

――朝鮮半島がきな臭くなる中で、米朝緊張のもう一方の当事者であるトランプ政権誕生（二〇一七年）も我が国の外交安保政策に大きく影響しました。

当時留意したのは、トランプ前大統領のアンプレディクタビリティ（予測不可能性）ですね。ニクソン元大統領の日本頭越し外交とか、ニクソン・ショック等といわれた共和党の外交姿勢がトランプ外交の主軸となるのではないかという見立てもありましたから、かなり心配しました。というのも、二〇一六年の米国大統領選では、直前まで我が国の外務省はヒラリー・クリントン氏の当選を予測していた。トランプ氏の当選には正直に言えば驚いたし、官邸としてもトランプ氏の人脈や思考傾向の把握等の点で準備不足でした。そこで、当時、首席内閣総理大臣秘書官の今井尚哉氏と打ち合わせて、なるべく早い段階で安倍前総理にトランプ氏に会ってもらおうという方針を固めました。

結果的に安倍前総理は、まだトランプ氏が当選者でしかなかった同年一一月の段階で世界に先駆けて会見を実現することになります。

大統領就任前に会見するというのは、最終的には安倍前総理の決断ですが、従来の外交の常識でいえば、あり得ないことです。一種の大きな賭けだったわけですが、アンプレディクタビリティを克服する唯一の手段は、首脳同士の人間関係構築しかないと安倍前総理も我々も思っていたんです。

——その賭けの結果をどう評価しますか。

結局、大統領就任前の会談は非常に中身も濃く、良かったと思います。サシの話では、その多くの部分が安全保障に費やされたようです。

——トランプ政権の対北政策には安倍前総理の助言が影響したんでしょうか。

多分、最初の安倍・トランプ会談のときに、インド太平洋地域の安全保障の話は出ています。トランプ前大統領自身は、インド太平洋地域の安全保障環境にそんなに深い認識はなかったと思うんですが、安倍前総理は詳しく説明されたのでしょう。

安倍前総理と非常に頻繁に会談する中で、トランプ前大統領はインド太平洋地域の安保問題に関心を強めたと思います。特に北朝鮮については、二〇一七年二月、初の日米首脳会談で米国マール・ア・ラーゴに滞在中、SLBMを発射されている。トランプ前大統領就任後初めてのミサイル発射でしたが、そのとき既に安倍前総理を大統領へのブリーフィングに同席させるぐらいの信頼関係が形成されていました。一方トランプ前大統領にとっては、このような経験と知識の積み重ねが、最終的にシンガポールやハノイでの米朝交渉におけるぎりぎりの決断を助けたと思います。

――まるで、安倍前総理がトランプ前大統領のインド太平洋地域安保のアドバイザーみたいですね。

基本的に、当初インド太平洋地域にそれほど大きな関心はなかったと思うので、安倍前総理が最も優れたブリーファーだったことは間違いないと思います。

――安倍前総理のトランプ前大統領へのブリーフィングはどんな内容から始まったのですか。

日米安全保障条約は何のためにあるのかとか。かなり本質的かつ始原的部分から始まったと思います。何しろ在日米軍の駐留経費がもったいないから撤収だと言っていた人ですから。

――しかし、米国情報機関や側近らは情報の伝え方に困ったでしょうね。

聞くところによれば、トランプ前大統領がどういうリアクションをするかよく分からないので、難しい話だとホワイトハウス関係者から、安倍前総理側に「大統領にこう言ってもらえませんか」といった要望もあったやに聞いています。

首脳外交の裏舞台支えた「情報」

――北朝鮮による核・ミサイルの挑発が頂点に達した翌年、二〇一八年に朝鮮半島が劇的に動きました。二月に平昌五輪を舞台とした融和ムードの演出があり、四月の南北首脳会談。六月には電撃的に実現し、世界を驚かせたシンガポールでの米朝首脳会談と続く。我が国は米朝韓で進む朝鮮半島プロ

セスに乗り遅れた、「蚊帳の外だ」という嘲りめいた論評も、北朝鮮だけでなく我が国の一部メディア、識者から出たほどでした。トランプ政権が我が国を置いていくという恐れは抱きませんでしたか。

ボルトン氏の回顧録にも出てきますが、当時は米国情報機関も外交当局もトランプ前大統領が北朝鮮に「すべきでない譲歩」をしないようにと、真剣に考えたと思うんです。安倍前総理も、その点をトランプ前大統領に強く伝えていたと思います。

――しかし日米の首脳関係がどれほど深くても、最後はどうなるか分からない。

だから安倍前総理も、シンガポール会談の前にトランプ前大統領に頻繁に電話をかけたり、直接会談を持ったりしていた。我が国にとっては核、ミサイルに加えて拉致問題は、絶対に外せません。安倍前総理は、今まで我が国がとっていた拉致・核・ミサイルの三テーマに関するスタンスと違う形での米朝プロセスの決着は、絶対にまずいと思ったんじゃないですか。

――そこに内閣情報官として、情報を注入したわけですね。

米朝プロセスの状況についてもいろんなチャンネルからフィードバックがありました。ポンペオ元CIA長官を始め情報部門の人が割と多く関わっていたこともあります。

――CIAコリア・ミッションセンターのアンドリュー・キム氏とか。

そうです。コリア・ミッションセンターはポンペオ前米国務長官がCIA長官時代、情報収集と下交渉を含めた接触作業の両面で統合的に北朝鮮問題に取り組むために創設したのですが、アンドリュー・キム氏はそこのトップで、連絡を取り合う関係でした。米朝プロセスの中でポンペオ氏が大きな役割を果たすようになったのも、CIA長官の段階で動いていたからです。

――ご自身も、米朝首脳会談の翌月に当たる二〇一八年七月にベトナムで北朝鮮の対日機関関係者と接触した、と報道されていますね。米朝プロセスの流れの中でのことですか。

それについては、ノーコメントです。

――ポンペオ氏らからの情報は、すぐに活用されたのですか。

米朝プロセスに関する情報は総理にすべて上げていました。それで総理も米朝プロセスでとんでもないことが起こるという不安は持たなくなったと思います。その結果、拉致問題で日朝プロセスを何とか始めたいと思われたんでしょう。

――シンガポール会談の翌年行われた米朝ハノイ会談の頃ですね。安倍前総理は金正恩氏との日朝首脳会談について、前提条件なしに実現を模索するという考えを表明しました。それまでは北朝鮮による日本人拉致問題の進展等を前提としていたわけですから、大きな方針転換でした。

我が国として対北政策を圧力から対話に切り替えたポイントというか、米朝プロセスが進むなかで、日朝の対話も進めるべき絶好のタイミングだと考えられたのだと思います。

――進展しなかったのは、北朝鮮側が我が国の提案に魅力を感じなかったからなのでしょうか。

基本的に当時の北朝鮮は、まず米朝優先ですよ。日朝はその従属変数という捉え方をしていたと推測します。ただ、北朝鮮自身、ハノイで決裂したので、その後の対外関係がどういう形になるかは見えていないんじゃないでしょうか。

――それまでに政治的・経済的資源を集中投入して核実験やミサイル発射で挑発を繰り返したのは、ハノイで果実をもぎ取るためだったわけですよね。その努力が水泡に帰した。

ハノイ会談は金正恩氏にとっても政治的に大きな痛手だったと思います。一方、米国の北朝鮮非核化に向けた意思は強固でしたし、安心できました。同じ路線を走っている感じを、安倍前総理も含めて持っていた。

――一方で、ハノイ会談以後、北朝鮮はトランプ政権を議論の相手とする限り拉致を避けて通れなくなった。これも、拉致問題を解決するという政策に向け、国家安全保障局が指示し、収集・分析された情報に従ったインテリジェンス活動の事例だと思えます。

残念ながら結果が出ていません。そういう外交に取り組んだということです。トランプ前大統領は、拉致被害者家族にも会ったし、そういう意味では、拉致問題について米国からのコミットメントはあった。今はバイデン政権と、同じように菅総理は取り組むでしょうけど。引き続き、正念場です。

――対北朝鮮では、日米に加え、韓国との情報協力も重要でしたね。

現在の鄭義溶外相と徐薫国家安保室長との間で、連携をとりました。当時はそれぞれ国家安保室長と国家情報院長で、二〇一八年からの米朝プロセスにおいて、彼らはトランプ政権を対話のテーブルにつかせるという重要な役割を果たしたと思います。徐薫氏は、韓国の大統領特使として我が国に米朝関係に関するブリーフィングにも来ましたし、鄭義溶氏とは、米国での日米韓の三者協議で色々と話もしました。

――内閣情報官の韓国側カウンターパートは国家情報院長ですね。

ええ。徐薫氏とは、当時からの付き合いが今も続いています。

――四月、米国での日米韓安保高官協議で久しぶりに再会しましたね。私の印象では徐薫氏の説明はちょっと、わかりにくい。

非常に頭がいい人で、ストーリーテラーです。語り方はいわば、論文風でなく、小説風。矛盾があっても、分からないように喋ることができる。だから論理の変遷があっても分かりづらい。日米韓で協議をやっていても、すごくうまいですよ。三か国の中で韓国があまり突出して違うみたいな感じは絶対に見せない。

――レトリックの曖昧さもありますが、日米韓の協調が求められる場面で最近、韓国・文在寅政権の危うさ、したたかさも出たのではありませんか。

盧武鉉元大統領が周辺諸国間の「バランサー」となって朝鮮半島と経済、安保を安定させると言っていましたよね。その筋書きを書いたのがまさに文在寅大統領なのだから、そうなりますよね。

――徐薫氏もその忠実な履行者ということですか。

バランサーを自任しているだけのことはあって、発言が内外で矛盾ととられないようにこなせる。

――安倍政権が提唱したQUADは、日米豪印の首脳や外相による安全保障、経済を協議する枠組みです。中国の対外拡張的野心の脅威や北朝鮮問題を抱えるその地域にインドを加えて面に展開し、強固な安全保障にしようということですよね。戦略の共有、普遍化に伴って我が国の存在感、役割は格段に上がったと思われます。

QUADは、我が国、米国、オーストラリア、インドの四か国を四角形に結ぶことで、四つの海洋民主主義国家の間で、インド洋と太平洋におけるシーレーンと法の支配を貫徹するというのが基本コンセプトです。その萌芽は、第一次安倍政権下、二〇〇七年のインド国会における「二つの海の交わり」(Confluence of the Two Seas) と題する当時の安倍総理の演説にも現れています。[*2] さらに、二〇一二年に公表された「Asia's Democratic Security Diamond」という英語論文において、安倍前総理は、日米豪印のセキュリティ・ダイヤモンドという形で一層具体化されました。その発展形が「自由で開かれたインド太平洋」(FOIP) 構想ですが、トランプ前大統領は面子にこだわらずにこの考えを素直に取り入れてくれました。[*3] これも根本には、我が国が安全保障に関し、独立のプレーヤーとして、防衛を「負担」としてのみ考えるのではないという前提に立ったことが重要だと思います。この立場の確立は、トランプ政権との関係では頗るうまくいきました。アメリカファーストのトランプ前大統領と、我が国が自ら安全保障に責任を取らなきゃいけないと思っている安倍前総理が一緒になったから。そういう意味では両国関係も相補った部分もある。

――今度はバイデン大統領という新しいパートナーと外交安保を組み立てなければなりませんね。

トランプ政権の誕生当時よりは、ブリンケン国務長官とかサリバン国家安全保障問題担当大統領補佐官とか、カート・キャンベル国家安全保障会議インド太平洋調整官兼大統領副補佐官とか、菅総理を含め当方がよく知っている方が要職に就きましたし、予想もできました。アンプレディクタビリティから来る不安は低減しました。

――サリバン氏が就任した直後にメッセージのやりとりがあったと。

先方の就任に際して、こちらから電話をかけました。外国首脳として最初に迎えるのが菅総理ということもあったので、挨拶をかねて打ち合わせをしました。冒頭で尖閣列島への安保条約第五条の適用を明言したほか、「自由で開かれたインド太平洋」の概念もほどなく継続を明言してくれています。頭脳明晰で決断力も兼ね備えた国家安全保障問題担当大統領補佐官で、我が国を重視する姿勢を色濃く見せています。

――前の民主党政権、オバマ政権のインド太平洋安全保障観とは違うようですね。

中国を最大の戦略的な競争相手だと明確に位置づけ、中国に地政学的に一番近い同盟国は我が国だという客観的事実を直視している。そういう意味では、バイデン政権は我が国を重視せざるを得ませんよ。

長期間にわたる北朝鮮との対峙

――それにしてもインド太平洋地域の不安定要素の一つである北朝鮮とは、ずいぶん長く対峙してこられました。とりわけ二〇〇四年の第三回日朝実務者協議では警察幹部として初めて北朝鮮に直接乗り込んでもいます。このとき、北朝鮮が横田めぐみさんの「遺骨」と称するものを出してきました。結局、ごまかしを見破るわけですが。

その年は、一一月九日からの第三回協議に同行することになりました。警察部内では、北朝鮮と対峙すべき外事課長の訪朝に反対した人も多かったです。協議の直前、北朝鮮が有本恵子さんの旅券やめぐみさんのカルテの映像を提出してきたのですが、政府としてはその資料の真正性を現地で確かめる必要があったわけです。また、北朝鮮側が被害者に関係する追加資料を提出するとも伝えてきたので、警察庁には、そうした資料を検証・鑑定する役割が求められていました。

——北朝鮮側は協議にどんな姿勢で臨んでいましたか。

協議には前向きだったと思います。というのも北朝鮮が二〇〇二年九月の日朝首脳会談に出てきて拉致を認めた背景としては、ブッシュ米大統領（当時）が同年一月、北朝鮮をイラン、イラクと並べて「悪の枢軸」と批判したことがありましたからね。

——〇一年九月の米国中枢同時多発テロ事件後、米国は「対テロ戦争」と位置づけアフガニスタン攻撃に乗り出した。その後だけに、「テロ支援国家」の一つだった北朝鮮は体制の危機を感じていたとされています。我が国に対米関係の取持ちを期待していた節もありました。

我々の訪朝は日朝首脳会談から二年以上経ってのことで、北朝鮮が米国からの攻撃の危機をどの程度抱いていたか分かりませんが、拉致問題を決着させたいという明確な意図があったとは思います。日程を二日も延長し、六〇時間近く協議をしてきましたから。

――そこでめぐみさんの「遺骨」と称するものを出してきた。その鑑定で警察チームが大きな役割を果たしたわけですね。

ただ、当時の藪中団長以下の外務省は、基本的には日朝平壌宣言の実現を目指す立場でした。北朝鮮が提出した資料を我が国の警察が鑑定し、その結果を世論が受け入れることで、交渉が軌道に乗ることを期待していたのだと思います。結果的に北朝鮮側の主張とは異なる者のDNA型が検出されて世論が沸騰し、北朝鮮が望むような形で拉致問題を決着させるどころではなくなりましたが。

――北朝鮮との対峙はその後、兵庫県警本部長となった後も続きましたね。県警外事課が北朝鮮向け不正輸出事件を摘発。国連安全保障理事会の制裁決議違反事件は、まさに経済安全保障の事件で、非常に興味深く思いました。本件は、特に、国連安保理が対北禁輸品に加えた「奢侈品」に関する事件でした。

奢侈品は、「金王朝」から指導部メンバーら特権階層への「下賜品」で、三九号室が管理していました。指導者の威信を維持するために重要な物資でしたが、一般にはそれを止める意義が認知されていませんでした。

――当時、北朝鮮の指導者の懐を締め上げた事件だったと思います。

県警外事課員による突き上げ捜査では、北朝鮮の物資調達の中核だった企業「大連グローバル」の役割と調達メカニズムを解明しました。

――その上で、敢えて言いますと、これは兵庫県警に限ったことではないのですが、摘発で得られた情報が安保理や同盟国捜査機関と共有されたか、疑問でもありました。

一連の大連グローバルの事件は、二〇一一年一一月、警察庁外事課から国連の北朝鮮パネルに報告しているそうです。そんなこともあって、古川勝久氏の本[*4]で取り上げられているのだと思います。いずれにせよ、中国・瀋陽を中心に暗躍していた北朝鮮の特殊機関のネットワークがかなり明らかにされたのではないかと思います。

米中新冷戦と経済安全保障

――インド太平洋地域の安全保障を見渡すと、なんといっても最大脅威は中国ですね。米中関係についてバイデン大統領は三月、「二一世紀における民主主義と専制主義の闘い」とトランプ前大統領以上に厳しい認識を示しました。しかし、こうした脅威認識を米国に持たせたのは、安倍前総理だったのではないかと思います。

トランプ前大統領は、情報機関からのブリーフィングをあまり聞かなかったらしいですから、安倍前総理がゴルフ場も含めて様々な機会でトランプ前大統領に対して、インド太平洋地域の厳しい安全保障環境や安保体制強化の重要性を説明してきたというのは、米国側にとっても良かったんじゃないですかね。

――トランプ政権の対中警戒では華為技術製の電子部品による情報窃取疑惑が印象深いですね。その

ころから我が国で経済安全保障という概念、危機感が徐々に共有されてきました。

経済安全保障への取組姿勢に変化が出ていることは事実ですが、これまで我が国は無警戒すぎた。銃弾やミサイルといった物理的破壊兵器を使ったのが過去の戦争なら、現在の戦争は経済、科学技術、情報、サイバーを武器とする見えにくい領域へと拡張しています。

そして華為の問題は、中国が国家安全法で国民や企業に情報の報告義務を課しているところが最大の懸念です。華為が収集・保有している我が国国民の個人情報を含め、中国当局に筒抜けになり得るということです。

——安倍前総理自身は、情報覇権主義とでもいえる中国の姿勢や、経済安全保障への危機感は強かったのですか。

国家安全保障局に経済班が発足したのが、私が着任後の二〇二〇年四月です。安倍内閣の末期ですが、安倍前総理自身、もう少し早く発足させたかったと仰っていました。

——警察幹部だったころには、摘発という形で経済安全保障に取り組んできましたね。企業の意識の低さもあった。それが今では企業においても一つの部署を作って輸出や調達先に神経を遣い、経済安全保障に取り組むようになった。

外事事件の摘発は、警察の仕事の中では安全保障との関係が深いとは思います。しかしながら、警察に居ては、事件捜査と広報の枠を超えて、経済安全保障の問題を社会的・政治的に広めることは難しいと思います。

——自民党も「経済安全保障一括推進法」の制定を目指すなど、経済安全保障の国家戦略としての確立に向けて動き出しています。変化を感じますか。

企業を含めてメンタリティが変わりつつあります。元々経済安全保障は、自由なマーケットシステムとは相容れない部分がある。本質的にはビジネスに対する規制だから。企業は基本的に儲かる方向、利潤を極大化する方向に行こうとするのに、何でそんな規制をするんだといった感じで、以前は摘発を受けても刑罰や行政処分が終わると、当該企業の広報が『ようやく輸出できるようになりました』などと挨拶文を出していた。警察の取締りが天災で、そこから復興したかのような感覚です。今では、経済安全保障担当の部署を置く企業も増え、技術情報や製品の保全を主体的に考えるようになっています。

——行政機構はどうですか。

経済官庁の姿勢が著しく変わりました。以前は、自由主義経済の確立に向けた規制緩和一色で、安全保障は省内の一部だけで扱うものだといったところがありましたが、現在は、認識が深まりつつある。また、政治について言えば、最近自民党が出した提言では最先端技術を含む機密情報の海外流出防止・情報保全に関する資格制度導入や外国人学生・研究者を受け入れる際の審査厳格化等も含まれていますし、日本銀行にも中央銀行デジタル通貨の早期導入に取り組むよう要請している。未知の感染症への備えや我が国の農水産品の遺伝子を知的財産管理の観点で強化することも盛り込んだ。器はできつつあるので、あとは早く実践することです。

奪われた経済の「武器」

――警察幹部として、不正輸出事件の摘発を通し、ある面で経済安全保障の最前線にいたわけですが、我が国はこれまでに何を奪われてきたのでしょう。

結果的に見ると、例えばロシアは二〇年以上前からGRU[*5]もSVR[*6]も基本的に我が国の技術情報の入手に完全に特化していた。私が警察庁外事課長当時に、いずれも警視庁が摘発した事件でロシア・スパイに持って行かれた東芝のパワー半導体やニコンの光学素子は、いずれも武器転用可能で、いわゆるデュアルユース品として高い能力を持っていました。光学素子等は地対地ミサイルにも使える。それから、現在はITT（Intangible Technology Transfer）と言われていますが、技術的知見を有する人（従業員）が相手方に獲得されてしまうとかなり大変だとは思いましたね。

――例えば内部システムに通じた人が獲得されると技術情報だけではなく、社内の機密事項の決裁フローとか内部統制のシステムに関する情報が抜ける恐れもありますね。

実際ロシアのスパイは、ロシアがほしい技術を持っている企業について、社内ネットワークシステムにも非常に関心があったんです。人的なソースから秘密を聞き出して、サイバーアタックに繋げようということかなとも思いました。

――我が国のデュアルユース品は、中国の人民解放軍もずいぶん前から熱心に食指を伸ばしていましたね。ヤマハ発動機による無人ヘリ不正輸出事件は、中国が日本企業の利潤最優先主義につけ込んだ事件でした。

端緒は二〇〇五年四月、ヤマハ発動機と中国企業を仲介していた中国人二人を福岡県警が不法就労助長で摘発した際、関係先から無人ヘリ輸出に関する資料が押収されたことでした。無人ヘリコプターは生物・化学兵器の散布や偵察等の軍事作戦にほぼそのまま使える。外為法で経産大臣の許可が義務づけられています。

――ヤマハ発動機側は申告を偽っていた。

自律航行性があるのに「ない」などと偽っていましたね。流石に、福岡県警単独では足場が悪いので、静岡県警との合同捜査にしました。当時は警察庁の警備局でともに勤務した原山進氏が福岡県警の、清全氏が静岡県警のそれぞれ警備部長をされていたこともあり、合同捜査は順調に進みました。

――実際よりも性能が劣ったように見せかけ、法の目をかいくぐって不正に輸出するスペックダウンの手口ですね。

輸出先のＢＶＥという会社は人民解放軍用の写真を撮るための企業だった。ＢＶＥは当時、戦略ミサイル製造の国営企業、中国航天科技集団等とも関係があるともいわれていた。現在ではドローン等でお手の物でしょうが当時は自律航行技術というものが確立していなかったはずです。

――当時印象的だったのは、関わった人や企業の刑罰が極めて軽いという現実でした。

被告側の防御活動が捜査段階を含めてかなり強かった。それもあって最終的に会社は罰金、本人は起訴猶予で終わったんです。

――不正輸出事件では核兵器や弾道ミサイルの製造に直結するものも流出していますね。当時、経済安保の取組はいかがでしたか。

あれは、リビアで精密測定器メーカー、ミツトヨの三次元測定機が発見されたことが端緒でした。シンガポールを中心に出回っているという話があって、部下の職員を出張させて直接、情報収集しました。これは極精密機器を作るときに重要でヤマハ発動機のときと同じく、輸出に当たり性能を偽り、スペックダウンしていた。しかも、これには裏があって、本体にソフトウエアが付いているわけ。それを入れ直すと、元のハイスペックに戻る。

――随分手の込んだことをしますね。

でもこれが動かぬ証拠になりました。警視庁が当時の社長、副社長、常務に取締役らの計五人を逮捕しました。起訴事実では数件でしたが、千の単位で輸出がされていて、非常に驚きました。かなり根の深い話でした。

情報能力強化と情報と政策との分離

――本書の主要なメッセージの一つに「情報と政策の分離」がありますね。どのような意味を込めた

のですか。

これは、多数が求め支持する一定の結論にとらわれて情報の扱いを誤ることがあってはならないという警句です。本文に引用しましたが、既に亡くなって、親友でもあった軍事評論家の江畑謙介さんは、その誤りの典型例として、米国による「イラクの大量破壊兵器に関する情報」の取扱いを挙げています。

私も、国家のインテリジェンスに携わる者として常に戒めとしていくべきは、イラク攻撃に至った経緯だと思っています。

——あの経緯は衝撃的でした。米ロサンゼルスタイムズの記者だったボブ・ドローギンは、それについて書いた著書『カーブボール』で米国情報活動史上「最悪の大失態の一つ」と評しています。CIAは、イラク攻撃を正当化するために、サダム・フセイン失脚を狙ったイラク人科学者がねつ造した情報を、信頼性が低いと知っていたにもかかわらず政権に報告。当時のコリン・パウエル国務長官が二〇〇三年二月の国連安全保障理事会で報告してもいます。

私は、政策決定者にとっては面白くない話も上げることにしてきました。政策の方向性と違う事象が発生することもあるわけですが、政策と情報の分離は決定的に重要です。この政策を推進しているから、この情報は邪魔だから、伝えるのをやめておこうというのは、よろしいことじゃない。不都合な真実も踏まえてどういう政策を採るか、判断してもらわなければいけないと思います。

——もう一つ加えるなら、そのイラク人科学者は、そもそもドイツ連邦情報局の情報源でもあった。

これは、我が国もそうですが、外国から得られた情報源の信頼性や情報の確度を検証する能力と意思が求められる気がします。

基本的に重要な政策決定のための情報ということになれば、検証というのは絶対に要りますね。実際、どの程度確度が高いのかといった検証が十分じゃなかったのかもしれませんね。

――米中新冷戦のまっただ中に起きたコロナ禍を、中国は世界秩序の再編に活用しようとしています。現下、外交、軍事、経済を俯瞰した安保政策の立案は死活的に重要になってきています。

そのコンテクストでは、繰り返しになりますが、経済安全保障戦略は極めて重要です。例えば、いま求められているのは、我が国しか果たし得ない「戦略的不可欠性」や特定国への過度な依存を回避して主体的に政策決定するための「戦略的自律性」、また国際ルールの形成を主体的に担って国際協調の中核となっていくことなのですが、この方向性を紡ぎ出す作業がまずは要るでしょうね。

――そこで、政策立案に必要な情報を報告するよう指示する役割が国家安全保障局ですね。類似した名称・役割を持つＮＳＣは米英等西側諸国のみならずロシア等多くの国に設置され、外交・安全保障政策等の立案、情報収集の指示等の司令塔となっていますが、我が国も二〇一四年の国家安全保障局の設置でようやく情報機関と政策立案側の結節点ができて他国並みになった。

国家安全保障局から提示する情報関心に応えるべく、我が国のインテリジェンス・コミュニティは日夜、情報収集に当たっています。一方、情報関心が与えられないと、情報機関がそれぞれ自分の取りたい情報を集めることのみに必死になり、自己目的化してしまう。これは最悪です。

――すると政策決定者と情報当局の結節点の役割が肝腎です。結節点の一つは内閣情報官、もう一つが国家安全保障局長となりますか。

安全保障に関する如何なる政策でも、策定に当たって地域情勢を始めとして情報がなければ話にならない。その際、政策決定者から示された関心事項、これが最重要です。それに基づいて情報収集上の視点を関係機関に与えつつ、プロダクトを収集作成するのが内閣情報官の役割、そうしたプロダクトを消化して政策に反映させるのが国家安全保障局長の役割なのです。

――政策の決定者である首脳は政治のプロであっても、必ずしも特定の政策立案に正確にマッチする情報関心の発出点になれるわけではありませんね。

もちろん首脳や官邸が「何を知りたいか」を提示することはありますし、そうした事例は官邸主導の流れもあり、むしろ増加しつつあります。一方で、政策立案に沿った情報関心を専門的視点から与えるということも必要だと思います。

――政治的課題が専門化、複雑化するなかでは、そうでしょう。

一方で、やや逆説的ではありますが、すべての情報機関が、国家安全保障局がどういう政策を指向するかを常に考え、それに合致する情報を収集するということも必要だと思います。その意味で、インテリジェンス・コミュニティが出席する司司の政策調整会議の場も重要だと思います。

――国家安全保障局が政策立案の上で必要な情報のテーマを情報機関に発出する起点として重要であることは分かりました。だからこそ、我が国の情報収集機能の向上もまた必須の課題のような気がします。

いずれは、情報局といった恒久的な組織を内閣に置いた方がいいと思います。現在の内閣情報官は実質的に内閣情報調査室の長であるにもかかわらず、法令上は官房長官や副長官といった官邸要路を補佐するスタッフとされ、まるで個人商店のようです。情報機構としての恒常性を持つ組織にすることが大事だと思います。残念ながら、在任中には実現できなかったですが、それがこれからの課題だと思います。

（書き下ろし）

【注】

＊1 https://youtu.be/DHavlyDXerg The Nixon Seminor-June1,2021-Chaired by Mike Pompeo and Robert O'Brien

＊2 https://trumpwhitehouse.archives.gov/wp-content/uploads/2021/01/OBrien-Expanded-Statement.pdf

＊3 https://trumpwhitehouse.archives.gov/wp-content/uploads/2021/01/IPS-Final-Declass.pdf

＊4 古川勝久『北朝鮮　核の資金源』新潮社三四～四八頁。

＊5 ロシア連邦軍参謀本部情報総局。

＊6 ロシア対外情報庁。

2章

我が国の情報機関の歴史的考察

解題

二〇〇一年のアル・カーイダによる米国の同時多発テロ事件、北朝鮮による邦人拉致事件捜査の進展、大量破壊兵器の拡散といった事象を背景に、二〇〇四年から二〇〇五年にかけて、我が国では「情報機関」をめぐる議論が活発化した。「最近の『情報機関』をめぐる議論の動向について」（二〇〇六年五月）は当時の諸家の議論を、それぞれの論点ごとに整理したものである。そこで提起した問題意識については、本書の1章において、より明確な形で方向性を示している。その意味で、本論文は、本書の「ポスト・コロナのインテリジェンスの在り方」と対をなすものである。なお、本稿は、『犯罪の多角的検討　渥美東洋先生古稀記念』（有斐閣）に寄稿したもので、刑事法を取り上げた他の玉稿と比べていささか趣きを異にする。故渥美東洋先生の寛容さに改めて御礼を申し上げたい。

警察権は、国家の統治作用に基づくものであり、主としてそれを担う警察組織の戦前、戦中、戦後の連続と不連続は、私の知的関心の一つであった。「外事警察史素描」（二〇一四年三月）は、外事警察の歴史を、治外法権の撤廃、終戦、占領、そして主権の回復という我が国の国家主権の興亡と結びつけて概説したものである。また、そこで提起した統一的秘密保護法制の必要性は、程なく特定秘密の保護に関する法律（平成二五年法律第一〇八号）の制定により結実する。本稿発表後二年以上経過して、二〇一六年八月一八日付けの「しんぶん赤旗」は、「秘密法強行主導の政府高官　戦中の弾圧体制　礼賛」と一面で本稿を批判した。読者が本稿を一読すれば、当該批判は全くの的外れであり、それが弾圧体制を礼賛したものでないことは自ずと明らかとなろう。

最近の「情報機関」をめぐる議論の動向について

【出典】
「最近の『情報機関』をめぐる議論の動向について」
『犯罪の多角的検討　渥美東洋先生古稀記念』（有斐閣、二〇〇六年五月）

はじめに

近年、我が国において、「情報機関」をめぐる議論が活発である。[*1]
本稿は、その背景にあると思われるものを明らかにするとともに、こうした諸家の見解を紹介しつつ、それらの幾つかの論点について、若干の議論の整理を行おうとするものである。
本稿は、「情報機関」の在り方に自ら何らかの新たな提言を付け加えようとするものではない。
しかしながら、諸家の見解の分析過程で当然に筆者の解釈というものも示されることとなろう。もとより、それらはあくまで私見であり、警察庁外事情報部の見解とは何ら関わりを有しないことを、あらかじめお断りしておく。

一　「情報機関」をめぐる議論の背景にあるもの

「情報機関」をめぐる議論が活発化する背景には、幾つかの要因が存在する。[*2]

第一は、平成一三年（二〇〇一年）九月一一日に発生した米国における同時多発テロ事件である。この事件を境に、国民の間に国際テロによる脅威に対する認識が著しく深まった。[*3]

そうした中、平成一四年（二〇〇二年）の日韓ワールドカップ開催期間を挟んで国際テロ組織アル・カーイダ関係者が複数回、我が国に出入国を繰り返していたことが明らかとなったほか、イラクにおける各種情勢を背景として、イスラム過激派側からは我が国をテロの標的にすると再三にわたり警告が表明された。さらに、イラクにおいては、イスラム武装組織による邦人人質事件等が平成一五年から一七年にかけて頻発し、我が国に対する国際テロの脅威が現実のものとなった。

そして、かかる事件の対処の過程やテロを未然に防止する上で情報の重要性が強調されるに至っている。

第二は、日本人拉致容疑事案等の対日有害活動を敢行してきた北朝鮮[*4]による我が国に対する安全保障上の脅威[*5]の存在である。

平成一四年（二〇〇二年）九月に行われた日朝首脳会談で、金正日国防委員長は、日本人拉致問題について、その事実を認め、謝罪し、同年一〇月には北朝鮮から生存と伝えられた五人の拉致被害者が帰国した。また、小泉首相の平成一六年五月の再訪朝を契機に、拉致被害者家族の帰国も実現した。さらに、安否不明の拉致被害者についても、金正日国防委員長が、「白紙の状態で再調査する」と言明したことを受けて、同年中に三回（第一回［八月一一日、一二日、北京］、第二回［九月二五日、二六日、北京］、第三回［一一月九日から一四日までの間、平壌］）にわたり日朝実務者協議が開催されたが、北朝鮮側の説明には依然として疑問・不明な点が残る結果となったばかりか、第三回実務者協議で北朝鮮側から提示された情報・物証について我が国政府が実施した精査結果に対しても、北朝鮮側は「受け入れることも、認めることもできないし、それを断固排撃する」などと主張するとともに、「朝日政府接触にこれ以上意義を付与する必要がなくなった」[*6]と述べ、同協議は事実上中断していた。[*7]

こうした中、北朝鮮は、平成一七年（二〇〇五年）二月一〇日、声明を発表し、核兵器を製造したことを公に認めた。さらに、同年五月一一日、朝鮮中央通信が伝えたところによると、北朝鮮外務省報道官は「（寧辺の）原子力発電所で八〇〇〇本の使用済み燃料棒を取り出す作業を最短期間内に成功裏に終えた」と表明するとともに、「核兵器庫を増やすのに必要な措置を引き続き講じている」として、核兵器増産の意思も強調してきた。[*8]

かかる北朝鮮情勢を背景として、日本人拉致問題の早期解決、北朝鮮問題、特に核・ミサイル問題を始めとする安全保障上の脅威の払拭という観点から情報及び情報活動の重要性が論じられている。[*9]

第三は、大量破壊兵器関連物資の拡散の問題である。

平成一五年（二〇〇三年）一二月、リビアの大量破壊兵器開発計画の廃棄の決定を契機として、核物質や関連機材を取引する世界的なネットワーク（いわゆる「核の闇市場」）の存在が明らかになり、これに関連する国は世界で三〇箇国以上に上ると言われている。また、北朝鮮を直接・間接の仕向地とする大量破壊兵器関連物資等の不正輸出事件も依然として後を絶たない状況にある。

不拡散に関する取組としては、同年五月、ブッシュ米国大統領が、国際社会の平和と安定に対する脅威である大量破壊兵器関連物資等の拡散を阻止するために、「拡散に対する安全保障構想（Proliferation Security Initiative：ＰＳＩ）」を提唱しており、我が国を含めた関係国が参加し、会合を開催したり、海上阻止訓練等を行ったりしている。こうした大量破壊兵器関連物資等の不正輸出の取締りをより一層強化していくため、国内関係機関相互の連携は勿論のこと、外国治安情報機関とのハイレベルかつ緊密な関係を構築し、これら機関との情報交換を活発に行うなどして、情報収集の強化を図ることが求められている。

第四は、平成一六年（二〇〇四年）一一月の中国原子力潜水艦の領海侵犯と海上警備行動の発令、「竹島問題」を契機とする韓国における「反日」デモ、平成一七年四月上旬から五月の初旬にかけて中国全土で頻発した中国における「反日」デモ等東アジアの近隣諸国と我が国との関係の緊張の高まりの中でこの問題が論じられる場合も存在する。[*10]

二　「情報機関」をめぐる諸家の議論

「情報機関」をめぐる議論は、内閣官房、警察庁、防衛庁、外務省といった行政の中枢において、実際に勤務をし、国策を遂行する上で、情報や情報活動の重要性を認識した諸氏から提起されている。

それゆえ、いずれの議論も自らの勤務を通じた体験に裏打ちされたものであり、その持つ意義は重い。

1　後藤田正晴氏

第一は、警察庁長官、内閣官房副長官等を経て、政界に転じ、中曽根内閣における内閣官房長官、宮沢内閣における副総理、法務大臣等の要職を務めた後藤田正晴氏[*11]の所説である。

「（政府全体の情報組織が）絶対必要だ。内閣情報調査室は二百人しかいないから、これではどうにもならない。いま日本に欠けているのは、国全体としての情報収集、分析、それへの対応をする機関。この必要性が皆まだ分かってない。どんな商売でも情報がなければ仕事にならない。ましてや国の運営となったら、情報は不可欠です。（戦後の日本に政府全体の情報機関が育たなかったのは）米国依存だから。国の安全は全部米国任せだから、いまのように属国になってしまったんだ。（新たな政府の情報機関を作るとすれば）謀略[*12]はすべきでない。かつて坂田道太防衛庁長官（七十四～七十六年）が『ウサギは相手をやっつける動物ではないが、自分を守るために長い耳がある』と言ったが、僕は日本という国を運営するうえで必要な各国の総合的な情報をとる『長い耳』が必要だと思う。ただ、これはうっかりすると、両刃《もろは》の剣になる。今の政府、政治でコントロールできるかとなると、そこは僕も迷うんだけどね。[*13]」

本論の特色は、第一に政府全体の意思決定を行う上での情報組織の必要性の強調と内閣情報調査室の体制の脆弱性、第二は独立した国家として国権を行使する上での独自情報を保有することの重要性、第三は「謀略」等のアクティブ・メジャーズ[*14]の否定、第四は広義の「情報と政策の分離」、特に政治と職業的情報機関との関係について論じている点である。

2　佐々淳行氏

第二は、警察庁外事課長、警備課長を歴任、その後、防衛庁に転じ、防衛庁官房長、防衛施設庁長官を経て、中曽根内閣において初代の内閣安全保障室長を務めた佐々淳行氏[*15]の所説である。

「私は、日本が戦後の呪縛から脱しつつあるいまこそ、国家の情報戦略を担う組織、『国家戦略情報センター』とでもいうべき情報機関を内閣に創設すべきだと考えている。そこで、第二、第三の明石元二郎[*16、*17]を育てるのである。（略）国家情報戦略センターという新たな組織の創設が難しければ、内閣情報調査室の機能を強化・拡大してもよい。」

「国家戦略情報センター、あるいは再生させた内閣情報調査室にどのような人材を登用すべき

なのか。（略）

警察出身の駐在官はその時、自分が『明石元二郎』になっているはずだ。（略）

彼のような情報官を、国家戦略情報センター、あるいは内閣情報調査室に登用するのである。中央省庁職員の全体枠を定めた総定員法に抵触するというなら、公安調査庁の調査官を減らせばよい。現在の二千人から千人に半減させて、公安調査庁から調査室に異動させてもいいだろう。（略）

警察、防衛両庁から海外勤務経験のある人間、あるいは公安調査庁から志願者を引っ張ってきて、一生情報に専念するように育てるのである。（略）

海外要員には勿論外交官身分は持たせるけれども、外務省とは独立した情報官として官房長官、あるいは平成十三年一月に新設された内閣情報官に直接報告を入れるようにする。[*18]」

本論の特色は第一に内閣への情報機関の創設又は内閣情報調査室の機能の強化・拡大、第二に情報活動に携わる優れた人材の育成の必要性を強調している点、第三に情報活動を行う人材の調達先や定員枠の捻出についても具体的な提案を行っている点である。

3　大森義夫氏

第三は、警視庁公安部長を経て、平成五年（一九九三年）から九年（一九九七年）までの間、内閣情報調査室長に在任した大森義夫氏の所説である。

「私が須川提案[19]に強く反対するのは『公安調査庁と外事警察を統合して対外情報庁をつくる』としている点と情報員の資質・資格に全く触れていない点である。情報組織とは既存の二つを合体させて働くようなものではない。情報マンは員数合わせで調達できるものではない。[20]

（略）

「日本のインテリジェンス組織は百人でスタートすればよい、と私は思う。一桁か二桁少ないのではないか、との嘲笑が降ってきそうだが構わない。だいたい適格者がいない。適性のないエージェントを抱えた情報組織ほど始末のわるい代物はない。三十年後に五千人規模を目指すことにして、身の丈相応で営業開始しよう。次代の若者たち男女が智恵の闘いに参加するのを待とう。日本にはいくつかの小さな情報機関がある。新しい組織を作るとき旧諸機関との関係が問題になるが、答えは簡単である。旧機関は全て解体し、全員を解雇。適性のある者だけを新組織で採用すればよい。国鉄民営化断行の実例を踏襲しよう。新組織の名称は『対外情報庁』とする。前回および第四回に述べたとおり、インテリジェンスは自国内、自国民に作用しない。外国の指令に従って行動する組織および個人は国内でも対象とする。国内情報はどうするのか？『国内情報庁』は当面設置しない。これも適正な人材がいないし、煩雑な議論を巻き起こすだけだからだ。日本の警察は自己刷新の能力を有していると信ずるので国内のテロ対策は警察と入国管理局の連携に委ねる。ただし国際テロ情報に関する統合システムは内閣として不可欠である。[21]」

本論の特色は、第一に「情報機関」の能力は、その規模ではなく、その構成員の資質であるということ、したがって、当該機関に如何なる人物を採用するかが重要であることを強調している点、第二に「インテリジェンスは自国内、自国民に作用しない。外国の指令に従って行動する組織および個人は国内でも対象とする。」として「情報機関」が取り扱う情報の外延を画定している点である。

4 佐藤優氏

第四は、在ロシア連邦大使館、外務省国際情報局第一課に勤務した佐藤優氏の所説である。

「官僚の世界は、すぐに器を作るという発想に行くんですよね。器は何度も作ったけど全部失敗しているんです。情報は文化ですから文化から離れたことはできないんです。組織として内閣情報調査室というのは二百人いますよね。総理直結のヘッドクオーターの情報部門が二百人という国は世界でもないと思いますよ。それほどでかい情報組織です。内調を活性化すれば日本の情報機関は飛躍的に強くなります。今までお話ししていない私の腹案なんですけど、具体的には、副総理制を設けることです。内閣情報調査室長が同時に副総理を兼ねる。政治家を室長にして政治の力によって情報に従事する人たちを守ることなんですよ。情報は最終的には総理に上がり、総理の判断を得るんですが、情報を間違えた場合に総理をそれに巻き込んではいけない。副総理が全部止めなきゃ行けないんです。[*22]」

本論の特色は、第一に情報活動はそのプロフェッショナリズムに基づくものであり、器の議論すなわち、組織論は本質的な問題ではないとしている点、第二に体制については、内閣のヘッドクオーターとしての内閣情報調査室の二〇〇人と言われる規模は現状で十分としている点において、3の大森氏の所説に近い。第三に広義の「政策と情報の分離」について、情報部門の長に副総理を充てることにより「政治の力によって情報に従事する人たちを守る」としている点において、1で紹介した後藤田氏の所説とは際立った対比を見せている。[*23]

5 原田武夫氏

第五は、外務省北東アジア課課長補佐（北朝鮮班長）として、日朝実務者協議等に携わった原田武夫氏の所説である。

「拉致問題を解決したいというのなら、そして、少なくとも現段階においてこの問題をめぐる状況が膠着しているという認識があるのなら、私たち日本人にもっとも必要なのは、他でもない、内閣総理大臣に直属した単一の『情報機関』を設置することであるはずだ。ここでいう『情報機関』とは、望遠鏡で人家をのぞいたり、空中に飛び交う電波を傍受するだけにとどまらない。本当に必要なのは、そうした遠方からの情報収集（SIGINT）ではなく、フェース・トゥ・フェースでヒトがヒトから集める情報（HUMINT）なのだ。[*24]」

「インテリジェンスに対するセンス（情報力）がまず意識として保持されることを前提に、国家機関として諜報・工作機関を日本にも新設すべきだと私は考えている。この国家機関は、それが取り扱う事案の性質上、迅速な執行能力と力強い民主的コントロールのバランスをとるべく、内閣の直属の機関として設置されるべきである。

ちなみにここでいう『諜報』や『工作』は、日本国内における他国（およびその機関）の浸透を防ぐという意味での『防諜』を超えたものだ。日本でこの意味での『防諜』を行っている機関としては、警察庁外事課、あるいは法務省傘下にある公安調査庁がある。しかしこれらは、ここでいう『エージェント・アプローチ』に相当する『諜報』や『工作』といった積極的な活動を（少なくとも表向きは）行っていないものとされている。[*25]」

本論の特色は、第一に日本人拉致問題に取り組み、そこで結果として大きな進展が得られなかったことが「情報機関」創設を提唱する大きな動機になっていること、第二に現在も政府内には情報を取り扱う行政機関は複数存在するが、内閣に「単一」の「情報機関」を設置するとしていること、第三に技術的な手法による情報収集よりも主観的手法による情報収集を重視していること、第四に「情報機関」を他国の例等も引きながら「諜報・工作機関」と位置付けていることである。特に、第四の点において、「謀略はすべきでない。」とする1の後藤田氏の情報機関像とは大きくかけ離れている。

三　内閣の情報組織の現状

前記二で議論の中心ともなっている内閣に設置されている情報組織として内閣情報調査室がある。議論の前提として、この組織の任務、活動等について、公表資料を通じて概観しておくこととする。

内閣情報調査室は、内閣情報官の下で、内閣の重要政策に関する情報の収集及び分析その他の調査に関する事務を担当しており、当該事務を次長及び総務部門、国内部門、国際部門、経済部門、内閣情報集約センター並びに内閣衛星情報センターで分担し、処理している[*26]（内閣法第一二条第二項第六号[*27]、内閣官房組織令第四条、第四条の二[*28]〔当時〕）。

内閣情報調査室は、平成一七年（二〇〇五年）四月一日現在、約一七〇名の体制で、構成は、内調プロパーの職員が約七〇名、警察庁からの出向派遣者が約四〇名、公安調査庁からの出向派遣者が約二〇名、防衛庁からの出向派遣者が約一〇名、そのほか外務省、総務省、消防庁、海上保安庁、財務省、経済産業省等から若干名を受け入れているとされている[*29]。

内閣情報官は、定例の報告として、内閣総理大臣に毎週一回（当時）ブリーフィングを実施しており、定例の報告以外にも、重要な情報や急を要する情報がある場合には、二四時間体制で総理に随時速報しているとされている。

報告の内容は、内閣の重要施策に関する情報全般にわたるが、その中心は外交、安全保障関係の情報であり、内閣情報調査室が自ら行った情報調査活動の成果のほか、各省庁から集約した情報の分析結果等も報告しているとされている。[*30]

また、内閣情報調査室は、政府内のいわゆる情報コミュニティ（図1参照）を調整、統合する役割も担っており、そのための組織として、内閣情報会議と合同情報会議が存在する。[*31] 内閣情報会議は年二回開催されている。合同情報会議[*32]は、二週間に一回（当時）開かれている。合同情報会議は、事務の副長官をヘッドとした関係省庁局長クラスの会合である[*33]（図2参照）。

内閣情報調査室から関係省庁に対して情報提供を求めることについて、法的な権限として明確に規定したものはないが、我が国では、各省庁が収集した情報のうち重要なものは、内閣情報調査室を通じて迅速に内閣の下に集約され、総合的な評価、分析を行う仕組みが既に構築されており、[*34] また、いわゆる情報コミュニティと言われる省庁間において、内閣情報会議や合同情報会議の場等を通じて緊密な連絡を保ち、必要な情報は内閣の下に集約され、政府としての対策に反映されているとされている。[*35]

四　内閣の情報組織に関する従前の議論

「情報機関」に関する議論を整理・検証する前に現状の内閣の情報組織を形成するに当たって如何なる議論がなされたかを明らかにすることも意義あることである。したがって、公表資料に基づき、内閣情報官の設置、情報コミュニティ概念の導入等、一連の改革の前提となった「行政改革会議[*36]」

図1 意思決定を支える情報の集約と共有

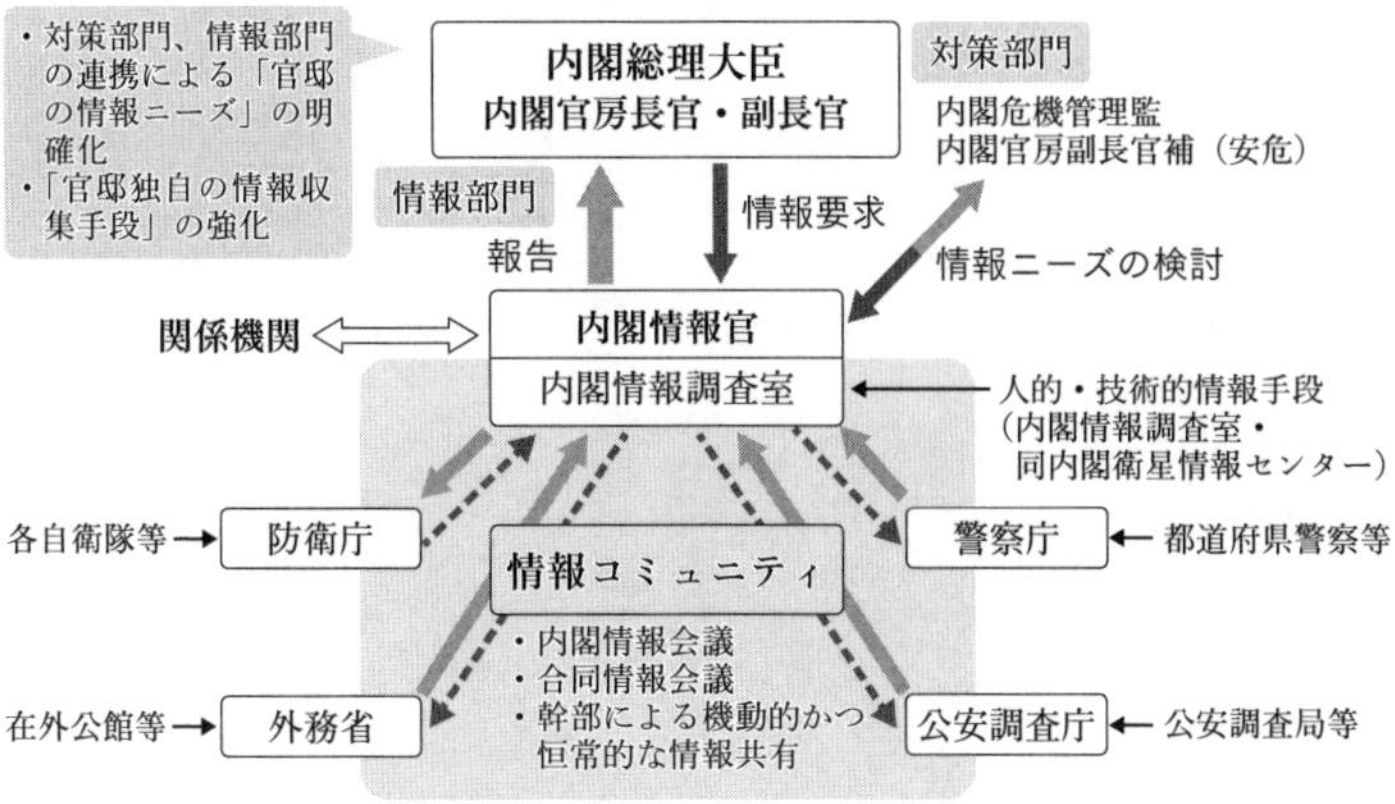

出典：第9回「安全保障と防衛力に関する懇談会」資料（「政府の意思決定と関係機関の連携について」［平成16年9月6日］［http://www.kantei.go.jp/jp/singi/ampobouei/dai9/9siryou1.pdf］）より

図2

内閣情報会議

我が国又は国民の安全に関する国内外の情報のうち、内閣の重要政策に関するものについて、関係行政機関が相互に緊密な連絡を行うことにより総合的な把握をするため、内閣に内閣情報会議を設置する。

議　長　内閣官房長官
委　員　内閣官房副長官（政務）
内閣官房副長官（事務）
内閣危機管理監
内閣情報官
警察庁長官
防衛事務次官
公安調査庁長官
外務事務次官

合同情報会議

関係行政機関相互間の機動的な連携を図るため、内閣情報会議に合同情報会議を置く。

議　長　内閣官房副長官（事務）
構成員　内閣危機管理監
内閣副長官補
（安全保障、危機管理担当）
内閣情報官
警察庁警備局長
防衛庁防衛局長
公安調査庁次長
外務省国際情報統括官

出典：第9回「安全保障と防衛力に関する懇談会」資料（「政府の意思決定と関係機関の連携について」［平成16年9月6日］［http://www.kantei.go.jp/jp/singi/ampobouei/dai9/9siryou1.pdf］）より

における内閣の情報組織に関する議論を取り上げ、さらに、その後の動きとして、平成一三年（二〇〇一年）九月一一日に発生した米国における同時多発テロ事件以降にまとめられた自由民主党テロ対策本部情報収集等検討チーム（町村信孝座長）提言、直近に出された「対外情報機能強化に関する懇談会[*37]」による提言「対外情報機能の強化に向けて」に触れておくこととする。

1 行政改革会議

(1) 議論の概要

行政改革会議議事概要によれば、我が国においては、「各省による行政事務の分担管理制をとっていることから、各省が収集した情報が当然には官邸に入るシステムになく、各省情報へのアクセス権もないこと、内閣官房自身の情報収集能力も必ずしも十分でな」く、「関係省庁の部局長が集まる合同情報会議を行い、情報の交換に努めている旨」説明がなされ、内閣官房に府省に対する情報についてのアクセス権がないこと、内閣官房における情報収集能力、さらに、合同情報会議のインフォメーション・シェアリングにおける重要性についての説明がなされている。[*38]また、「内閣における情報の収集・集約・分析機能の強化については、これからは情報こそがポリティカル・リソースとなるのであり、機能の強化が不可欠である」との意見が述べられるとともに、「ペルー事件[*39]の教訓からも、日本の在外公館の情報収集機能が不十分であ」り、「在外公館で情報の収集・把握機能の強化を図ることが必要で、そのための人的配置も重要ではないか」、さらに、「警察庁、防衛庁等から警備官や書記官として在外公館に出向し、情報収集に当たっているが、そういう仕組みが広く必要である、仕組みもさることながら、出向する人の適性の問題が大きい」との意見や「情報収集に当たっては、官なるがゆえの制約もあり、例えば、半官半民の組織がそれゆえに収集し得る情報等もあるのではないか」との意見が述べられ、情報インフラとしての在外公館の重要性と当該事務に従事する職員について、警察庁や防衛庁からの出向職員が挙げられている点が注目される。[*40]

(2) 行政改革会議最終報告等（平成九年〔一九九七年〕一二月三日）

こうした議論を経て、「内閣機能の強化に関する論議結果」（行政改革会議集中審議議事概要資料一〇）においては、「内閣官房」は、「内閣の補助機関であるとともに、実質的に内閣の『首長』たる内閣総理大臣の活動を直接に補助・支援する強力な企画・調整機関とする」とされ、その機能としては、「①基本方針の策定（対外政策や安全保障政策の基本、行政・財政運営の基本やマクロ的経済政策、予算編成の基本方針等はもとより、個別事項であっても国政上重要なものを含みうる。）、②政府部内最終調整、③危機管理、④情報、⑤広報」とされた。また、情報機能については、「①『情報と政策の分離』の観点及び②情報分析業務の専門性に照らし、『内閣官房』の組織として、独立かつ恒常的な組織を設ける。関係省庁間の情報の共有と内閣への集約、分析・評価の相互検証を進めるため、『情報コミュニティ』の考え方を確立」し、「現在事実上開催されている『合同情報会議』を内閣官房の正式な機関として位置づけ、有効に機能しうるよう配慮」するとともに、「現在の内閣情報調査室の機能・体制を強化」することとされ、同旨が行政改革会議最終報告においても維持された。

(3) 報告の視野

この報告を若干敷衍すれば、重要な国家戦略である対外政策、安全保障政策等の基本方針を策定するとともに、この基本方針を策定するために、当該政策の立案者からの要求に基づき、インフォメーションを収集し、これに分析を加え、インテリジェンスとしてこれを当該政策立案者に提供するという機能は内閣に置かれる機関である内閣官房が担うこととされ、中央省庁等改革で示された内閣機能の強化のための諸点を前提として政府全体のインテリジェンス機能の強化について考察を加えることが重要であるということである。

この際に、希求されるべきことは、第一に「情報と政策の分離」という観点から、主として政策の企画立案を担う府省[*41]が我が国の対外政策、安全保障等の基本方針に関するインテリジェンス機能をも併せて担うことは適当ではなく、当該機能は引き続き内閣に置かれる機関に留保されるべきであるということである。また、インテリジェンス機能の公正性を確保するという観点から、これを担う機関については一定の中立性が求められているとも言えよう。

第二に、「情報の集約」という観点から、現在、府省が取り扱っている情報の中でも我が国の対外政策、安全保障政策等の基本に関わるものが存在するものと考えられるところ、かかる情報は、これまで、いわば府省の自主的な判断に基づいて内閣官房を通じて内閣へ提供されているが、既に述べたとおり、こうした情報の集約の在り方が現在、内閣情報官による府省が保有する情報へのアクセス権の付与を始めとする議論の対象となっている。

第三に、「情報分析業務の専門性」という観点からは、冷戦後、安全保障上、テロ対策上の懸念事項が複雑・多様化し、国際的にも広がりを見せる中にあって、対外政策、安全保障等の観点から分析を要する対象は拡大しているところ、こうした課題に応えるための専門性の強化が課題となっている。

第四に、組織の「独立性、恒常性」という観点からは、現在の内閣情報官は、内閣法第一八条（当時。現行第二〇条）第二項に規定されているとおり、内閣官房長官、内閣官房副長官及び内閣危機管理監のスタッフとして位置付けられているところ、「独立性、恒常性」という面で現在の制度設計が十全であるかも一考を要するところであろう。

2 自由民主党テロ対策本部情報収集等検討チーム（町村信孝座長）提言

(1) 提言に至る経緯

自由民主党[*42]では、平成一三年（二〇〇一年）九月一一日の米国における同時多発テロ事件が発生した直後に、「テロ対策本部」が設置され、さらに、本部の下に党幹事長代理を座長とする「情報収集等検討チーム」が設置され、関係議員、政府の関係部局（内閣情報調査室、警察庁、防衛庁、公安調査庁、外務省等）、情報に関する有識者等と会議が重ねられた。また、平成一四年一月に同チームはイギリスを訪問し、そこでの意見交換も踏まえた形で、同年提言がなされたところである。[43]

(2) 提言の要旨

公開可能とされる提言の要旨は、以下のとおりである。[44]

ア 「合同情報委員会」(仮称)の設置

「情報集約・分析機能を強化する為、現在、内閣情報会議の下に置かれている合同情報会議を改組し、新たに『合同情報委員会』(仮称)を設置する。メンバーは、これまでの情報コミュニティに加え、経済官庁や海上保安庁等を加える。内閣情報官の下に、関係省庁および民間人の最優秀の少人数のスタッフを集め、専ら情報の分析・評価を行う。」

イ 海外情報収集の専門組織の新設

「外国における人的情報収集力強化のため、英国の情報庁SIS(SECRET INTELLIGENCE SERVICE、通称MI6)を参考にして、独立した組織を新設する。要員は官民をあげて優れた人材を集め、情報のプロフェッショナルを育成する。政策形成に直接関与しない組織が対外情報収集を行い、内閣情報官、外務省等に情報提供する。」

ウ 情報委員会(仮称)の新設

「訪英の折、テイラー情報特別委員会委員長他と面談、国会に情報委員会(仮称)新設の着想を得る。英国のこの委員会は極めて特殊で、委員は首相指名、公務員機密法による秘密保持の宣誓、署名が必要、情報機関の政策、組織管理について調査可能だが、個別具体的な案件には踏み込まない。政党対政党の政争の具にせず、もちろんマスコミへのリークは絶対禁止とする。内外の情報活動に関する国民のコントロールが及ぶためにも必要な組織。」

(3) 提言の特色

提言の特色は、第一に前記三で述べた「合同情報会議」の改組であり、特にインテリジェンス・コミュニティに経済官庁等を加えるとしているところである。第二に「情報機関」の独立性の保持と政策官庁からの分離である。第三は「情報機関」に特化した形での国会の関与である。

3 「対外情報機能の強化に向けて」（平成一七年［二〇〇五年］九月一三日）

(1) 提言に至る経緯

外務省が国内有識者により、外務省における対外情報収集・分析や情報組織の在るべき姿等につき、広範で自由な議論を行う「対外情報機能強化に関する懇談会」を立ち上げ、同会はその第一回会合を平成一七年（二〇〇五年）四月二六日（火）に開催し、六回の会合を経て同年九月一三日、同会の提言として「対外情報機能の強化に向けて」（以下「対外情報機能の強化」という。）を明らかにした。同提言は、「外務省の情報機能のあり方を中心としつつ、更に敷衍して政府全体としての取り組みが望まれる課題にも触れ」ているとしている。

(2) 提言の特色

同提言の特色は、第一に「対外情報収集活動の中には、場合によっては通常の外交活動と相容れないものがあり、そのような活動のためには特殊な教育・訓練が必要とされ、更に、職員が特定分野に長期・継続的に携わる人事配置が必要である」とし、外交活動と対外情報収集活動との任務、所掌事務及び組織の上での相反性を強調した上で、「特殊な対外情報収集活動を行う固有の機関の設置は、政府全体として取り組んでいくべき、今後の重要な検討課題である」とし、固有の「対外情報機関」の設置を政府全体の課題としていることである。第二に秘密保全に関する法体系の整備を訴えていることである。

五 若干の議論の整理

以上「情報機関」をめぐる諸家の議論、内閣の情報組織の現状、現状の内閣の情報組織に関する従前の議論を取り上げてきたが、ここでは、それらをおおまかな論点ごとに整理することにより、今後の議論の深化に資することとしたい。

1 内閣に置かれる情報組織の体制

まず、内閣に置かれる情報組織の体制、規模の問題である。

行政改革会議においては「現在の内閣情報調査室の機能・体制を強化」するとして、現実に体制の強化が図られたと言われているが、現状の体制が十全であるかについては、論者によって評価が分かれるところである。

「総理直結のヘッドクオーターの情報部門が二百人という国は世界でもないと思いますよ。それほどでかい情報組織です。」（前掲・佐藤）として本部機能を果たすための体制としては現状で十分であるという論や「日本のインテリジェンス組織は百人でスタートすればよい」（前掲・大森）として少数精鋭の組織を主張する論がある一方、「これではどうにもならない」（前掲・後藤田）、「三十年後に五千人規模を目指す」（前掲・大森）という論もある。

しかしながら、後者はむしろ具体的な情報収集を行うオペレーショナルな部門を含めた体制を意図しているのではないかとも思われる。

2 「情報機関」の権能

我が国では、各省庁が収集した情報のうち重要なものは、内閣情報調査室を通じて迅速に内閣の下に集約され、総合的な評価、分析を行う仕組みが既に構築されているとの説明がなされているが（＊34・細田答弁）、行政改革会議において「内閣官房から、各省による行政事務の分担管理制をとっていることから、各省が収集した情報が当然には官邸に入るシステムになく、各省情報へのアクセス権もない……との説明があった」[*45]とされた点については、中央省庁等改革の際にも法制的な手当てはなされておらず、府省が保有する情報に対する内閣情報調査室及び内閣情報官によるアクセス権を如何に制度的に担保し、強化していくかという課題が残されている。

3 情報活動の限界

情報活動の国内法上の位置付けや我が国の国際的地位といったものを意識した結果と推認されるが、「(新たな政府の情報機関を作るとすれば)謀略はすべきでない。」(前掲・後藤田)、「インテリジェンスは自国内、自国民に作用しない。外国の指令に従って行動する組織および個人は国内でも対象とする。」(前掲・大森)という形で「情報機関」が行う情報活動の限界を画する論が有力である。

一方、前者については、「国家機関として諜報・工作機関を日本にも新設すべきだと私は考えている。(略)ちなみにここでいう『諜報』や『工作』は、日本国内における他国(およびその機関)の浸透を防ぐという意味での『防諜』を超えたものだ。」(前掲・原田)として、アクティブ・メジャーズの行使を積極的に唱えるものも見られる。

4 「情報機関」の構成員

「そこ(筆者注:新たな「情報機関」)で、第二、第三の明石元二郎を育てる」(前掲・佐々)、「適性のないエージェントを抱えた情報組織ほど始末のわるい代物はない。」、「適性のある者だけを新組織で採用すればよい。」（前掲・大森）、「インテリジェンスに対するセンス（情報力）がまず意識として保持されることを前提」（前掲・原田）、「そのような活動のためには特殊な教育・訓練が必要」（前掲「対外情報機能の強化」四頁）といった論に見られるように、情報活動にはそれに従事する職員の適性が要求され、事務の専門性に合致する教育訓練が必要であるというのは各論者のほぼ共通するところではないかと思われる。

また、「情報機関」で勤務する職員の採用・配置について、「警察、防衛両庁から海外勤務経験のある人間、あるいは公安調査庁から志願者を引っ張ってきて、一生情報に専念するように育てるのである。」（前掲・佐々）、「日本にはいくつかの小さな情報機関がある。新しい組織を作るとき旧諸機関との関係が問題になるが、答えは簡単である。旧機関は全て解体し、全員を解雇。適性のある者だけを新組織で採用すればよい。」（前掲・大森）、「職員が特定分野に長期・継続的に携わる人事配置が必要である」（前掲「対外情報機能の強化」四頁）として、「情報機関」の構成員に関し、その派遣元官庁を明示した論もみられるが、むしろ、それぞれが当該「情報機関」に職員を派遣した場合に、派遣元官庁との関係を断絶（いわゆる「片道切符」）した上で、継続的な形で新たに「情報機関」を形成すべしとしている点が注目される。

5　政策と情報の分離

政策と情報とを混交することの危険性は、江畑謙介氏が情報の「収集・分析・評価の落とし穴」

を主題として扱った著書の中で「先入観なく、客観的に物事を見るということは、一見簡単なようだが、実は情報の収集、処理、分析、評価の過程で一番危険な落とし穴である。多くの人、組織、国家が『こうあるはずだ』『こうあってほしい』という結論を先に出したために、情報の取扱いを誤っている。イラクの大量破壊兵器に関する情報はその典型であろう。[*46]」と指摘しているところである。

前掲の「対外情報機能の強化」は「対外情報収集活動の中には、場合によっては通常の外交活動と相容れないものがあ」るとして[*47]、外交活動と対外情報収集活動の任務、所掌事務上の相反性を指摘している。これを組織論的に言えば、既に述べたとおり、「こうあるはずだ」、「こうあってほしい」という政策の企画立案を担う府省が我が国の対外政策、安全保障等の基本方針に関するインテリジェンス機能をも併せて担うことは適当ではなく、当該機能は引き続き内閣に置かれる機関に留保されるべきであるということである。その際、裏腹の権限と責任という観点から情報活動に伴う責任についても、「情報機関」に極限され、政策部門や政治的な意思決定部門に累が及ばない仕組み作りが求められているとも言えよう。

6 「情報機関」と政治

インテリジェンス機能の公正性を確保するという観点から、これを担う機関については一定の中立性が求められていると言うことができるが、この点に関し、「情報機関」と政治との関係が問題とされている。

例えば、「内閣情報調査室長が同時に副総理を兼ねる。政治家を室長にして政治の力によって情報に従事する人たちを守ることなんですよ。」（前掲・佐藤）として政治による「情報機関」に対する直接的な監督を主張する論がある一方、「ただ、これはうっかりすると、両刃《もろは》の剣になる。今の政府、政治でコントロールできるかとなると、そこは僕も迷うんだけどね。」（前掲・後藤田）としてこれに疑問を提起する論が存在する。

また、前掲の自由民主党提言における国会の「情報機関」に対する関与においては、それに携わる「委員は首相指名、公務員機密法による秘密保持の宣誓、署名が必要、情報機関の政策、組織管理について調査可能だが、個別具体的な案件には踏み込まない。政党対政党の政争の具にせず、もちろんマスコミへのリークは絶対禁止とする。」として厳しい制限を課していることも注目される。

7 独立性、恒常性

「内閣の重要施策に関する情報の収集調査に関する事務」は内閣官房の事務とされているが、一方において、内閣官房はその組織の性格からして「内閣総理大臣との直接の信頼関係の下で機動的に運営されるものであり、その組織は基本的に弾力的なものとする必要がある。また、時々の課題に応じ、内外の人材を随時糾合して編成できるようにすべきである。このため、その内部組織は、現行の五室［当時］にこだわらず、時の内閣総理大臣の意向に沿った内閣官房の柔軟かつ弾力的な運営が可能な仕組みとする。」（行政改革会議最終報告）とされているところである。

かかる内閣官房の組織的な性格に規定され、内閣情報官は実質的には行政機関たる内閣情報調査室の長であるにもかかわらず、法令上は、内閣法第一八条（当時。現行第二〇条）第二項に「内閣情報官は、内閣官房長官、内閣官房副長官及び内閣危機管理監を助け、第十二条第二項第六号に掲げる事務を掌理する。」とあるように、内閣官房長官、内閣官房副長官及び内閣危機管理監のスタッフとして規定されている。

すなわち、現在の内閣情報官は、被補佐官庁に従属するという意味において「独立性」の面において、さらに、「内閣総理大臣の意向に沿った内閣官房の柔軟かつ弾力的な運営」という意味において組織の「恒常性」の面においても、それぞれ問題を有しているとの見方も成り立たないわけではない。かかる法令上の規定の仕振りが内閣の情報組織の独立性、恒常性を担保する上で十分であるかについては、更に議論の余地があるようにも思われる。

終わりに

以上、昨今の「情報機関」をめぐる議論について、自分なりの整理を試みた。

本稿は、これまで公刊物上で提起された諸家の議論に対する評価・分析を中心に論じた結果、我が国のインテリジェンス・コミュニティ全体を俯瞰するものとはなっておらず、その点では、到底網羅的なものではなく、取り上げた問題が結果的に局限されたという感が否めない。今後、「情報機関」をめぐる議論が如何なる展開を遂げるかは筆者にもつまびらかではないが、本稿がいささかなりともその深化に資することを期待するものである。

【注】

＊1 政府機関では、外務省が国内有識者により、外務省における対外情報収集・分析や情報組織の在るべき姿等につき、広範で自由な議論を行う「対外情報機能強化に関する懇談会」を立ち上げ、同会はその第一回会合を平成一七年（二〇〇五年）四月二六日（火）に開催し、六回の会合を経て同年九月一三日、同会の提言として「対外情報機能の強化に向けて」を明らかにした。

＊2 警察庁「緊急治安対策プログラム」（平成一五年［二〇〇三年］八月）

3 テロ対策とカウンターインテリジェンス（諜報事案対策）

近年、国際テロ・NBCテロの脅威が高まり、海外における邦人被害や我が国権益に係るテロ等も発生している。また、北朝鮮は過去に重大なテロを引き起こしているほか、日本人拉致容疑事案、不審船事案、諜報事件を敢行してきている。

＊3 警察庁「テロ対策推進要綱」（平成一六年［二〇〇四年］八月）

最近、テロへの不安を感じる人が増えている。平成十五年十月に約二千人の国民を対象に実施された世論調査では、約六割の人が日本国内において国際テロが発生する危険を感じているなど、国民の不安感が高まっていることが明らかになった。

＊4 警察庁「北朝鮮による対日有害活動」焦点第二七〇号（平成一六年の警備情勢を顧みて〜回顧と展望〜）（二〇〇五年）一二〜一六頁。

＊5 警察庁「テロ対策推進要綱」（平成一六年［二〇〇四年］八月）「安全保障上の重要課題である北朝鮮問題への対応」。

＊6 二〇〇四年一二月三一日午前七時朝鮮中央放送。

＊7 平成一七年（二〇〇五年）一一月三日、四日、北京において日朝政府間協議が再開されたが、北朝鮮側は拉致問題は解決済みとの姿勢を崩すことはなかった。

＊8 平成一七年（二〇〇五年）七月二六日から八月七日まで及び九月一三日から一九日までの間、開催された第四回六者会合で、北朝鮮は、すべての核兵器及び既存の核計画を放棄すること、並びに、核兵器不拡散条約及びIAEA保障措置に早期に復帰することを約束したが、それを実現するためのプロセスはその後の交渉の大きな課題となっている。

＊9 原田武夫『北朝鮮外交の真実』（筑摩書房、二〇〇五年）二三九頁以下。

＊10 平成一七年（二〇〇五年）六月一日付け産経新聞（朝刊）「外務省元主任分析官 佐藤優氏に聞く 外交『不作為の集積』罪重く」。

＊11 後藤田正晴『情と理 後藤田正晴回顧録（上）（下）』（講談社、一九九八年）本人履歴より。

＊12 丸山昂「外事警察における対諜報機能について」警察学論集第九巻第三号（一九五六年）二・三頁によれば、諜略とは、「その活動自体が目的ではなく、因果関係によって特定の効果の発生を期待してなされる行為であって、その形態によって、扇動（Provocation）、破壊諜略（Sabotage）、政治諜略（Political action）、経済諜略（Economic action）、思想諜略（Black propaganda）等の区別がある」とされる。

＊13 平成一六年（二〇〇四年）九月二一日付け朝日新聞「後藤田正晴元副総理インタビュー：政府全体の組織が不可欠、『制服だけに情報』は困る」。

＊14 「他の国々の政策に影響を与えることを目的として、伝統的外交活動と表裏一体で推進される公然・非公然の諸工作をいう。」（『改訂 警備用語辞典』［令文社、二〇〇四年］一三頁）。

＊15 佐々淳行『完本 危機管理のノウハウ』（文藝春秋、一九九一年）本人履歴より。

*16　元治元年（一八六四年）筑前福岡藩士の家に出生。陸軍士官学校、陸軍大学校を経て、参謀本部付で陸軍へ。ドイツ留学、在フランス公使館付武官を経て、日露戦争開戦一年半前の明治三五年（一九〇二年）八月、ペテルブルグの在ロシア公使館付武官。同三七年在ストックホルム公使館付武官。同四〇年第一四憲兵隊長（在朝鮮）。同四三年韓国駐箚憲兵司令官。参謀次長。大正七年（一九一八年）台湾総督、陸軍大将。同八年一〇月二六日死亡（男爵位授与）（佐々淳行「稀代のスパイ・マスター　明石元二郎なき平成日本への提言」正論二〇〇四年臨時増刊号より）。

*17　「明石のしごとは、こういう気流を洞察するところからはじまり、それにうまく乗り、気流のまにまに舞いあがることによって、一個人がやったとはとうていおもえないほどの巨大な業績をあげたというべきであり、そういう意味では、戦略者として日本のどの将軍たちよりも卓絶しており、

——君の業績は数個師団に相当する。

と、戦後先輩からいわれたことばは、まだまだ評価が過小であった。かれ一人の存在は在満の陸軍のすべてか、それとも日本海にうかぶ東郷艦隊の艦艇のすべてにくらべてもよいほどのものであった。」（司馬遼太郎『坂の上の雲（六）』［文春文庫、一九七八年］一七六頁）。

*18　前掲・佐々「提言」三二六・三二七頁。

*19　大森氏は、須川提案のうち以下の一〇原則については賛同している。

①「対外情報庁」を設置して、そのトップを日本の国家情報機関の総元締めとする。②情報庁トップはカスタマー（政権中枢）サイドに立って国家戦略・戦術に沿ったオーダーを情報機関に出す。逆にカスタマーに対しては得られた情報に基づいて戦略・戦術を報告する。③情報庁トップは総理大臣の承認を得て各機関に情報収集や提供を命じる権限を持つ（いわゆる情報アクセス権による情報集約）。④対外交渉時の防諜について柔軟に経済官庁を支援する。⑤「対外情報活動関係法」を制定して日本人を対象とした「盗聴」は基本的に行わないという人権保護の原則を定める。⑥実効的な活動を阻害しない範囲で国会（非公開の特別委員会等）に報告する仕組みを作る。⑦カスタマー及び情報機関の仕事振りについて勧告権限を

持つ専門委員会を設置する。⑧情報庁トップは政治家（大臣）ではないプロフェッショナルを充て、国会の同意を経て総理大臣が任命する。⑨国家安全保障会議（NSC）を設け統幕議長と情報庁トップを加える。⑩国家機密情報の漏洩に対しては国会議員を含めて厳罰の対象とする。

＊20 大森義夫『「インテリジェンス」を一匙』（選択エージェンシー、二〇〇四年）一六二頁。

＊21 前掲・大森『一匙』一六五・一六六頁。

＊22 佐藤優「外務省のラスプーチン、思いのたけをぶちまける」正論二〇〇五年七月号一四二頁以下。

＊23 同氏と政治との関わりについては、佐藤優『国家の罠　外務省のラスプーチンと呼ばれて』（新潮社、二〇〇五年）に詳細に述べられている。

＊24 原田武夫「外務省は壊れている　小泉札束外交大批判」月刊・現代二〇〇五年五月号二九頁以下。

＊25 前掲・原田『真実』一七五・一七六頁。

＊26 http://www.cas.go.jp/k/gaiyou/04.html（二〇〇六年五月　確認）。

＊27 内閣法（昭和二二年法律第五号）

第十二条　内閣に、内閣官房を置く。

2　内閣官房は、次に掲げる事務をつかさどる。

六　内閣の重要政策に関する情報の収集調査に関する事務

＊28 内閣官房組織令（昭和三二年政令第二一九号）（当時）

（内閣情報調査室）

第四条　内閣情報調査室においては、内閣の重要政策に関する情報の収集及び分析その他の調査に関する事務（各行政機関の行う情報の収集及び分析その他の調査であつて内閣の重要政策に係るものの連絡調整に関する事務を含む。）をつかさどる。

2　内閣情報官は、内閣情報調査室の事務を掌理する。

（内閣衛星情報センター）

第四条の二　内閣情報調査室に、内閣衛星情報センターを置く。
2　内閣衛星情報センターにおいては、内閣情報調査室の事務のうち次に掲げるものをつかさどる。
一　我が国の安全の確保、大規模災害への対応その他の内閣の重要政策に関する画像情報の収集を目的とする人工衛星（以下「情報収集衛星」という。）に関すること。
二　情報収集衛星により得られる画像情報の分析その他の調査に関すること。
三　情報収集衛星以外の人工衛星の利用その他の手段により得られる画像情報の収集及び分析その他の調査に関すること。
3　内閣衛星情報センターに、所長一人を置く。
4　所長は、内閣情報官を助け、内閣衛星情報センターの事務を掌理する。

＊29　平成一七年（二〇〇五年）四月八日衆議院安全保障委員会　伊佐敷政府参考人答弁。
＊30　同前。
＊31　「内閣情報会議の設置について」（平成一〇年［一九九八年］一〇月二七日閣議決定）。
＊32　「情報調査室、外務省情報調査局、防衛庁防衛局、警察庁警備局、公安調査庁等を構成員とする『合同情報会議』を設け」る（行革審「行政改革の推進方策に関する答申」［昭和六〇年（一九八五年）七月］）。
＊33　前掲・伊佐敷＊29答弁。
＊34　平成一七年（二〇〇五年）四月一日衆議院本会議　細田官房長官答弁。
＊35　同前。
＊36　行政改革会議の概要
一　所掌事務
・複雑多岐にわたる行政の課題に柔軟かつ的確に対応するため必要な国の行政機関の再編及び統合の推進に関する基本的かつ総合的な事項を調査審議すること。
二　組織

・会議は、会長、会長代理一人及び委員一三人以内で組織すること。
・会長は、内閣総理大臣をもって充てること。
・会長代理は、国務大臣（行政改革担当大臣）をもって充てること。
・委員は、優れた識見を有する者のうちから内閣総理大臣が任命すること。
三　事務局
・会議に、その事務を処理させるため、事務局を置くこと。
・事務局に、事務局長、事務局次長一人及び参事官三人のほか、所要の職員を置くこと。
四　設置期限
・この会議は、平成一〇年（一九九八年）六月三〇日まで置かれるものとすること。
（会議の設置は、設置根拠となる政令の公布・施行された平成八年一一月二一日）
五　設置根拠
・総理府本府組織令の一部改正（平成八年政令第三一九号）（会議の設置、所掌事務）
・行政改革会議令（平成八年政令第三二〇号）（会議の組織、運営等）

＊37 「対外情報機能強化に関する懇談会」参加メンバー（肩書は、いずれも当時）は以下のとおり。
・大森義夫　NEC顧問（座長）
（以下、五十音順）
・江畑謙介　拓殖大学海外事情研究所客員教授
・茂田　宏　東京大学客員教授
・野中光男　三菱商事株式会社顧問
・森本　敏　拓殖大学海外事情研究所所長

＊38 行政改革会議第七回議事概要（平成九年［一九九七年］三月五日（水）一八：〇〇～二〇：一五）。

＊39 平成八年（一九九六年）一二月、ペルーの左翼テロ組織が七〇〇人に上る人質を取って在ペルー日本国大

使公邸に立てこもった事件。この事件は、平成九年四月のペルー軍特殊部隊による突入により終結した。我が国の権益や在外邦人に対する国際テロの脅威を改めて明らかにしたとされる（警察庁「重大事件等を展開した日本赤軍その他の国際テロリスト」焦点第二六九号［警備警察五〇年］［二〇〇四年］三五頁）。
*40 行政改革会議第一一回議事概要（平成九年［一九九七年］五月一日（木）一六：〇〇～一八：〇〇）。
*41 中央省庁等改革基本法第一六条第一項参照。
*42 なお、自由民主党案については、「盛り上がらぬ『情報省設置』構想」選択（二〇〇五年五月）が詳しい。
*43 町村信孝『保守の論理「凜として美しい日本」をつくる』（PHP研究所、二〇〇五年）九九・一〇〇頁。
*44 前掲・町村『論理』一〇三・一〇四頁。
*45 前掲*38。
*46 江畑謙介『情報と国家　収集・分析・評価の落とし穴』（講談社現代新書、二〇〇四年）七頁。
*47 前掲*1、四頁。

外事警察史素描

【出典】
「外事警察史素描」
『講座警察法　第三巻』（立花書房、二〇一四年三月）

はじめに

我が国が近代国家として誕生してから、外事警察は、国家主権といわば不即不離の形で発展を遂げてきた。本稿は、戦前・戦後を通じた外事警察の組織としての歴史的歩み、任務及び権限、現在直面する課題を素描することにより、いささかなりとも外事警察の全体的な理解に資することを目的としている。

一　戦前の外事警察

1　黎明期

文久二年（一八六二年）には、薩英戦争の遠因となる生麦事件[*1]、高杉晋作等長州藩士による英国公使館放火事件[*2]が発生する一方、開港後、外国人居留地に居住する外国人数が増大していくなど[*3]、開国後の諸情勢が外国人に対する保護、取扱いを現実の要請としていた。

明治二年（一八六九年）三月、政府は、当初、外国人の警衛を軍務官の管轄としたが、翌年これを内務省所管とした。同八年一二月、東京警視庁に、「新ニ第三局及第五局ヲ置キ第三局ハ探索及ヒ罪犯取調外国人関係ノ事ヲ掌ラシメ」、第三局に外国人掛が置かれた。翌年三月、外事警察の勤務指針ともいうべき「外国人取扱心得」が制定され、同年一二月、外国人掛は外国掛と改称され、程なく外務課に組織改正された。

2　外事警察の成立

明治三二年（一八九九年）は、日清戦争に勝利した我が国が、明治政府設立以来の悲願であった治外法権の完全撤廃を達成し、欧米列強に並び立つ独立主権国家として産声をあげた年であった。それは、同時に外事関係取締法規が整備された年でもあった。

すなわち、同年七月、作戦、用兵、動員、出師その他の軍事上秘密の保護を目的とする軍機保護法（明治三二年法律第一〇四号）及び国防のため建設した営造物やその周囲の区域における立入りやその地域の水陸の形状又は施設物の状況の撮影、模写、録取等の情報収集を制限する要塞地帯法（明治三二年法律第一〇五号）が制定され、外事警察には、我が国の軍事機密に対する諜報活動を取り締まるための法的手段が与えられることになったのである。一方、警察における機構面での整備は全く不十分なものであり、首都治安に与る警視庁ですら、外事警察を担当する総監官房第二課は、一人又は二人の担当官が配置されているのみであり、軍の防諜機構と比べてはるかに見劣りのする体制であった。

3 国際共産主義との対峙

外事警察が機構面で充実を図られたのは、大正六年（一九一七年）のロシア革命を契機とする。[*4] 第一次世界大戦末期に出現したロシア革命は、各国の経済界、労働界に大きな影響を及ぼし、それが直接治安上の脅威となりつつあった。我が国においても「赤化思想」[*5]の流入を防止する必要性が痛感され、大正九年、内務省警保局に初めて外事課が設置され、また、地方庁でも、大正六年大阪・兵庫、七年警視庁・長崎、八年神奈川、一五年北海道にそれぞれ外事課が設置された。[*6] 外事課は、外国人の入国管理、外国人の保護、中国人を中心とする外国人労働者の管理等の所掌事務があったが、その重点は、海外からの共産主義思想の流入と共産主義運動に対する監視に置かれた。

大正一四年（一九二五年）には、ロシアと我が国との間に国交が回復され、両国間の往来が頻繁となり、これに伴って、国内の共産主義運動は、コミンテルンの指導の下に急速に膨張し、共産主義者の非合法渡航が増加する状況となった。国内共産党取締りのため、大正一三年に主要府県に設置された特別高等警察課は、昭和三年（一九二八年）に至って残余の府県に増設されるとともに、これらを統括する機関として内務省警保局に保安課が創設された。こうした内外の諸情勢に応じて、外事課の活動重点は、国際共産主義機構、各国共産党の動向及び日本共産党との連絡状況を把握することに置かれることとなり、同年同課は、新設の保安課に統合されたが、警視庁及び府県の外事課は従前のまま存続した。また、首都においては、昭和七年に警視庁に特別高等警察部が新設されると、従来総監官房に所属していた外事課は同部に移管された。

4 「大東亜戦争」と対諜報

昭和一二年（一九三七年）七月に「支那事変」[*7]が勃発するや、我が国は、次第に本格的戦争に介入せざるを得なくなり、近代戦に対応する国内体制の整備に迫られた。戦時における外事警察は、敵性外国人の抑留と保護警戒、俘虜及び外国人労働者の警戒取締り等は勿論のこと、敵性国による諜報、謀略、宣伝の諸活動に対抗する防諜機関として国策遂行上極めて重要な任務を担うこととなった。同年一〇月、警保局に、外事課が再び設置され、翌一三年には、愛知・福岡の二県にも外事課が新設され、従前の北海道・警視庁・神奈川・大阪・兵庫・長崎に加えて、八庁道府県に外事課が置かれるに至った。

外国人の入国等の取締りについては、従前「外国人入国ニ関スル件」（大正七年内務省令第一号）

によっていたが、昭和一四年（一九三九年）には、「外国人ノ入国、滞在及退去ニ関スル件」（昭和一四年内務省令第六号）が外国人の入国・通過・滞在・居住・宿泊等について、より厳格な規定を設けた。さらに、「大東亜戦争」[*8]が勃発した昭和一六年一二月には、内務省令第三一号により、外国人が居住地道府県外に旅行しようとするときは居住地地方長官の許可を要することその他について更に厳しい制限が設けられた。さらに、外事警察は、他省庁や軍部とともに防諜委員会[*9]を組織し、各種施策の決定、国防保安法、軍機保護法等の防諜法規の策定、国民の防諜意識の涵養等の事務を遂行し、その影響力は飛躍的に拡大した。

これらの防諜法規を適用し、昭和一六年（一九四一年）一〇月、警視庁は、ドイツ等の新聞社の特派員として八年間にわたって我が国で活動し、我が国の政治、経済、軍事等の機密情報を収集し、ソ連邦に報告していたドイツ人リヒアルト・ゾルゲを逮捕するとともに、前後して彼を中心とする諜報団の関係者を逮捕した。[*10]ゾルゲらは、日本が北進してソ連邦攻撃を行うか、南進して米英との戦争に向かうかの状況判断に全力を集中し、また、ソ連邦擁護の立場から、南進論へと政策を志向させるべく活動した。ゾルゲによってソ連邦に報告された情報には、ドイツの対ソ攻撃予定、日本の独ソ戦不参加等の重要なものが含まれており、最終的に検挙には至ったものの、その被害は極めて甚大であった。

5　海外駐在事務官制度[*11]

外事警察には、特別な制度として、海外駐在事務官の制度があった。大正一〇年（一九二一年）、ウラジオストック[*12]、ハルビン、上海[*13]に警保局より派遣された駐在事務官が置かれた。その主たる目的は、ロシア革命後の国際共産主義運動の動向であった。さらに、大正一五年には、北京、広東[*14]に、昭和三年（一九二八年）にはロンドン、ベルリンに、一三年にはローマに、一六年にはサンフランシスコ[*15]にそれぞれ駐在事務官が置かれた。

二　占領期における空白[*16]

1　外事警察及び特別高等警察の廃止

終戦により外事警察を取り巻く環境は一変した。昭和二〇年（一九四五年）七月二六日に発せられたポツダム宣言は、第六条において、「吾等ハ無責任ナル軍国主義カ世界ヨリ駆逐セラルルニ至ル迄ハ平和、安全及正義ノ新秩序カ生シ得サルコトヲ主張スルモノナルヲ以テ日本国国民ヲ欺瞞シ之ヲシテ世界征服ノ挙ニ出ツルノ過誤ヲ犯サシメタル者ノ権力及勢力ハ永久ニ除去セラレサルヘカラス」[*17]として、我が国において、軍国主義を支持した権力及び勢力の永久の除去について言及し、また、同年九月二二日に公表された「降伏後における米国の初期の対日方針」（United States Initial Post Surrender Policy for Japan）は、秘密警察組織の解消（第三部　政治a[*18]）等を要求していた。

同年一〇月四日、総司令部から「政治的、公民的及び宗教的自由に対する制限の撤廃に関する覚書」(Removal of Restrictions on Political, Civil, and Religious Liberties) が発せられた。この覚書は、政治的、公民的及び宗教的自由に対する制限並びに人権、国籍、信教ないし政見を理由とする差別を撤廃することを目的とするものであったが、①一切の秘密警察機関[*19]及び言論、出版、映画、集会、結社等の検閲ないし監督に関係する一切の機能の停止、②内務大臣以下の特高警察関係全職員の罷免を行うべきことなどを内容とするものであった。当時の東久邇宮内閣は、内務大臣以下全国の警察首脳部が一斉に罷免され、特高警察が廃止されては、内閣として国内の治安の確保に責任が持てないなどの理由から、翌五日総辞職した。

内務省においては、この覚書に基づき、翌六日を期して全国一斉に外事警察を含む特高警察の機能を停止するよう全国地方庁に指示をし、罷免されることとなった警保局長以下の官吏は、四日付けで辞表を取りまとめ、内務大臣に提出した。

さらに、一〇月一三日付けで内務省官制が改正され、内務省警保局保安課、外事課、検閲課、警視庁の特別高等警察部及び各地方庁の特別高等課、検閲課が廃止された。

また、国防保安法、軍機保護法等は「国防保安法廃止等に関する件」(昭和二〇年勅令第五六八号)により、治安維持法(大正一四年法律第四六号)、思想犯保護観察法(昭和一一年法律第二九号)等は「治安維持法廃止等の件」(昭和二〇年勅令第五七五号)により、また、治安警察法(明治三三年法律第三六号)等は「治安警察法廃止等の件」(昭和二〇年勅令第六三八号)により廃止され、特別高等警察の作用に係る法令もこれらの相次ぐポツダム勅令により失効し、防諜、国体護持、治安維持のための作用法はことごとく消滅した。

2　戦後の混乱と公安課の設置

一方、終戦直後の国内治安情勢は、国民的目標の喪失感に伴う道義の退廃、食糧難、住宅難及びインフレーションと失業による極度の生活難等から、一般犯罪は多発の一途を辿った。就中、昭和二〇年（一九四五年）一〇月一〇日、総司令部の指示によって獄中にあった徳田球一を始めとする共産党指導者が釈放されて以降、労働運動やその他の大衆運動は急速に活発化した。そして、これらの大衆運動は、戦争による破壊、一部無責任な扇動分子の跳梁、国民生活の窮乏等を反映して集団的不法行為を続発させるに至った。

かかる騒然たる治安情勢に対応して、同年一二月一九日、内務省警保局に公安課が新設され、また、警視庁及び各地方庁においても同様の措置がとられ、集団不法行為の取締りに当たることとなった。当時の公安課の所掌事務は、集団不法行為の取締りに関する事項のほか、警衛に関する事項、行政警察に関する事項、外国人に対する保護及び便宜供与に関する事項をつかさどることとされた。しかしながら、一方において、内務省の解体を含む抜本的な警察制度改正の作業が総司令部及び内務当局との間で進行していた。その意味で、同年一二月の内務省公安課の新設は、切迫する治安状況に当面対処するという弥縫策的側面が強かった。

3 内務省解体

内務省解体案は、「内務省の分権化に関する件」（昭和二二年［一九四七年］四月三〇日）の覚書[*20]を発出した総司令部が自ら関与する形で作成された。内務省解体は、総司令部の言わば自作自演で進められたのである。内務省当局ではなく行政調査部が中心に起案した「内務省の機構改革に関する件」（昭和二二年六月二七日閣議了解案）においては、総理庁の外局として、①自治委員会及び自治委員会事務局、②建設院、③公安庁を置くというものとなった。公安庁には、内務省の警保局と調査局が置かれることとなっていた。この時点で、国の警察機構は、内務省の消滅とともに、内閣総理大臣の下に置かれる道を歩み始めた。

閣議了解における齋藤国務大臣・行政調査部総裁説明は、この機構改革について、「如何に権限の委譲を行う共、尚内務省には相当の事務が残るので何とかして一つの省として残し度いと思い種々工夫したが、良案なく此処に歴史ある内務省の幕を閉づるの結論に立ち至ったのは誠に感慨に耐えぬ次第である。[*21]」と総括した。しかし、内務省の存廃は、行政組織法上の「事務」に係る理論の問題ではなく、日米をめぐる冷厳な国際政治の帰結[*22]であった。

閣議了解を得ると、政府は直ちに総司令部に回答した。同年六月二八日、総司令部はこの回答に同意し、ホイットニー准将はその旨署名した。ここに「内務省の分権化に関する件」の覚書に対する日本側回答は、総司令部の同意を得るに至った。

4　警察制度改革と警備警察の出発

しかしながら、この後の警察制度改革に向けた作業は、総司令部内の公安課と民政局、内務省と司法省との対立を孕みながら、紆余曲折した。[*23]

当時の片山内閣総理大臣は、かかる事態の打開を図るため、総司令部に裁定を求める書簡（昭和二二年［一九四七年］九月三日）を発出した。マッカーサー元帥は、警察制度改革をめぐる総司令部内の公安課と民政局との意見の対立に終止符を打ち、同総理大臣宛の書簡でその意向を明らかにした。このマッカーサー書簡（昭和二二年九月一六日）においては、警察制度改革に関する基本的方針が示され、旧警察法（昭和二二年法律第一九六号）の原案とも言うべき警察改組案が添付されていた。

昭和二三年（一九四八年）の旧警察法の施行に伴い、国家地方警察本部警備課が設置され、国家非常事態に対処するための警察統合計画、警衛及び警備、外国人登録令（昭和二二年勅令第二〇七号）違反の捜査等の事務を所掌することになった。警視庁及び大都市の自治体警察では、おおむね警ら部が警備警察を担当することとなった。また、各管区警察本部及び各都道府県国家地方警察本部においても同様の措置がとられ、公安警察は警備警察と呼称され、戦後の警備警察が出発することとなった。しかしながら、外事警察の機能の停止は、占領期を通じて継続したのである。

5　外事警察の機能停止の実態

ここで、外事警察の機能停止について、若干敷衍する。「聯合国占領軍の占領目的に有害な行為に対する処罰等に関する勅令」（昭和二一年勅令第三一一号）は、昭和二一年（一九四六年）六月一二日に公布され、同年七月一五日より施行された。同勅令は、「聯合国人（法人を含む）の犯した罪」（第一条第一号）、「聯合国最高司令官によつて、又はその命令に基いて解散され、又は非合法と宣言された団体の為にし、又はこれを支援する行為」（同条第七号）等につき我が国の裁判所への公訴の提起を禁ずるとともに、「占領目的に有害な行為から成る事件」（第二条第一号）について、我が国の裁判所に公訴が提起された場合においても、「その裁判管轄が聯合国軍事占領裁判所に移された場合」には、「これを取り消すことができる。」（第二条第二項）としていた。同令は、「占領目的阻害行為処罰令」（昭和二五年政令第三二五号）により、昭和二五年一一月一日付けで全部改正されたが、同政令は、我が国の裁判所への公訴の提起を禁ずる行為の限定列挙を改めたほかは、占領目的に有害な行為に対する連合国軍事占領裁判所と我が国の裁判所との裁判管轄についての調整規定は、同令をほぼ踏襲していた。

これは、刑事裁判権について、我が国と占領軍による二重裁判の混乱を避けるためのものと考えられるが、当時は、現在の公安・外事事件に該当する犯罪の多くが同令違反として警察により検挙され、連合国軍事占領裁判所送りとされている実態が見て取れる。[*24]

「第一次北鮮スパイ事件」は、昭和二四年（一九四九年）八月、北朝鮮内務省政治防衛局より対日諜報工作員として派遣された北朝鮮情報少佐許吉松を中心に在日朝鮮人等三九人で組織された諜報工作団事件[*25]である。この事件は、昭和二五年に占領軍のCIC（Counter Intelligence Corps：対敵諜報部隊）から、国家地方警察本部に対し捜査協力の要請があり、国警本部は、関係都府県警察に対し、所要の調査を行わせたが、本件捜査の主導権は、CICが握り、警察は専ら協力を行うに過ぎなかった。警視庁刑事部捜査第三課（傍点筆者。窃盗犯の捜査を専らにする部門）は、逮捕時の応援として参加、取調べはCICが行ったため、詳細な記録は、警視庁には存在していない。同事件は、昭和二五年九月、関税法（明治三二年法律第六一号）違反として検挙されたが、連合国軍事占領裁判所に移送された。

このように、国外からの国内治安に影響を及ぼす問題は、事案の重大性から、占領軍によりほぼ独占的に処理されており、外事警察の機能は、昭和二七年（一九五二年）四月二八日まで停止を余儀なくされていたのである。

三　戦後の外事警察

昭和二七年（一九五二年）四月一日、サンフランシスコ講和条約発効（同年四月二八日）を間近に控え、外事警察の陣容を充実させるため、国家地方警察本部警備部に警備第二課が置かれ、外国人に係る警備情報に関すること、外国人登録法（昭和二七年法律第一二五号）違反の罪、出入国管理令（昭和二六年政令第三一九号）違反の罪、密貿易関係法令違反の罪及びその他外国人に関する警備犯罪の捜査に関することなど、外事警察を担当することとされた。警視庁においても、同日、新設された警備第二部公安第三課が、外事警察を専門に担当することとされた。[*26] 外事警察は、我が国の独立とともに再生したのである。

戦前と比べると、我が国をめぐる国際情勢の決定的変化は、東西ブロックという新たな国際政治の枠組みの出現であった。「大東亜戦争」終結後、北朝鮮（昭和二三年［一九四八年］）、中国（二四年）と相次いで共産主義政権が誕生したことから、我が国は、地勢的に、ソ連邦、中国、北朝鮮という東側陣営諸国に囲まれる形となった。ソ連邦、中国両国は東側陣営の大国であり、また、南北に分断された朝鮮半島では軍事的緊張が継続したため、我が国は、正に東西冷戦の最前線に位置することとなったのである。このような情勢から、戦後の外事警察の主たる関心は地勢的に密接な関係にあるソ連邦、中国、北朝鮮の三国の動向と国際共産主義運動[*27]に向けられたのであるが、これらの対象は同盟国となった米国を除けば、戦前の外事対象国と一致していた。

その後、昭和二九年（一九五四年）の現行警察法（昭和二九年法律第一六二号）施行を経て、昭和三三年四月、警察庁における局課制の導入に伴い、警備部は警備局と改称された。そして、昭和三六年四月、警備第二課が外事課に改称され、ここに外事課が復活することとなった。[*28] 一方、警視庁においては、昭和三四年九月、公安部で外事警察を担当していた公安第三課が外事課に改称され、更に昭和三七年三月には同課が外事第一課及び外事第二課に分課され、外事警察の体制整備が進められた。[29]

1 対諜報活動

再生した外事警察は、スパイ事件に関し、ソ連邦関係では「ラストボロフ事件」(昭和二九年[一九五四年])[30]、「コノノフ事件」(同四六年)[31]、「コズロフ事件」(同五五年)[32]、北朝鮮関係では「第二次〜第四次北鮮スパイ事件」(昭和二八年〜三三年)[33]、「本庄浜事件」(同三九年)、「寝屋川事件」(同年)[34]等の成果を挙げていった。しかし、米国の軍事機密等に関する法令が整備されたことを除き、我が国の機密保護に関しては、戦前の防諜法規が廃止されたままであった。このため、事件化に際しては出入国管理令、外国人登録法等の外事関係法令、関税法、外国為替及び外国貿易管理法(昭和二四年法律第二二八号)等の貿易関係法令等を適用するにとどまり、その処分は国際的に見て極めて寛容なものであった。[35]

また、冷戦構造の中で、共産圏への戦略物資・技術移転の防止が西側陣営にとって重要な課題となり、昭和二四年(一九四九年)には対共産圏輸出統制委員会(ココム)が発足し、我が国は、昭和二七年に加盟した。外事警察は、外国為替及び外国貿易管理法等を適用しながら、ソ連邦、中国、北朝鮮等に対するココム違反事件の取締りを行った。

2　国際テロへの対応

日本赤軍の登場により、外事警察は新たな脅威に対処することとなった。日本赤軍は、共産主義者同盟赤軍派の「国際根拠地建設」構想に基づき、昭和四六年（一九七一年）二月にレバノン入りした重信房子らによって組織された。昭和四七年五月にイスラエルのテルアビブ・ロッド国際空港でメンバー三人が自動小銃を乱射、手榴弾数発を投擲し、約一〇〇人を殺傷（うち死亡二四人）させる「テルアビブ・ロッド空港事件」を引き起こしたほか、拘束されたメンバーの奪還等を目的に、「ドバイ事件」（同四八年）等のハイジャック事件、オランダ・ハーグのフランス大使館を占拠した「ハーグ事件」（同四九年）、マレーシア・クアラルンプールの米国大使館等を占拠した「クアラルンプール事件」（同五〇年）等を敢行した。

警察庁においては、当初、極左暴力集団対策を所掌する公安第三課[*36]が日本赤軍対策も所掌していたが、昭和五二年（一九七七年）九月、日本赤軍メンバーがインド上空で日航機をハイジャックし、人質と交換に我が国で在監、勾留中の日本赤軍幹部等六人を釈放させるとともに、身代金六〇〇万米ドルを強取する「ダッカ事件」を敢行するに及び、その体制強化の必要性が認識され、同年一二月、公安第三課に調査官以下の組織を設け、日本赤軍の国内における支援組織の実態解明と海外における日本赤軍の動向把握、各国治安機関との連絡調整等の日本赤軍対策を統括させることとした。[*37]

昭和六〇年代に入ると、日本赤軍は再びテロ活動を活発化させ、ジャカルタ、ローマ、ナポリで相次いでテロ事件を引き起こすとともに、外国テロ組織との国際連帯の強化を図った。我が国が高度経済成長を経て国際社会におけるプレゼンスを高める中で、我が国が国際テロの標的とされたり、邦人が国際テロ事件に巻き込まれる事件も発生したりするようになっていた。一方、国際社会においても、事件の広域化、攻撃対象の無差別化等から国際テロは深刻な脅威として認識され、主要国首脳会議（G7サミット）でテロリズムが取り上げられるほか、各種国際会議が開催されるなど、我が国としても国際テロ対策に関する国際協力が重要な課題となりつつあった。[*38]

こうした情勢を受け、平成元年（一九八九年）五月、警察庁は、警備局に外事第二課を新設し、公安第三課が所掌してきた日本赤軍対策と、従来外事課が所掌してきたそれ以外の国際テロ対策を統合し、国際テロ対策を専門に所掌させることとした（外事課は外事第一課に改称された。[*39]）。

3 北朝鮮による日本人拉致容疑事案

北朝鮮は、我が国において積極的な諜報活動を行うとともに、日本人の拉致にも関与してきた。既に昭和六〇年（一九八五年）には、韓国当局の発表により、北朝鮮工作員辛光洙らが、大阪在住の日本人を宮崎県に連れ出し、工作船で北朝鮮に拉致したことが明らかとなっていた（「辛光洙事件」[*40]）。昭和六二年一一月に北朝鮮が引き起こした「大韓航空機爆破事件」については、その実行犯の一人金賢姫が、北朝鮮で日本から拉致されてきた「李恩恵」と称する日本人女性から日本人化教育を受けた旨の供述を韓国で行ったことから注目を集めた。警察は、韓国に警察庁の担当官を派遣して金賢姫から直接供述を得るとともに、日本国内でも捜査を行った。こうした捜査状況等を踏まえ、昭和六三年三月、梶山静六国家公安委員会委員長は、参議院予算委員会において、李恩恵拉致容疑事案及び昭和五三年に発生したアベック拉致容疑事案について、北朝鮮による拉致の疑いがあることを政府として初めて認める答弁を行った。[*41]

四　冷戦構造の崩壊と外事警察

平成元年（一九八九年）以降、東欧社会主義体制が崩壊し、平成三年にはソ連邦が解体するに至り、戦後の国際情勢を規定してきた東西の冷戦構造が崩壊した。これに伴い、冷戦期には表面化することがなかった民族・宗教問題を背景とする新たな紛争や対立が各地で顕在化することとなった。

1　冷戦後の対諜報活動

国際的な冷戦構造が崩壊したとはいえ、我が国を取り巻く東アジアには中国、北朝鮮といった共産主義国家が引き続き存在し、我が国に対する諜報活動を継続していたこと、ソ連邦の後継国家となったロシアについても、ソ連邦時代の国家保安委員会（ＫＧＢ）は解体されたものの、対外諜報機能は同第一総局から対外情報庁（ＳＶＲ）に継承され、また、軍参謀本部情報総局（ＧＲＵ）はソ連邦崩壊後も存続し、これらの機関が我が国において活発に活動していたことなどから、外事警察による対諜報活動の重要性に変わりはなかった[*42]。外事警察は、冷戦後も、SVRのイリーガル機関員が我が国内外で情報収集等を行っていた「黒羽・ウドヴィン事件」（平成九年〔一九九七年〕）、GRU機関員とみられる在日ロシア大使館付武官が海上自衛官から秘密文書の提供を受けていた「ボガチョンコフ事件」（同一二年）、北朝鮮工作員が対韓地下党工作等を行っていた「新宿百人町事件」（同年）、在日中国大使館駐在武官が、元自衛官の国防協会役員から防衛関連資料の提供を受けていた「国防協会事件」（同一五年）等を検挙している。なお、「ボガチョンコフ事件」を契機に、罰則強化による秘密漏洩に対する抑止力強化の必要性が認識され、同一三年一一月、自衛隊法（昭和二九年法律第一六五号）改正により「防衛秘密」制度が設けられた[*43]。

一方、冷戦期における安全保障貿易管理で重要な役割を果たしたココムは、平成六年（一九九四年）三月に解体された。冷戦崩壊に伴う安全保障環境の変化に伴い、国際的な貿易管理体制は、東側封じ込めの一環として共産圏諸国という特定の国々を規制対象とした「ココム型輸出管理」から、大量破壊兵器等を拡散させないための「不拡散型輸出管理」へと移行し、その対象も、いわゆる懸念国のみならず、テロリスト等の非国家主体にまで拡大されていった[*44]。平成一四年にはいわゆるキャッチオール規制が導入され、輸出管理体制は更に強化された。外事警察は、大量破壊兵器の拡散が国際安全保障上の深刻な脅威となっている状況を踏まえ、積極的な取締りを行っている[*45]。

2 北朝鮮による拉致容疑事案をめぐる展開

冷戦後、核・ミサイル開発問題等で北朝鮮による我が国に対する安全保障上の脅威が広く国民に認識されるようになっていく中で、拉致問題は大きな展開を見せていくこととなる。平成九年（一九九七年）二月、韓国に亡命していた元北朝鮮工作員が、昭和五二年（一九七七年）に新潟県で行方不明となっていた横田めぐみさんとみられる女性を北朝鮮で目撃したとの証言が報じられると大きな反響を呼んだ。[*46] 平成九年五月、警察庁は、この事案についても北朝鮮による拉致の疑いがあるものと判断した。[*47] さらに、平成一四年には、欧州における日本人女性拉致容疑事案について、「よど号ハイジャック事件」を引き起こして北朝鮮に渡った犯人やその妻らで構成される「よど号」グループ及び北朝鮮による拉致の疑いがあると判断するに至った。[*48]

平成一四年（二〇〇二年）九月、金正日国防委員長は、平壌で開催された日朝首脳会談において、北朝鮮による拉致を認め謝罪した。同年一〇月には五人の拉致被害者が帰国、平成一六年五月の小泉首相の再訪朝を契機に、拉致被害者家族の帰国も実現した。その後、北朝鮮は、平成二〇年六月に「拉致問題は解決済み」との従来の立場を変更し、全面的な調査の実施を約束したにもかかわらず、いまだ問題の解決に向けた具体的行動をみせていない。警察は、これまでに一三件一九人を北朝鮮による拉致容疑事案と判断し、北朝鮮工作員等拉致に関与した八件一一人の逮捕状の発付を得て国際手配を行っているが、このほかにも北朝鮮による拉致の疑いの排除できない事案があるとの認識の下、総力を挙げ、徹底した捜査・調査を行っている。[*49]

3 「在ペルー日本国大使公邸占拠事件」から「米国同時多発テロ事件」へ

平成六年（一九九四年）の警察庁における組織改編に伴い、外事第二課は外事課国際テロ対策室に改編されたが、[*50]平成八年には、南米ペルーの左翼テロ組織が約七〇〇人に上る人質を取って立てこもる「在ペルー日本国大使公邸占拠事件」が発生し、我が国の権益や在外邦人に対する国際テロの脅威を改めて認識させることとなった。

警察庁では、同様の事件発生に対処するため、平成一〇年（一九九八年）、外事課に、テロ対策の専門家からなり、国際テロ発生時に現地に緊急派遣され、現地治安当局との連携、情報収集、各国捜査機関への捜査支援等に当たる「国際テロ緊急展開チーム（Terrorism Response Team：ＴＲＴ）」を設置した。[*51]

また、警察は、日本赤軍に対し、外国治安情報機関等との連携を強化して世界各地で追及を行い、平成七年（一九九五年）以降、ルーマニア、ペルー、ボリビア等でメンバーを相次いで検挙した。平成九年二月には、長年にわたり活動拠点としてきたレバノンに潜伏していたメンバー五人が同国当局により一斉に検挙された。平成一二年三月、同国への政治亡命が認められた岡本公三以外の四人が国外退去処分となり、警察は、帰国と同時に彼らを逮捕・収監した。更に同年一一月には、大阪に潜伏していた最高幹部重信房子を発見・逮捕した。[*52]

平成一三年（二〇〇一年）九月、イスラム過激派組織アル・カーイダが実行した「米国同時多発テロ事件」は、邦人二四人を含む約三〇〇〇人の死者を出し、世界に大きな衝撃を与えた。その後も、「インドネシア・バリ島における爆弾テロ事件」（同一四年一〇月）、「イラクにおける外務省職員殺害事件」（同一五年一一月）等、邦人がテロの犠牲となる事件が各地で発生した。また、同一五年一〇月には、アル・カーイダの指導者オサマ・ビンラディンのものとされる声明において、我が国がテロの標的として名指しされるなど、イスラム過激派を中心とした国際テロの脅威が我が国に及ぶことが一層懸念された。[*53]

「米国同時多発テロ事件」を契機に、国際的に様々なテロ対策が講じられた。就中、テロ資金対策の重要性が強調され、「テロリズムに対する資金供与の防止に関する国際条約」の署名・締結が急速に進み、平成一四年（二〇〇二年）四月、同条約は発効した。我が国は、同年、必要な国内法を整備し、六月に締結した。[*54] また、国連安保理決議に基づくテロリスト等の資産凍結にも積極的に取り組み、「テロリスト等に対する資産凍結等に係る関係省庁連絡会議」が設置され、警察庁もこれに参画した。未締結であった「テロリストによる爆弾使用の防止に関する国際条約」についても、所要の国内法を整備し、平成一三年一一月、同条約を締結した。[*55] これら二条約の締結により、我が国は一二のテロ防止関連条約すべてを締結した。

4 外事情報部の設置

警察庁では、来日外国人犯罪を含む組織犯罪の深刻化、緊迫する国際テロ情勢、新たな社会問題となっていたサイバー犯罪等の内外の課題に対応するため、平成一三年（二〇〇一年）一一月以降、庁内に設置されていた警察行政総合検討委員会（委員長：次長）等で警察庁及び都道府県警察における組織の在り方が議論された。平成一五年四月に同委員会が了承した警察庁における制度改正案の枠組み（「日本警察の基本課題と対策～組織改正等の方向性」）では、外事課及び「国際テロ対策課（仮称）」から構成される「警備局外事部（仮称）」の設置が謳われた。同年八月に警察庁が策定した「緊急治安対策プログラム」においても、テロ対策及びカウンターインテリジェンス（課報事案対策）が、当面、緊急かつ重点的に取り組んでいく施策として掲げられた。

以上のような経緯を経て、平成一六年（二〇〇四年）四月に施行された改正警察法により警備局に外事情報部が設置され、その下に、外事課と、外事課国際テロ対策室を発展的に改組した国際テロリズム対策課が置かれることとなった。部長職の設置により、外国治安情報機関等とハイレベルで質の高い情報交換をより円滑に行うことが可能となった。また、同改正において、国外において日本国民が被害者となったテロ事案に対する国の関与が強化されるなど、国の治安責任の明確化が図られた。[*56] これらの改正を踏まえ、国際テロリズム対策課においては、同年八月、TRTを発展的に改組し、より広範囲の支援活動を行う能力を持つ「国際テロリズム緊急展開班（Terrorism Response Team-Tactical Wing for Overseas：TRT－2）」を発足させた。[*57] なお、平成一六年には、アル・カーイダ関係者が我が国に不法に入出国を繰り返していたことが判明したほか、イラクでは邦人ジャーナリスト殺害事件（五月）、邦人人質殺害事件（一〇月）が発生するなど、我が国に関連した国際テロ事案が相次いで発生した。

こうした情勢の中、平成一六年（二〇〇四年）八月、警察庁は、テロの未然防止と発生時の対処について、当面講ずべき諸対策を「テロ対策推進要綱」として取りまとめた。同要綱には、テロ対策上の必要性から、警察が独自に行う対策だけではなく、幅広い分野にわたる対策が盛り込まれた。[*58]また、政府においても、同年一二月、「国際組織犯罪等・国際テロ対策推進本部」（本部長：内閣官房長官）が、主要な諸外国が採用している諸施策を参考としながら「テロの未然防止に関する行動計画」を策定した。同計画において、関係省庁がテロの未然防止のために期限を区切って実施することとされた入国規制の強化、外国人宿泊客の本人確認強化、情報収集能力の強化等一六項目の諸対策は、これまでにおおむね実施された。[*59]

一方、警視庁では、「米国同時多発テロ事件」の発生を受け、平成一四年（二〇〇二年）一〇月、公安部に新たに国際テロ対策を所掌する外事第三課が設置された。[*60]

その後、警察庁は、外事課に、拉致容疑事案等の専従的指導や関係機関・民間団体との調整を行う拉致問題対策室（平成一八年［二〇〇六年］）、大量破壊兵器等関連物資の不正輸出に関する外国機関や関係省庁とのハイレベルの情報交換を行う不正輸出対策官（二三年）等を設置した。平成二四年四月には、警察庁において、特殊組織犯罪対策・右翼対策担当参事官の担当事務が拉致問題対策に改められた。また、国際テロリズム対策課には国際テロリズム情報官（二七年）を設置するなどして、それぞれの体制強化を図っている。[*61]

終わりに

我が国の占領終了、独立とともに再生した外事警察は、戦前・戦中からの対諜報活動に加え、国際テロや北朝鮮による日本人拉致容疑事案、大量破壊兵器関連物資等の不拡散対策といった新たな課題にも取り組んできた。こうした課題に対応するため、警察庁及び都道府県警察における外事警察の機構面の整備も進められてきた。一方、権限面では、国際社会が協調して対策を講じる必要性が強いテロ対策や安全保障貿易管理に関する法令等の整備は情勢の変化に対応して一定程度進められてきたものの、外事警察の本来の役割である対諜報活動に関しては、我が国の機密を保護するための防諜法規が未だ整備されないなど、決して十分とは言えない状態にある。[*62]

近年、我が国においても「情報コミュニティ」概念が定着化しつつあり、内閣官房を中心に、政府の情報機能強化に向けた取組も推進されている。[*63] こうした中、外事警察の対象は、治安のみならず我が国の外交・安全保障とも密接な関連を有しているものであり、「情報コミュニティ」の中における外事警察の役割はますます重要なものとなっている。[*64] 国民の期待に応え、外事警察が果たすべき役割を全うするため、今後、体制や権限の在り方について十分な議論を尽くし、更にその整備、充実を図っていく必要があろう。

【注】

＊1 文久二年（一八六二年）八月二一日、薩摩藩主の父、島津久光一行が江戸からの帰途、武蔵国生麦村（横浜市鶴見区）で騎馬のイギリス民間人四人と遭遇し、従士が無礼討ちにした。一人が即死、三人が負傷したため、イギリス代理大使のニールが強硬に抗議し、翌年幕府は償金四四万ドルを支払った。薩摩藩との折衝は難航し、薩英戦争に発展、結局薩摩藩は、償金二万五〇〇〇ポンドを幕府から借りて支払い、犯人の処刑を確約した。

＊2 文久二年（一八六二年）一二月一二日、高杉晋作を首領格とする一二人の長州藩士が、品川御殿山で建設中であった英国公使館を焼き討ちした。

＊3 例えば、横浜在住の欧米人数は、安政七年（一八六〇年）一月の四四人から、文久三年（一八六三年）一一月には三〇〇人に急増している（石井寛治『大系日本の歴史一二　開国と維新』［小学館、一九八八年］八五頁）。

＊4 丸山昂「外事警察における対諜報機能について」警察学論集第九巻第三号（一九五六年）六頁。

＊5 大正六年（一九一七年）、内務大臣は訓令をもって「赤化防止ニ関」し各府県知事に通牒を発した。

＊6 大霞会編『内務省史　第二巻』七五三頁は、「第一次世界大戦の結果、我が国の渉外事項が増加し、外国人の保護取締りのために専門的知識と経験とを必要とするに至ったからである。」とされる。

＊7 「事変呼称ニ関スル件」（昭和一二年［一九三七年］九月二日閣議決定）「今回ノ事変ハ之ヲ支那事変ト称ス」。

＊8 「今次戦争ノ呼称並ニ平戦時ノ分界時期等ニ付テ」（昭和一六年［一九四一年］一二月一二日閣議決定）は、第一項において「今次ノ対米英戦争及今後情勢ノ推移ニ伴ヒ生起スルコトアルヘキ戦争ハ支那事変ヲモ含メ大東亜戦争ト呼称ス」としている。

＊9 防諜委員会は、昭和一六年（一九四一年）、国際情勢の緊迫化に伴い外国より我が国に対する諜報、宣伝、謀略活動がますます激烈化しつつあることに鑑み、我が国の防諜体制を強化しその施策を研究審議するために設置されたものであって、委員会の構成は内務、外務、陸軍、海軍、憲兵司令部、司法、大蔵、情報局、逓信その他の官庁の主管課よりなっていた。本委員会で制定又は改正した防諜関係法令は、国防保安法（昭和一六年法律第四九号）（制定）、外国人ノ旅行等ニ関スル臨時措置令（内務省令）（制定）、軍機保護法（昭和一二年法律第七二号）及び同施行規則（改正）、要塞地帯法及び同施行規則（改正）、外国人入国令（改正）がある。

＊10 ゾルゲは、国防保安法、軍機保護法、軍用資源秘密保護法（昭和一四年法律第二五号）及び治安維持法違反で逮捕された。

＊11 前掲『省史　第二巻』七五三・七五四頁。

＊12 初代ウラジオストック駐在事務官加々美武夫は、スパイ容疑でソ連邦に抑留された。

＊13 昭和一六年（一九四一年）、上海駐在内務書記官赤城親之は、中国人によるテロの犠牲となった。

＊14 安倍源基『昭和動乱の真相』（中央公論新社、二〇〇六年）二二・二三頁は、広州内務事務官派遣の経緯について、「私は、早速上京して、警保局長と保安課長に面会したが、中国革命の根源地広州に駐在して、中国共産党と中国国民党の調査、研究をしてもらいたいという要請であった。しかし、内務事務官の広州駐在については外務省の大反対があり、まだ交渉はまとまらないが、内務省としてはどうしても強行する考えだ。是非一役買って承諾してもらいたいということであった。」「当時、中国には内務省の派遣員が北京、ハルビン、上海の三ヵ所に駐在していた。新たに広州に駐在員をおくことに反対した理由は『領事館があるので、情報は外務省から内務省に送るから、排外運動も盛んな広州に駐在員をおく必要はない』ということであったらしいが、結局は縄張り根性から出たものであろう。」と詳述している。

＊15 前掲『省史　第二巻』七五四頁が、サンフランシスコ駐在事務官設置の経緯を、「昭和一六年サンフランシスコに駐在事務官がおかれたのは、わが国の共産主義運動が、大正から昭和の初期にかけてはコミンテ

ルンとの連絡が主としてモスクワや上海であったのに反して、昭和の中期以降は米国共産党を経由することが多くなったことによるものである。」とことさら詳述していることは、日米関係を考える上で極めて興味深い。

＊16　前掲・丸山「対諜報機能について」は、「戦前の外事警察には、反共政策と戦争遂行という我が国の宿命的な歩みによって決定された歴史的性格があったのである。その後約七年に亘る占領期の空白時代「傍点筆者」を経過して、戦後の外事警察は全く白紙の状態で出発した」とされる。

＊17　外務省編『日本外交年表並主要文書　下巻』（原書房、一九六六年）六二六頁。

＊18　「日本ハ陸海空軍、秘密警察組織又ハ何等ノ民間航空ヲ保有スルコトナシ。日本ノ地上、航空、並ニ海軍兵力ハ武装ヲ解除セラレ且ツ解体シ、日本大本営、参謀本部、軍令部及凡テノ秘密警察組織ハ解消セシメラルベシ」田中二郎「警察制度の回顧と展望㈠」警察研究第一七巻第五号（一九四六年五月）五頁。

＊19　特別高等警察が秘密警察に該当するか否かについては、当時においても議論が存在した。例えば、昭和二〇年（一九四五年）九月二九日、山崎巌内務大臣は、記者会見において、「特高警察は秘密警察のようにみられているが、そうではない。ただ従来のイデオロギーで引っ張っていくような傾向があったのが誤解の因になっている。特高警察が独自の見解でやってきた傾向を改めればよいと思う。」と述べている。同大臣の会見の要旨は、特別高等警察は秘密警察に当たらずという点を明確にするとともに、思想取締りの緩和には一定の限界があり、例えば国体変革を目的とする共産主義思想を引き続き取り締まるという方針に変化はなく、特高警察の廃止は時期尚早というものであった。

＊20　昭和二二年（一九四七年）四月三〇日、連合国総司令部民政局長コートニー・ホイットニー准将は、中央終戦連絡事務局総裁宛の、「内務省の分権化に関する件」の覚書を発出した。その内容は、大要、①内務省は日本の政府組織で中央集権的統制の中心点であるので同省の改組案を六月一日以前に総司令部に提出するよう要請、②前記改組案については、㋑内務省の機能を中央政府の内部的事務に不可欠なものに限定、㋺地方政府により一般の福祉に適い遂行することのできるものはすべて廃止、㋩中央の他の省、機関と機

能的に関連する事務をこれらに移管、といった、事実上、内務省の解体を意味するものであった。

*21 自治大学校編『戦後自治史Ⅷ（内務省の解体）』（自治大学校、一九六六年）三〇頁。

*22 昭和二二年（一九四七年）七月八日、総司令部は、片山内閣によって発表された内務省の解体について、新聞発表を行った。この中で、彼らなりの見方で内務省を以下のように断罪している。「内務省は数十年間にわたって警察権を握り、地方官吏の任命権を持ち、地方議会の決定に承認、または否認の権力を持つことによって、政府の行政官庁が政府の意思を日本の団体政治の上に強行するという武器となっていた。それは軍国主義者たちが完全な独裁政治をつくり上げ同時に外見上は民主主義の原理を宣伝する中間の媒介になっていた。（中略）国民の資力は内務省と警察権をにぎる日本政府の少数のものがこれらの権力を用いて侵略戦争へ動員したのである。政府の諸部門のうち内務省ほど日本国民を隷属と服従にはめこんだものはなく、これにより政府の少数のものが日本を文明に反する悲惨な戦争に導いて行くことができたのである。」

*23 拙稿「内閣総理大臣と警察組織」『警察の進路～二一世紀の警察を考える～』（東京法令出版、二〇〇八年）五九七～六〇〇頁（本書三二五～四〇五頁）にこの間の経緯を詳述している。

*24 川島高峰「米軍占領下の反戦平和運動――占領期治安情勢研究序説――」日本現代史研究会（二〇〇〇年六月二四日）。

*25 当初は終戦後における北朝鮮の経済復興建設に要する各種物資の調達と、極東コミンフォルムよりの秘密指令の連絡が主要任務であった。朝鮮戦争勃発以降においては、米占領軍部隊の行動、軍需物資の輸送状況、警察予備隊の配置、装備、編成等の軍事スパイ団として活動した。米軍に対する軍事機密入手の浸透工作は非常に高度なものがあって、米軍高級幹部すら知り得なかった米軍の仁川上陸作戦計画を、実行約一週間前に探知報告したとも伝えられている。

*26 当時警視庁警ら部長であり、警備部の新設を提案した原文兵衛は、外事警察を公安第三課としたことについて、「課には公安の名称を用いることによって、その性格をあらわしたが、外事警察については、かつ

て特高、外事とならび呼ばれたことから誤解されることを心配して、担当課をなお公安第三課とした」と記している（原文兵衛『元警視総監の体験的昭和史』〔時事通信社、一九八六年〕二〇七頁）。

＊27 前掲・丸山「対課報機能について」は、「現在日本が置かれている国際的地位よりして、共産主義に対する対抗的立場は、終戦前に比して些かも変わっておらず、また共産主義運動も本質的には変化していない。国際共産主義組織として重大な役割を演じたコミンテルンは解散したが、平和運動における世界平和評議会（ＷＰＣ）、労働運動における世界労働組合連盟（ＷＦＴＵ）等は、共産主義運動の国際連帯性強化のために重要な機能を果たしており、ソ連邦共産党や中国共産党と日本共産党との密接なる関係も看過出来ないものがある。したがって、国際共産主義運動の動向に対する監視の必要性は戦前に比して些かも減退していないのである」とされる。

＊28 警察庁警察史編さん委員会編『戦後警察史』（警察庁長官官房総務課、一九七七年）四五四〜四五七頁。

＊29 警視庁史編さん委員会編『警視庁史　昭和中編（下）』（警視庁史編さん委員会、一九七八年）九四頁。このほか、例えば、北海道警では、昭和二九年（一九五四年）九月の発足時に警備部警備第二課が外事警察を専門に所掌することとされ、同三六年七月には同課が外事課に改称された（北海道警察史編集委員会編『北海道警察史㈡　昭和編』〔北海道警察本部、一九六八年〕八六九頁）。神奈川県警では、昭和三六年四月に警備第二課が外事課に改称された（神奈川県警察史編さん委員会編『神奈川県警察史　下巻』〔神奈川県警察本部、一九七四年〕一〇一〇頁）。愛知県警においても、昭和三六年七月に警備部警備第二課が外事課に改称された（愛知県警察史編集委員会編『愛知県警察史　第三巻』〔愛知県警察本部、一九七五年〕一一九頁）。大阪府警では、大阪市警が統合され、府警が正式に発足した昭和三〇年七月時点で、警備部に外事課が置かれていることが確認できる（大阪府警察史編集委員会編『大阪府警察四〇年の記録』〔大阪府警察本部、一九九八年〕五頁）。

＊30 ソ連邦情報機関員とみられる在日ソ連邦通商代表部二等書記官が、外務省、通産省事務官等多数の日本人エージェントを使って情報収集活動を行っていた事件。

*31 ソ連邦情報機関員とみられる在日ソ連邦大使館付武官補佐官が、在日米軍横田基地に出入りする通信物品販売ブローカーをエージェントとして米軍機密資料の収集を企てていた事件。
*32 ソ連邦情報機関員とみられる在日ソ連邦大使館付武官らが、元陸上自衛隊陸将補を通じ、同人の自衛隊在職時の部下である陸上自衛隊准尉らから防衛庁の秘密資料を入手していた事件。
*33 それぞれ、福岡県、長崎県、石川県下の港から密入国した北朝鮮工作員が、我が国で在日米軍、我が国の潜在防衛力等に関する情報収集活動等を行っていた事件。
*34 それぞれ、京都府、兵庫県下の海岸から密入国した北朝鮮工作員が、我が国で自衛隊等に関する情報収集活動等を行っていた事件。
*35 米軍の機密を保護するものとして、「日本国とアメリカ合衆国との間の相互協力及び安全保障条約第六条に基づく施設及び区域並びに日本国における合衆国軍隊の地位に関する協定の実施に伴う刑事特別法」(昭和二九年法律第一六六号)が、米国から供与された装備品等の秘密保護に関して、「日米相互防衛援助協定等に伴う秘密保護法」(昭和二七年法律第一三八号)が整備された。我が国における防諜法規の不備については、昭和四九年(一九七四年)版以降の『警察白書』において累次言及されているほか、警察大学校長、公安調査庁調査第一部長等を歴任した弘津恭輔は、「在日米軍の機密は保護されても、肝心の日本の防衛機密や国家機密が保護されていない法体制は誠に不完全であり、奇妙なものといわねばならない」と指摘している(弘津恭輔「『スパイ天国』の実態と『スパイ防止法』」スパイ防止法制定促進国民会議編『機密保護と現代』[啓正社、一九八三年]八頁)。
*36 公安第三課は、極左暴力集団対策強化のため、公安第一課から分離する形で昭和四七年(一九七二年)五月に設置された(警察庁総務課「現行警察法下における警察制度と組織の変遷」警察学論集第四七巻第一〇号[一九九四年]一六三頁)。
*37 昭和五三年(一九七八年)四月一一日の参議院法務委員会において、福井与明警察庁公安第三課長が、「日本赤軍に対する専従組織の問題でございますが、昨年(五二年)の一二月に警察庁に日本赤軍を専門

に担当いたします調査官以下の組織を設けて、現在すでに発足しております。新年度から予算が認められましたので、さらにまたこれを充実していくことになるわけでございます。それから、警視庁始め大阪、京都等主要府県に日本赤軍の国内の支援勢力の実態を解明するための陣容を持っておりますが、これをやはり昨年一二月の時点で強化をしております」と答弁している。五三年四月には、公安第三課に総理府令職として調査官が新設されている（警察庁『昭和五四年版警察白書』三一一頁）。なお、同年一二月には、日本赤軍の在外公館襲撃等に備えるため、外務省において警備官が任命され、警察からの出向者等が在外公館の警備に当たることとなった（同月一一日付け産経新聞朝刊一八面）。

＊38 警察庁『平成元年版警察白書』二八三〜二九一頁。

＊39 警察庁『平成元年版警察白書』二九一頁及び『平成二年版警察白書』三一九頁。外事第二課の所掌事務は、警察庁組織令（昭和二九年政令第一八〇号）第一七条の二（当時）において、外国人又は活動の本拠が外国に在る日本人によるテロリズム（広く恐怖又は不安を抱かせることによりその目的の達成を意図して行われる極左的主張その他の主張に基づく暴力主義的破壊活動をいう。）に関する警備情報の収集・整理及びこれらに関連する警備犯罪の捜査と規定された。

＊40 外事事件研究会編『戦後の外事事件―スパイ・拉致・不正輸出』（東京法令出版、二〇〇七年）一四〇・一四一頁。

＊41 昭和六三年（一九八八年）三月二六日参議院予算委員会　梶山静六国家公安委員会委員長答弁。

＊42 ソ連邦解体後のロシアにおける情報機関の再編については、山添博史「政権維持のための統治機構――ロシア」落合浩太郎編『インテリジェンスなき国家は滅ぶ　世界の情報コミュニティ』（亜紀書房、二〇一一年）一五九〜一八八頁。

＊43 田村重信、高橋憲一、島田和久編『防衛法制の解説』（内外出版、二〇〇六年）四八七頁。

＊44 一般財団法人安全保障貿易情報センター「輸出管理基本情報　第一章　安全保障貿易管理の歴史と背景　第一節　国際情勢と規制内容の変遷」（http://www.cistec.or.jp/export/yukan_gaiyou/anpo_jyuuyousei.html

［二〇一二年五月　確認］）。

＊45　警察庁「大量破壊兵器関連物資等の不正輸出対策」焦点第二七三号（先端科学技術等をねらった対日有害活動）（二〇〇六年一二月）一二頁。なお、キャッチオール規制とは、輸出規制貨物等をあらかじめ特定することなく、大量破壊兵器の開発等に用いられるおそれがあれば、すべての輸出される貨物又は提供される技術が対象となる規制を指す（同一三頁）。

＊46　平成九年（一九九七年）二月三日付け産経新聞朝刊一面。

＊47　平成九年（一九九七年）五月一日参議院決算委員会　伊達興治警察庁警備局長答弁。

＊48　警察庁『平成一五年版警察白書』二五八頁。

＊49　警察庁「北朝鮮の対日諸工作」焦点第二八〇号（平成二三年　回顧と展望）（二〇一二年三月）二一頁。

＊50　外事第二課の廃止について、警察庁『平成七年版警察白書』三三七頁。平成六年（一九九四年）の警察法改正により、国際部、生活安全局等が新設された。また、同年の警察法改正では、都道府県警察が管轄区域外に権限を及ぼす場合、その権限を及ぼす区域を管轄する他の都道府県警察と緊密な連絡を保たなければならない旨を規定した第六一条第二項が削除されるとともに、第四章第四節の節名が「都道府県警察相互間の関係」から「都道府県警察相互間の関係等」に改められたことで、「管轄区域外」の範囲が、我が国の領域に限らず、公海上及び外国の領域も含まれることがより明確になった（警察制度研究会編『全訂版警察法解説』［東京法令出版、二〇〇四年］三六九頁）。

＊51　警察庁『平成一〇年版警察白書』二四二頁。ＴＲＴは、「米国同時多発テロ事件」（平成一三年［二〇〇一年］九月）、「インドネシア・バリ島における爆弾テロ事件」（一四年一〇月）、「イラクにおける三邦人人質事件」（一六年四月）等に際して派遣された。

＊52　警察庁「日本赤軍及び『よど号』グループの動向」焦点第二七一号（厳しさを増す国際テロ情勢）（二〇〇五年一二月）一一頁、警察庁『平成一四年版警察白書』一〇一頁。

＊53　警察庁「国際テロ情勢」「我が国への国際テロの脅威」焦点第二七一号二〜一〇頁。

＊54 条約は、締結国に対し、テロ行為に使用される資金を提供し又は収集する行為を、その資金が実際にテロ行為の実行に利用されたかどうかを問わず犯罪化することを義務付けており、我が国は、締結のため、平成一四年（二〇〇二年）、「公衆等脅迫目的の犯罪行為のための資金の提供等の処罰に関する法律」（平成一四年法律第六七号）及び「金融機関等による顧客等の本人確認等に関する法律」（平成一四年法律第三二号）を新たに制定するとともに、外国為替及び外国貿易法を一部改正した（警察庁『平成一四年版警察白書』一一二・一一三頁）。

＊55 条約締結のため、爆発物取締罰則（明治一七年太政官布告第三二号）、サリン等による人身被害の防止に関する法律（平成七年法律第七八号）等七法律について、罰則の新設、適用範囲の拡大、国外犯処罰規定の新設等の改正を行った（警察庁『平成一四年版警察白書』一一二頁）。

＊56 邦人が死傷する重大テロ事件のような事案に関する処罰について、平成一五年（二〇〇三年）の刑法（明治四〇年法律第四五号）改正において、日本国民の生命、身体及び財産を害する一定の重大な国外犯の処罰規定（刑法第三条の二）が創設され、日本国民保護の観点から、我が国が事案に応じて適切に刑罰権を行使できるようになるなど、法制面の対応も図られた。平成一六年警察法改正の経緯及び改正の内容については、加地正人「警察法の一部改正と警察庁の組織改編について」警察学論集第五七巻第七号（二〇〇六年）八八〜一二一頁、五十嵐邦雄「外事情報部の設置について」警察学論集第五七巻第七号（同年）一三二〜一四一頁、髙木勇人「平成一六年度警察庁組織改正の検討経緯について」警察学論集第五七巻第一二号（同年）一八八〜二二四頁に詳述されている。

＊57 警察庁『平成一七年版警察白書』二四〇頁。TRT－2は、「インドネシア・ジャカルタにおける豪州大使館前爆弾テロ事件」（平成一六年［二〇〇四年］九月）、「イラクにおける邦人人質殺害事件」（同年一〇月）等に際して派遣されている。

＊58 警察庁『平成一七年版警察白書』二三六頁。

＊59 国際組織犯罪等・国際テロ対策推進本部「『テロの未然防止に関する行動計画』第三の各項目の実施状況

等」（平成二三年［二〇一一年］一一月一四日、http://www.kantei.go.jp/jp/singi/sosikihanzai/jissi_joukyo.pdf）

*60 東京都公文書館「警視庁の変遷(2)（平成元年～平成二三年）」（http://www.soumu.metro.tokyo.jp/01soumu/archives/0702t_keishicho02.htm）。

*61 拉致問題対策室については、中村一彦「警察庁の組織改正の概要」警察公論第六一巻第六号（二〇〇六年）一八頁、不正輸出対策官については、警察庁「警察の国際テロ対策――米国同時多発テロ事件から一〇年の軌跡」（平成二三年九月、http://www.npa.go.jp/keibi/biki2/10nennokiseki.pdf）一二頁、国際テロリズム情報官については、警察庁『平成一七年版警察白書』二三七頁、二四年四月の参事官の担当事務変更については、警察庁「平成二四年度警察庁予算（案）の概要」（平成二三年一二月、http://www.npa.go.jp/yosan/kaikei/24gaiyou.pdf）一一頁参照。なお、参事官の担当事務変更に伴い、拉致問題対策室長は廃止された。

*62 平成二二年（二〇一〇年）一二月に設置された「政府における情報保全に関する検討委員会」（委員長：内閣官房長官）において秘密保全法制等に関する検討が行われた。

*63 「情報コミュニティ」概念は、平成九年（一九九七年）一二月の行政改革会議最終報告等で言及されている。また、平成二〇年二月には、「情報機能強化検討会議」（議長：内閣官房長官）が「官邸における情報機能の強化の方針」を取りまとめ、合同情報会議を「情報コミュニティの英知を結集する場」と位置付けるとともに、拡大情報コミュニティの設置、内閣情報分析官制度の導入、情報評価書の策定等が提言され、いずれも実施されている。

*64 このような認識を示すものとして、例えば、ＰＨＰ総研の金子将史主席研究員は、「近年、国際テロや大量破壊兵器拡散につながる技術の流出、拉致問題など、警察の担当領域が安全保障上の重要課題となっており、警察の持つ情報の重要性も増している」と指摘している（金子将史「相応の〝実力〟を持てるのか――日本」前掲・落合編『インテリジェンスなき国家は滅ぶ』三二三頁）。

3章
フランスの情報機構

解題

一九八二年から一九八五年までの間、フランス国立行政学院（École Nationale d'Administration：ENA）に留学をした。同学院の地方研修はロット（Lot）県、中央省庁研修は内務省国家警察総局（Direction Générale de la Police Nationale：DGPN）で行った。「フランス国家警察情報部門（RG）」（一九八五年二月）は、その際のレポートであり、警察庁の同人誌SGOSSに寄稿したものである。情報に特化した組織が警察内に存すること自体が当時の私には新鮮であり、テーマ選定の大きな動機となった。情報部門（Renseignements Généraux：RG）は、ナポレオン帝政以来の伝統を継承する組織であるが、フランスにおける民主主義の発展と新たな展開に伴い、国内の法人、団体に対する国家の介入がより制限的なものとなるにつれ、また、国家権力による政党、政治団体、結社に対する政治的介入にまつわる一連の不祥事にも起因して、その役割は縮減されていった。二〇〇八年には、RGは、防諜・対テロ組織である国土監視局（Direction de la Surveillance du Territoire：DST）と統合されることとなるのである。

一九九二年から一九九五年までの間、在フランス日本国大使館において、内政、治安担当の一等書記官として勤務した。オウム真理教に対する一連の捜査は、一九九五年にピークを迎えるが、一九八〇年代末から同教団の脅威は顕在化しつつあった。当時の同教団に対する取締りや捜査に当たり、我が国においては、信教の自由の壁が夙に指摘をされていた。「フランスにおけるカルト教団問題の概要」（一九九五年七月）は、フランスにおいて、信教の自由を確保しつつ、一方で如何にカルト教団を警察措置、税制を含む様々な行政的手法により規制しているかを明らかにしたものであり、帰国後、時を置かずして国家公安委員会において報告を行った。その後、我が国におけるオウム真理教に対する規制は、「無差別大量殺人行為を行った団体の規制に関する法律」（平成一一年法律第一四七号）として結実するのである。

「最近のフランス情報機関の動向」（一九九六年九月）は、主として公刊物に基づきフランスの情報機関の動向を取りまとめたものである。主題は、フランスにおいて、国防省及び内務省内に分散し、相互の連携なく独自に活動していた情報組織を統合し、また、統一した政府の意思の下に機能させようとするフランス政府の試みの紹介であり、1章の問題意識にも通じるものである。

「フランスの治安指針・計画法について」（一九九七年一二月）は、ミッテラン大統領下で一九九三年三月から始まったバラデュール保革共存政権においてとられた治安政策の中核となるフランスの「治安指針・計画法」を取り上げている。治安基盤整備について複数年度計画を導入して予算の単年度主義の限界を打破する、警察官を行政事務から解放して職務執行に特化させる、雑踏警備について受益者負担の考えを導入するなど、我が国にも参考になる政策に触発されたからである。

フランス国家警察情報部門（RG）

【出典】
「フランス国家警察情報部門（RG）」
『SGOSS』（一九八五年二月）

はじめに

フランスにおいて、警察の責務として一般的に、個人の生命及び財産の保護、混乱した公秩序の回復並びに国家及び政体の護持を挙げることができる。こうした責務を遂行する上で重要なことは、警察が社会に生起するもろもろの事象について十分な情報を有していることであろう。なぜならば、公秩序の混乱は自然発生的であることが極めてまれであるばかりか、しばしばその原因は混乱が顕在化する以前に知覚することが可能だからである。そして、警察が社会的混乱を惹起する原因を事前に察知し、これに対して有効な抑止的手段を講ずるならば、もはや鎮圧的手段をまつまでもなく、社会生活の安寧はおのずから保たれるのである。

このことから、フランスにおいては、情報の収集及び分析が、公秩序の回復、社会生活の統制及び刑事司法手続への参加[*1]とともに、警察の重要な機能の一つとして位置付けられている。本稿は、フランスにおいて情報を扱う警察組織[*2]のうちで最も重要なものの一つである内務省国家警察総局情報部門（以下「情報部門」という。Renseignements Généraux：RG[*3]）を紹介するものである。

一　任務

情報部門がつかさどる事務につき、一九七四年五月一四日付け内務省令第六条は、「中央情報局［二参照］は、政府にとって必要な政治、経済、社会秩序に関する情報の収集及び統合に当たる。」と規定し、また、一九七六年三月一九日付け国家警察総局長訓令は、「情報部門は、国内におけるテロリズムに関する情報の収集及び統合に当たる。」と規定する。この両規定は、情報部門の主たる任務を端的に示している。

その第一は、政府の政策決定に必要な情報の収集及び統合である。すなわち、情報部門は、政府の必要に応じ、フランスにおける政治結社、労働組合、企業その他の団体及びそれらに所属する個人を情報活動の対象とする。その所掌事務は広範であり、また、政策決定過程における情報需要の増大とともに、その役割は、重要なものとなりつつある。

その第二は、国家が背後に介在しないテロリスト及び直接行動主義者並びにそれらによって構成される団体[*4]に関する情報の収集及び当該団体に対する情報活動である。情報部門は、テロリスト、直接行動主義者等によって構成される団体に対して、積極的に非公然の情報活動を行っている。これは、テロリスト、直接行動主義者がしばしば活動を秘匿化していることから、一般の政治結社に対して行うような情報活動によっては十分でないこと、また、刑事司法手続を用いた最終的な介入を効果的に進めるためには、こうした団体の動静を十分に把握する必要があることなどの理由による。

なお、情報部門に属する警察官は、刑事訴訟法の規定による司法警察職員としての権限を行使することができない。情報部門の所掌に係る団体（特にテロリスト、直接行動主義者等に係るもの）に対して刑事司法手続による介入が必要な場合には、司法警察部門の担当官と協力して作業が進められる。

二　組　織

情報部門は、中央組織と地方組織から構成される。

中央組織としては、内務省国家警察総局（Direction Générale de la Police Nationale, Ministère de l'Intérieur et de la Décentralisation：ＤＧＰＮ）に中央情報局（Direction Centrale des Renseignements Généraux：ＤＣＲＧ）が置かれ、地方組織としては、防衛管区（Zone de Défence、八）、地域圏[*5]（Région、二二）、

県（Département、一〇三）ごとに局（Direction）[*6]が置かれている（地方情報局）。また、情報部門に勤務する国家公務員の総数は、一九八三年一月一日現在三七八八人である。

1　中央組織—中央情報局（Direction Centrale des Renseignements Généraux：DCRG）

中央情報局は、各地方情報局から送られてくる情報の統合、装備、人事及び会計に係る事務の調整、情報収集活動に対する具体的指揮、文書及び記録の保存並びに全国レベルの世論調査の実施に当たる。

中央情報局は、政府への情報の提供につき内務大臣に対して責任を有する中央情報局長を頂点として、一般情報課（第一課）、特別情報課（第二課）、調査課（第三課）、総務課（第四課）及び競馬・賭博課（第五課）の五課からなる（図1参照）。

(1)　一般情報課（第一課）（Sous-direction de l'Information Générale）

一般情報課は、政治問題、社会問題、経済・金融問題及びマスコミ・放送を担当する四係からなる。

中央情報局には、毎日地方局から重要な政治・経済・社会問題に関する情報が送られてくるが、一般情報課は、これらの情報を部門別に整理し、その中で政策決定に必要なものを政府に報告する。当該事務は、政府の政策決定に関わる重要なものであり、中央情報局がつかさどる事務のうちでも

図1　中央情報局組織図

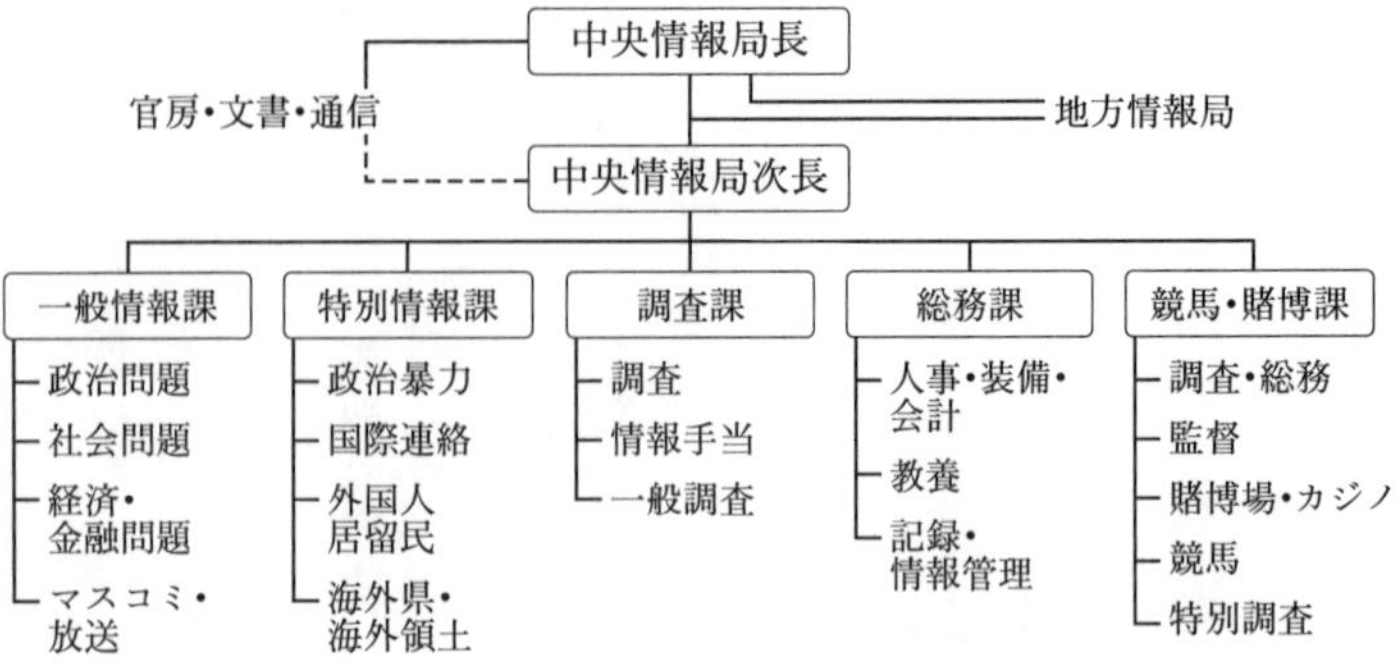

最も伝統的なものといえる。

また、最近では、こうした日々の国内情勢の報告だけでなく、収集した情報を分析し、長期的な視点に立って政治・経済・社会情勢の予測を行うことが極めて重要になりつつある。そこで、一九六四年には、選挙の結果等の予測に関し、同課に世論調査統計室（Office Central de Sondage et de Statistiques）が置かれ、統計学的手法を用いた世論調査が行われている。同室で実施される世論調査は、しばしばＳＯＦＲＥＳ等の民間企業が実施するものよりも正確であるといわれている。

(2)　特別情報課（第二課）（Sous-direction de l'Information Particulière）

特別情報課は、政治暴力、国際連絡、外国人居留民及び海外県・海外領土を担当する四係からなる。

政治暴力係は、極左・極右勢力に関する情報、バスク、コルシカ、ブルターニュ地方における独立運動勢力に関する情報及び国家が背後に介在しない国際テロリズム組織に関する情報の収集及び分析に当たる。また、同係は、政治暴力に関する情報を集中的に管理する。さらに、テロ事件が実際に発生した場合に、中央司法警察局第六課（テロリズム事件対策課）と協力して作業を進めるのも同係の重要な任務の一つである。

国際連絡係は、特別情報課が国際テロリズム組織に関する情報を扱う関係から、国土監視局とは異なるルートで、当該問題について関係国との情報交換に当たっている。ＥＣ加盟一〇箇国の間では、国際テロリズム問題につき関係行政機関の間で定期的に協議がもたれるほか、北欧諸国、スペイン、ポルトガル、合衆国、カナダ、イスラエル、日本、韓国等とも情報の交換がなされている。現在、同係とこうした形で接触のある国は二五箇国に上るといわれている。

外国人居留民係は、アルジェリア人、チュニジア人、モロッコ人、イタリア人等の外国人居留民によりフランス国内に形成されている居留地（Colonie）の視察活動に当たる。当該視察活動にあっては、居留地に対する情報作業が積極的に行われているといわれている。

海外県・海外領土係は、海外県及び海外領土に生起する事案の特殊性から、当該地域における政治・経済・社会問題に関する情報（フランス本土については一般情報課が扱うもの）及び独立運動、直接行動主義者等に関する情報を一括して扱う。

(3) 調査課（第三課）(Sous-direction de la Recherche)

一般情報課及び特別情報課が主として地方局から送られてくる情報の統合に当たるのに対し、同課は、中央情報局が直接にその運営をつかさどる部門である。同課は、調査、情報手当及び一般調査を担当する三係からなる。

調査係は、中央情報局が直属の作業班を使って行う情報活動の具体的指揮に当たる。作業班の主たる任務は、全国的、国際的規模で展開されるテロリズムに関する情報の収集及び当該事案に係る地方局相互間の連絡・調整である。作業班は、大都市を中心に全国一五箇所に分駐している。

一般調査係は、特定個人に対する行政調査を行う。一九五八年九月二二日付け国家警察総局長訓令は、「行政調査報告書には、戸籍、履歴（学歴、軍役、出生以降のすべての住所、職歴、政治活動歴、公職活動歴及び犯歴を記載する。）、財産状況、当該個人及びその家族の素行並びに政体に対する忠誠心を記載しなければならない。」と規定する。

（4）**総務課（第四課）**（Sous-direction des Affaires Administratives）

一般情報課、特別情報課、調査課及び競馬・賭博課が中央情報局の運営（de mission, Opération-nel）部門とするならば、総務課は同局の管理、補給（de Gestion, Logistique）部門といえる。同課は、人事・装備・会計、教養、記録・情報管理の三係からなる。

（5）**競馬・賭博課（第五課）**（Sous-direction des Coures et des Jeux）

情報部門の主たる任務は、情報警察であるが、歴史的経緯から、附帯的な任務として、カジノ、賭博場及び競馬場に対する監督が同部門の所掌とされている。

競馬・賭博課は、各地方局に勤務する競馬・賭博専門官を通じて、全国に散在する一三八のカジノ、三二の賭博場及び三〇〇の競馬場の監督に当たっている。

2　地方組織

情報部門の地方組織として、全国に県情報局（一〇三）、地域圏情報局（二三）及び防衛管区情報局（八）が置かれている。

(1) 県情報局（Direction Départementale des Renseignments Généraux：DDRG）

県情報局は、県庁所在地に置かれる。また、有力な郡庁所在地には、県情報局の支局（antenne, poste）が置かれる。[*7]

県情報局長は、中央情報局長又は県知事（le Préfet, Commissaire de la République du Département）の命を受け、当該県の政治、経済及び社会に関する情報の収集及び管理について責任を有する。すなわち、県情報局長は、県情報局が独自に入手した情報及び中央情報局又は県知事から要請を受けて収集した情報を統合し、これを上級機関に報告する。また、県段階で保存される記録を更新し、必要に応じて最新の情報を提供し得る体制を整備する責任を有する。

県情報局長の一日は、重要な政治集会等の視察、司法警察部門、警備実施部門、憲兵隊等との連絡・調整、当該県選出に係る国会議員、県会議員、市町村議会議員等との非公式な接触等のために費やされる。

県情報局で勤務する警察官は、主として市町村、郡、県レベルの政治・経済・社会問題に関する情報の収集及び分析に当たるが、地方生活に関するこうした情報は、特定個人との接触により最も効果的に収集される。そして、こうした形で、情報収集活動の成果を上げるためには、県情報局に勤務するそれぞれの警察官が、当該地域において情報対象者と一定の人間関係を形成することが必要とされる。このため、県情報局に勤務する警察官の任期は、他部門で勤務する警察官の任期より長く、最低でも五年から六年は同一県で勤務を続ける。

(2) 地域圏情報局（Direction Régionale des Renseignements Généraux：DRRG）

地域圏情報局は、地域圏庁所在地に置かれる。[*8] 地域圏情報局長は、当該地域圏内に存する県情報局を指揮監督し、中央情報局長又は地域圏知事（le Préfet, Commissaire de la Républque de la Région）に当該地域圏に係る情報を提供し、及び地域圏庁所在地を含む県の県情報局長としての事務をつかさどる。

地域圏情報局には、単に中央情報局の県情報局に対する指揮監督権の一部が委任されているに過ぎず、県情報局について存在する中央情報局長及び県知事から受けるところの二重の指揮命令に関する規定は存在しない。

しかしながら、地域圏知事は、当該地域圏庁所在地を含む県の県知事を兼務しており（一九八二年五月一〇日付け政令第三九〇号参照）、また、地域圏情報局長は、当該地域圏庁所在地を含む県の県情報局長としての事務をつかさどることから、事実上、地域圏情報局長、中央情報局長及び地域圏知事の両者から指揮命令を受けることになる。

防衛管区（八）については、防衛管区を構成する地域圏の中で、当該管区庁を含む地域圏の地域圏情報局長が国土防衛に関する情報を担当する。この場合において、防衛管区情報局長は、防衛管区内の他の地域圏の地域圏情報局を指揮監督する。

三　活　動

情報部門は、情報の大部分を、幾つかの定型的活動を通じて収集する。

1　公刊物の分析

情報部門の警察官の最も基本的な活動は、毎日、新聞、週刊誌その他の公刊物に目を通し、その中から、現在又は将来の政策決定に有用と思われる記事を収集し、又は分析することである。

2　集会等の視察

重要な公的行事、政治集会、政党及び労働組合の大会等には、必ず情報部門の警察官の姿が見受けられる。彼らは当該集会等においてなされた議論を聴取し、又は当該集会等において生起した事件を観察することにより必要な情報を収集する。

3　情報対象との具体的接触

情報部門の警察官が政治家、労働組合の活動家、企業主等の情報対象と面識がある場合には、当該個人と会うことによって情報を収集する。

4　尾　行

尾行は、情報収集活動において、頻繁に用いられる手法である。ただし、警察大学校（Ecole Nationale Supérieure de Police：ENSP）の講義[*9]では、「尾行には、時間、忍耐、良く訓練された人員、カメラ、自動車等を同時に必要とする。」との指摘がなされている。

5　協力者工作

フランスにおいては、警察組織の成立初期から、視察対象団体に対して情報獲得の目的で協力者工作が行われてきた。以前より、この手法に対しては非道徳的であるという観点から批判が加えられており、事実、前記警察大学校の講義においても、「協力者工作の問題点は、正邪、善悪、道徳悪徳といった両極にある観念の混淆が不可避であるところの我々が現実に生活する世界の曖昧さを露呈させる点にある。」との指摘がなされている。

しかしながら、協力者工作のより深い問題は、手法の道徳性よりもむしろ、協力者工作が警察をその闘争の相手側に従属せしめ、操作する側が操作される危険性を内包する点にある。このことから、「協力者の利用及び操作に当たっては、最大の慎重さをもって臨むことが必要である。[*10]」という実務上の指摘がなされているほか、警察大学校においても、協力者工作は、①秘密の遵守、②情報提供と情報手当の均衡、③協力者に対する警戒という準則に沿ってなされるべきであるという指導がなされている。

6 傍受

フランス刑事訴訟法によれば、司法警察は、予審判事が発する共助の嘱託（Commission rogatoire）により被疑者が発信し、又は受信する電話通信を傍受し、又は録音することができる。すなわち、警察機関が電話を傍受するためには、少なくとも予審手続が開始されていることが必要であり、予備捜査の段階で、警察が独自の判断で、電話通信の傍受を行うことはできないのである。

しかしながら、報道によれば、情報部門では情報収集のやむを得ない必要性から電話等に対する傍受が行われているといわれている。事実、一九六一年四月二二日のアルジェリアにおける四人の将軍達によるクーデタの試みは、電話の傍受を通して前日に、時のド・ゴール政権の知るところとなり、大事に至らずに鎮圧されている。

終わりに

本稿は、国立行政学院（École Nationale d'Administration：ＥＮＡ）の課程の一環として、ロット（Lot）県庁及び内務省国家警察総局で研修を行った時に得た資料及び知識に基づいて書かれている。研修期間は、単に、中央情報局だけにとどまらずに、総局の中のほとんどすべての局の組織及び機能を学ぶために費やされたが、本稿は、比較的紹介される機会が少ないと考えられる情報部門だけを取り上げている。

【注】

＊1 おおまかにいって、公秩序の回復とは警備実施、社会生活の統制とは保安・交通警察、刑事司法手続への参加とは刑事警察を指すものと考えてよいが、これらの概念がそれぞれ日本のそれと正確に一致しているわけではない。

＊2 情報を扱う警察組織としては、このほかに内務省に属する国土監視局（Direction de la Surveillance du Territoire：ＤＳＴ）、国防省に属する情報防諜部（Service de Documentation et de Contre-Espionnage：ＳＤＥ

CE）等が存する。

＊3 フランスでは、Renseignements Généraux：RGが、中央情報局、地方情報局及び支局を含む組織の総体を指す語として用いられているが、日本ではこれに当たる語が存在しないので、本稿では「部門」の語を用いた。

＊4 国家が背後に介在するテロリズム、例えばアルメニア人、イラン人、シリア人、リビア人、パレスチナ人等によるものは、国土監視局がこれを所掌する。しかしながら、その境界はしばしば不明確であり、同一の事件に複数の機関が同時に介入することもまれではないと言われている。

＊5 地域圏の行政区画は数県を統合した行政区画と一致し、地域圏庁所在地は当該地域圏の中心県の県庁所在地と一致する。このため、地域圏庁所在地を含む県にあっては、地域圏情報局長が、兼ねて当該県の県情報局長の事務をつかさどる。

＊6 括弧内の数値は、フランス本土だけでなく、海外県及び海外領土に置かれる局の数も含むものである。

＊7 郡（arrondissement）は、国の行政区画であり、その中心地には郡庁（Sous-Préfecture）が置かれ、当該地域における国の事務をつかさどる。

＊8 ここでいう地域圏、県とは、地方自治体としての地域圏、県ではなく、国の行政区画としての地域圏、県を意味する。

＊9 M. Charbinat "Législation du maintien de L'ordre" Cours de l'E.N.S.P. novembre 1965

＊10 MM. Parra et Montreil, Traité de procedure pénale policière Paris Quillet 1970

フランスにおけるカルト教団問題の概要

【出典】
「仏におけるカルト教団問題の概要」
警察学論集第四八巻第七号（立花書房、一九九五年七月）

はじめに

フランスにおいては、カルト教団[*1]の家庭、社会に及ぼす影響の深刻さに鑑み、一九八二年九月一日付けで首相より国民議会副議長宛の「新興宗教及び擬宗教団体に関する調査依頼」が発出され、これに基づき国民議会（下院）特別スタッフが内務省、法務省、社会問題省、外務省等の協力を得て調査に当たり、当該報告書[*2]は、一九八五年四月九日公にされた。それ以降、フランスにおいてカルト教団に関するまとまった報告は存在せず、本稿が引用する数値等は、主として当該報告書に基づくものである。

一　カルト教団の現状

1　概　況

カルト教団を対象とした調査は、当該調査まではフランス本土においては実施されておらず、一九八二年一一月二日から二九日までの間に内務省国家警察総局総合情報局地域圏情報局及び県情報局において初めてこれを実施したところによると、フランス全土において一一六のカルト教団組織が存在し（うち八〇%が届出団体としての届出を行っている。）、信者数は、三万一九六八人となっている。フランス内務省の分類に係る教義別内訳は、図1のとおりである。

逆に言えば、これらのカルト教団がフランス警察の視野の下に置かれているものと推定される。

2　海外を本拠とするカルト教団

調査では外国人の信者数は少数であるが、海外に本拠を有するカルト教団は相当数に上るとされている。当該報告書においても、我が国を本拠とするもの、我が国においても支部等を有するものがカルト教団として挙げられていることが注

図1

	組織数	信者数
東洋的支配	48	1万5398
教義混淆	45	1万0532
ファシスト・人種差別	23	6038

目される。

二　カルト教団の危険性

国家警察総局の月刊誌（Revue de La Police Nationale No. 121）は、カルト教団の危険性と問題点として以下の点を指摘している。

①非合理的なるもの、神秘的感覚、新たな宗教的・哲学的探求への誘惑は、カルト教団の信者に、錯乱、常軌逸脱、小児化すなわち精神的後退をもたらしている。

②カルト教団では、信者の哲学的・宗教的感覚を統制することが、金銭を獲得するために利用されている。カルト教団の中には、法外な額の会費、宗教的儀式に対する高額な対価や信者の全財産にまで及ぶ寄付の強要を行っているものが存在する。

しかしながら、当該行為が刑法犯に該当することの立証は極めて困難を伴うことが多い。例えば、被害者が金員の交付に同意していたとすれば、詐欺の立証は難しい。

③非人格化の技術により、信者の主体性の喪失、自己意志の教団への従属化という傾向を生じさせ、これが例えば集団自殺という極端な形で顕在化している。

しかしながら、これとても「被害者」が「自らの意志」でこうした行為に出たということになれば、教団の犯罪性を立証することは難しい。精神操作、洗脳、信条への侵害の立証は極めて困難であり、また、無給労働、監禁労働、不眠・食事抜き労働についても信者の自主性、同意によるものということとなれば教団の犯罪性を立証することは難しい。

④家庭生活に対する攻撃。信者の人格を支配することにより、彼らを家庭から引き離すことが行われる。これが家族側からはカルト教団による逮捕監禁と告発され、一方で教団側からは家族による教団施設から自宅への連れ戻しは、誘拐であると非難を受けることとなる。

三　カルト教団に対する規制

フランスにおいては、カルト教団を直接の規制対象とする法律は存在していない。ただし、かかる団体が布教に伴う一定の行為を行うための法的地位を取得した段階で他の一般団体と同様に届出団体（association declarée）として、又は宗教団体（association cultuelle）として法律に基づく規制を受けることとなる。

1　届出団体

一九〇一年七月一日付けの団体契約法は、「団体とは、二人以上の個人が、永続的な形で、利益を配分するなどの一以上の目的を持って、それらを共に承認し、又はその活動を共に明示するところの協約である。」と規定し、さらに「団体は、自由に設立することができる。」として事前の届出は原則として不要としている。ただし、当該団体が左の行為をする場合には、団体の設立を県庁(préfecture)又は郡庁(sous-préfecture)(いずれも国の機関)に届け出なければならない。

①訴訟を団体名で行うこと。

②公益目的の個人の現実贈与又は組織からの寄付を受けること。

③国、地域圏、県、公的施設からの補助以外に左に掲げるものを有償で取得し、所有し、又は管理すること。[*3]

(i)会費又は会費の合計。なお、会費は、一〇〇フランを超えてはならない。

(ii)団体の管理又は会員の会合に供される場所。

(iii)団体がその目的を達成するのに必要不可欠な不動産。

現在、フランスではカルト教団の約八〇%が届出をしており、官選知事(préfet)は、団体の届出や、地位の変更、執行部の交代、不動産の取得といった届出事項の変更の段階でこれらの団体を監督することが可能である。

このほか、行政上当該団体に対しては、租税法上の監督が可能である。租税一般法第一九九一条は、徴税官吏は、商法典第一編第二章に規定する取引に係る帳簿並びにそれに付随する補助簿、書類及び証憑を調査する権限を有すると規定し、また、同法第一六四九条第七項は、直接税、間接税に関する調査の方法を定めている。

2 宗教団体

一九〇五年一二月九日付け団体、財団、修道会に関する法律第一八条は、「宗教法人とは、宗教上の会見や礼拝の一般人への実施の費用を支出するために組織された団体」であり、同団体は、「一九〇一年七月一日付け法律（団体契約法）第五条以下に定める要件に基づき」設立されなければならないとされている。

さらに、同法第一九条は、宗教法人の目的を達成するため、又は宗教的儀式若しくは礼拝の対価として、法律に定める条件に従って、主務官庁の監督の下、生前贈与、遺贈を受けることができるとしており、これらの条件は、届出団体に比較して緩やかである。

しかしながら、一九八二年の国務院判例によれば、救済院、貧者、公施設に対する生前贈与、遺贈と同様に、宗教法人に対するこれらの行為も、当該主務官庁の認証があって初めて有効であるとされた。したがって、主務官庁は、個別の行為ごとに、当該宗教法人の贈与の受理の可否を判断できることとなり、この承認の際には、宗教法人に対する当該贈与が公益を、特に当該宗教法人が公共の秩序を侵す恐れがあるか否かといった点も衡量の対象とされることとなった。

この判決を受け、内務省では各県の官選知事に対して以下の通達を発出している。

「伝統的な宗教団体（カトリック、プロテスタント、ユダヤ教、ロシア正教、イスラム教）からの承認要請については、速やかに、かつ、無用の形式を経ることなく承認を与えるという従来の運用を変更する必要はないが、仮に一九〇五年一二月九日付け法律第一八条、第一九条及び第二〇条に該当する宗教団体として設立された団体であっても、いかなる点であれ、常ならぬ性格を有する団体に対して贈与受理の承認を与えようとする場合においては、過去三年間の会計帳簿を検査するなど、各機関を通じて審査を掘り下げることが望ましい。

当該団体の外面的な宗教活動又は当該団体の執行部、会員若しくは信者の行動が公益に合致しないとの疑いがある場合においては、当該活動や動静を警察の調査に委ねるべきである。」

また、同法第二一条は、「団体は、収入と支出とを管理し、毎年、前年の出納簿及び資産（動産・不動産）目録を提出しなければなら」ず、「主務官庁又は財政監察官は、団体に対する会計検査を行う。」と規定している。

端的に言うと、宗教団体は届出団体よりも主務官庁の厳しい規制下にあると言える。

四　カルト教団と警察活動

フランスにおいてカルト教団がこれまでに引き起こしてきた不法事案としては、刑法犯では逮捕・監禁（第二二四条の一―四）、未成年誘拐（第二二四条―五）、売春斡旋（第二二五条―五）、親権行使に対する侵害（第二二七条の五―一一）、詐欺（第三一三条―一・二）、背任（第三一四条の一―四）があり、特別法違反としては、宗教的示威活動の無許可・条件違反、公道における無許可・条件違反募金活動、各種税法違反（法人税法、関税法、相続税法）、就学義務違反、医事法違反、社会保障法違反、労働関係法令違反といったものが挙げられる。警察は、こうした事犯に係る告訴、告発を受理し、各種事犯の捜査活動に当たってきたが、内務省では、この種の事案の広がりと多様性とを勘案するとき、犯罪発生後の捜査にとどまらず、カルト教団の実態、その活動及び危険性に関して十分な情報を得ることがカルト教団による危害発生をあらかじめ防止するという面で重要であるとして、カルト教団に対する情報活動の重要性を強調している。警察による情報活動は、以下の三点を指向して実施されている。

①当該カルト教団に係る問題の所在を明らかにすること。すなわちカルト教団の性格、本質を明らかにする。これは、信者の入信の動機、また、こうした「宗教」が一般の国民にどのように受けとめられているのかという点についての情報収集を通じて行われる。

②信者数、社会的影響力という観点から当該教団の規模を明らかにすること。

③当該教団の活動、方法論を通じて危険性、特に犯罪行為に及ぶ蓋然性を計測すること。

こうした情報活動を行う上で最も困難な点は、カルト教団に対する危険性及び脅威評価に関し、客観的な基準を立てることが困難であるということである。「カルト教団と教会との境界はどこにあるのか。」、「如何なる段階で、カルト教団は危険なものとなるのか。」といった疑問は常についてまわるのであり、これは「信仰と迷信との相違」という永遠の議論にも通じるものと言われている。

五　カルト教団問題に対する政策提言

報告書は、カルト教団問題解決に向けて以下のような政策提言を行っている。

1　省庁間組織の創設

カルト教団に係る問題は、複数の省庁にまたがる問題であり、また、政府の総合的施策を必要とすることから、カルト教団問題省庁間組織の設置を提唱する。首相の下に独任官を置き、カルト教団に関する問題全体を継続的に取り扱わせ、必要に応じて関係省庁の協力を求め得ることとする（内務省――団体の届出受理、宗教団体の監督、視察、違法行為の取締り、予算省――団体の会計の透明性の確保、その他社会問題省、労働省、法務省、国民教育・文化省等が参加）。この独任官の下で必要に応じて省庁間委員会が開催される。

2　カルト教団問題を扱う民間団体・公的機関への支援と協力

政府は、カルト教団に係る問題を研究する民間団体及び公的機関を援助し、こうした団体等と協力してカルト教団の実態及び教団にまつわる社会問題への法的解決方法、一方で個人に着目した、信者へのカルト教団の接近方法並びに信者の入信及び離脱の過程に関する研究及び文献の集積を行い、この成果を、省庁間組織を通じて当該問題を扱う学校、社会保障施設、職場、保護者団体に還元する。

3　教育の「非宗教性」の新たな意味付け

フランスでは、一九世紀以降、教育をカトリックから解放するという目的で進められてきた「非宗教化」(laïcité) が学校の教育現場において、宗教、哲学の大きな流れすら教育しないという傾向を生んだ。今後、子供自らの自由な検証と知的自立という保障の下に思想を選択することを可能とするような知的、精神的能力を育成するよう、教育現場でこうした問題がより一層積極的に取り上げられ、また、人権の尊重を重視するところの教育を発展させる。

4　国際協力の推進

最も活発なカルト教団は、海外を本拠としており、海外との情報交換は、これらに対処する上で必要不可欠である。カルト教団に係る社会問題を扱う各国の民間・公的団体を集めてNGOを結成すべきである。このため、まずフランス国内の県、地域圏レベルの組織を国レベルに連合させ、最終的に国レベルの機関に国際機関フランス支部の事務局を行わせるべきであろう。

5　広報啓発活動の強化

放送高等委員会は、以下のような点について、ラジオ及びテレビを通じて広報啓発活動に努めるべきである。
①カルト教団に関する出来事は、背景を抜きにしてその事実のみを報ずるべきではない。
②報道番組は、当該番組が扱う教団の性格及び真の目的を最大限明確に報じなければならない。
③防犯的かつ教団固有の情報は、特別番組という形式で放映されることが望ましい。
④報道番組は、公的機関が実施する広報と密接に連携しなければならない。

6 カルト教団被害者相談員制度の創設

子供や親の教団への入信により残された家庭は破壊され、また、彼らの心の傷も深く残る。さらに、当該教団に関する情報も不足している。こうした家庭を対象として、地域圏ごとに名誉職の相談員からなる公益団体形式の組織を結成し、同組織は県厚生部と密接な連携をとって活動する。相談員は、教員、福祉担当職員、心理学者、人道的団体等と連携を図りつつ、家族と信者との連絡に努める。一方、相談員は、信者が教団から脱会することを決定した場合には、その社会復帰、職場復帰の手助けをする。信者にとって、社会復帰は非常に困難な試練であり、社会的受容、方向付け、アフター・ケアについては個々の対象者と密接に連絡をとって行われるべきであろう。

7 社会保障制度の一部改正

社会保障制度は、特別委員会の審査により、社会保障の適用を受けない教団で働く者、また、年金の掛け金を払うことができない者についても保障を受けられるよう社会保障制度の一部を改正する。

8 海外における信者保護の強化

カルト教団に入信したフランス国民、特に若者の中には、教団のために海外で活動をしている者も多い。こうした信者発見及び帰国促進のために一九八一年から外務省は、以下の措置をとっている。

①領事は、信者である国民の帰国に便宜を図っている。

②主要な国際カルト教団に関する情報を各国駐在の代表に送付している。

これらの措置は、これからも発展継続されるべきである。

9 子供の学習権の尊重

子供の学校での学習権を尊重するために、一義的な環境の中で生徒を監禁しているカルト教団の学校は、開かれた非宗教性並びに信条及び教育に係る計画の多元性を基礎とする教育制度の中で消滅すべきであろう。

【注】

＊1 フランス語でsecte。伝統的既成宗教組織と比較して、特殊な少数者の教団。

＊2 Les sectes en France, Expressions de la liberté morale ou facteurs de manipulations?, Alain VIVIEN, rapport au Premier ministre, La documentation française

＊3 援助、慈善、技術研究又は医療研究を目的とする団体は、国務院（Conseil d'Etat）を経由した政令が定める条件に基づき、生前贈与又は遺贈を受けることができる。

最近のフランス情報機関の動向

【出典】
「最近のフランス情報機関の動向」
『治安フォーラム』（立花書房、一九九六年九月号）

一　概観

一九八五年七月一〇日、フランス国防省対外安全総局（Direction Générale de la Sécurité Extérieure：DGSE）工作員がニュージーランドのオークランドに停泊していた、ムルロワ環礁における核爆発実験に反対する環境保護主義団体「グリーンピース」所属船舶「虹の戦士」号を爆破、沈没させた「グリーンピース事件」では、事件後、同工作員が現地当局に逮捕され、DGSEの組織的関与が明白となったため、ラコストDGSE長官の更迭、エルニュ国防大臣の辞職という事態に発展した。

この事件は、フランスの情報機関の存在に暗い影を投げかける一方、政府部内に情報組織改革の機運を盛り上げることとなった。この情報機関改革の中で最も顕著なものとして挙げられるのは、これまで国防省及び内務省内にそれぞれ分散し、相互の連携なく独自に活動していた情報組織を統合し、また、統一した政府の意思の下に機能させようとする試みがなされたことである。

一九八八年にロカール首相（当時）官房に治安担当参事官（conseiller pour la sécurité）が置かれ、新たな情報機関改革の方途が模索されることとなり、この改革の一環として「省間情報委員会（Comité Interministériel du Renseignement：CIR、注：一九六二年に設置され、その後、機能しなくなっていた。）の活性化が図られることとなった。一九八九年四月二〇日付け政令第八九―二五八号（省間情報委員会の構成と任務を定める件）によりCIRの任務は、「情報に与る関係機関の活動の大綱方針を示し、その協調を図り、ために『国家情報計画』の策定に当たること」とされた。CIRは、首相の召集に基づき、必要に応じ、かつ最低、年二回開催される。CIRの議長は首相で、国防、内務、外務、財政、予算、産業、調査研究、通信、宇宙開発、海外県・海外領土担当大臣がそれぞれ出席し、必要に応じてその他の閣僚も出席する。また、事務方からは、政府事務局長及び国防事務局長が出席する。更に、当該委員会には専門部会が設置され、DGSE長官主催の事務レベル会合が毎月開催されている。この会合には、大統領府官房長、首相府外交顧問、首相府軍事顧問、内務省国家警察総局長、国防事務局長等が出席している。

CIRは、国防事務局（Secrétariat Général de la Défense Nationale：SGDN）に補佐されており、SGDNでは三〇〇人以上の文官、武官が同委員会のために働いている。

ＣＩＲで決定され、一九九〇年一月に当時のミッテラン大統領から承認を受けた「国家情報計画」（plan national du renseignement）では、ソ連邦の崩壊に伴う国際情勢の変化に対応し、㈠非合法国際資金の流れ、㈡中近東、㈢旧東側の新たな動き、㈣国内の少数民族・宗教集団、㈤科学技術計画及び㈥情報通信の傍受がその重点とされている。

二　主要情報機関の動向

フランスには、情報機関と称し得る機関として、内務省国家警察総局所属の国土監視局（ＤＳＴ）、総合情報部（ＲＧ）、国防省所属の対外安全総局（ＤＧＳＥ）、軍事情報局（ＤＲＭ）が存在する。

１　国土監視局（Direction de la Surveillance du Territoire：ＤＳＴ）

ＤＳＴの前身である内務省司法調査総監部（Contrôle Général des Services de Recherche Judiciaire）は、ドレフュス事件により威信を失墜した軍の情報機関を警察により補完するため一八九九年五月一日に発足した。同部は、第一次大戦前に防諜も所掌することとされ、更に、一九三四年六月一三日に国土監視総監部（Contrôle Général de la Surveillance du Territoire）に改組され、国境警備と通信傍受をも分掌するに至った。一九四四年に国土監視局（ＤＳＴ）となり、現在の中央組織、防衛管区及び海外県・海外領土ごとの地方組織（secteur）の骨格が形成された。

一九八二年一二月二二日付け政令第八二―一一〇〇号によれば、DSTの任務は、「フランス共和国の領土内において、国家権力により教唆され、企図され、又は支援された、フランス共和国の安全を脅かす活動を調査し、予防し及び鎮圧する」こととされている。DSTの組織・定員は、国防秘であることから、秘密政令により定められている。中央組織は、管理部門のほかに、㈠外国による諜報活動の取締りに当たる防諜部、㈡先端技術情報の保護及び武器拡散問題に当たる防護・保安部、㈢背後に国家が介在するテロリズムの取締りに当たるテロ対策部、㈣違法通信の取締りに当たる電気通信警察部からなっている。定員は、約一五〇〇人である。

DSTの業績のうち著名なものとして、ソ連邦のKGBで科学技術情報の収集に当たるT局の要員フェアウェル（Farewell）の獲得に成功し、同人からKGBの西側に対する科学・産業スパイ計画を入手、一九八三年四月にソ連邦外交官四七人を国外に退去させた「フェアウェル事件」、一九七五年六月のDST所属の二警察官殺害の報復ともいうべき一九九四年八月のスーダンにおける国際テロリスト・カルロスの逮捕等が挙げられる。

2　総合情報部（Renseignements Généraux：RG）

第一帝政期に「皇帝はすべてを知らなければならぬ。」との要請から、一八一一年三月二五日付け政令により、各県に特別警視（commissaire spécial）が派遣され、現在のRGの所掌に係る一般情報警察の任に当たることとなった。これらの特別警視は、当該県の情報警察に関して権限を有し、官選知事（préfet）と治安庁（Direction de la Sûreté Générale、現在の国家警察総局）記録部の指揮下に置かれ、これがＲＧの前身となった。

ヴィシー政権下の一九四一年四月二三日付け警察再編法第三条によりＲＧが誕生した。

一九七四年五月一四日付け内務省令第六条が「中央情報部は、政府にとって必要な政治、経済、社会秩序に関する情報の収集及び統合に当たる。」と規定し、一九七六年三月一九日付け国家警察総局長訓令が「情報部門は、国内におけるテロリズムに関する情報の収集及び統合に当たる。」と規定しているように、ＲＧの任務は、㈠政府の政策決定に必要な情報の収集及び統合、㈡国家が介在しないテロリスト及び直接行動主義者並びにそれらによって構成される団体に関する情報収集と情報活動である。

組織は、中央情報部と地方局からなる。中央情報部は、管理部門のほかに㈠政治、社会、経済に係る情報の分析、報告に当たる分析・総合課、㈡テロ対策・情報活動等に当たる調査課、㈢カジノ、競馬の監督に当たる競馬・賭博課に分かれている。地方組織としては、防衛管区（八）、地域圏（二二）、県（一〇三）に局（direction）が設置されている。定員は、一九八三年一月一日現在で三七八八人である。

また、選挙ごとに選挙結果予測を政府に報告する世論調査統計室（Office Central pour les Sondages et les Statistiques：ＯＣＳＳ）もＲＧと関連の深い組織で、国政選挙で四〇〇〇、市町村選挙で四〇〇の調査対象を抽出、官製の世論調査を実施している。

RGの重点対象は、戦後はソ連邦の強い影響下にあったフランス共産党、六〇年代はアルジェリア独立戦争に係るFLN(Front Libération Nationale:アルジェリア民族解放戦線)、OAS(Organisation Armée Secrète:秘密武装組織)、七〇年代は極左勢力、八〇年代はアクション・ディレクト等のテロリズムへと移行してきたが、近年RGはその目標を失ったかに見える。

特に、一九九四年七月にパリ警視庁総合情報部捜査員が、非公開の社会党全国会議(当時有力大統領候補の一人であったロカール社会党第一書記の退陣を決定した。)に潜入し、議事を盗聴していた事実が明るみに出、RGは世論から指弾された。これに対して、当時のパスクワ内務国土整備大臣は、RGの政党及びプレスの視察といった政治活動に対する伝統的情報活動を廃止し、それによって生じた余剰人員を都市暴力、極左極右グループ、社会問題評価に対する情報活動に振り向ける改革を示唆している。

3 対外安全総局(Direction Générale de la Sécurité Extérieure:DGSE)

DGSEの前身たる国外情報管理・防諜部(Service de Documentation Extérieure et de Contre-Espionnage:SDECE)は、レジスタンス組織の「自由フランス」行動情報中央局(Bureau Central de Renseignement et d'Action:BCRA)と戦前の秘密組織を母体に一九四六年に発足した。DGSEが現在の名称となったのは、一九八二年四月のことである。

図1　フランス情報機関組織図

1 フランス情報機関調整機構

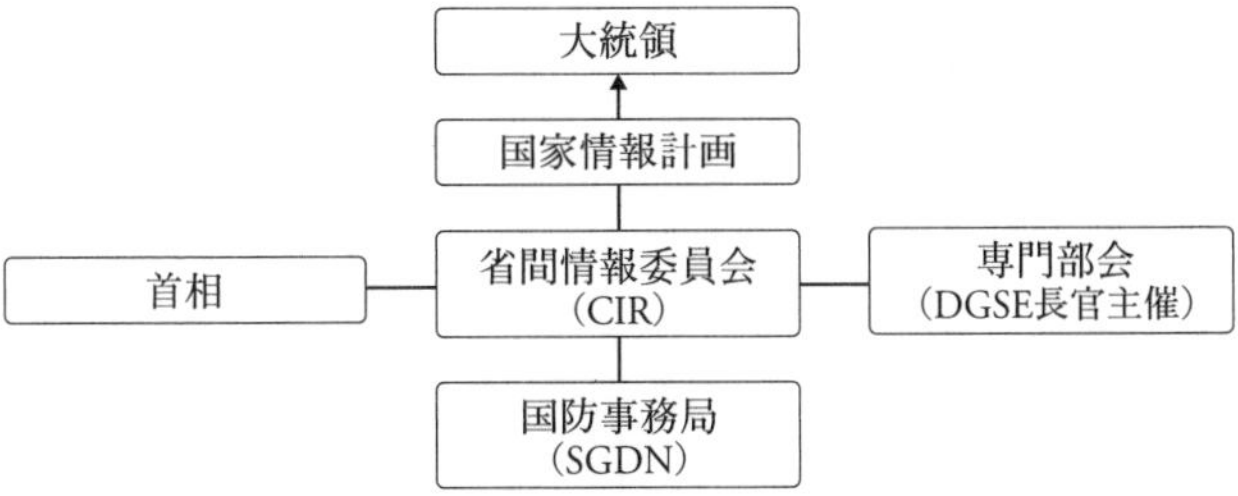

2 フランス中央情報組織

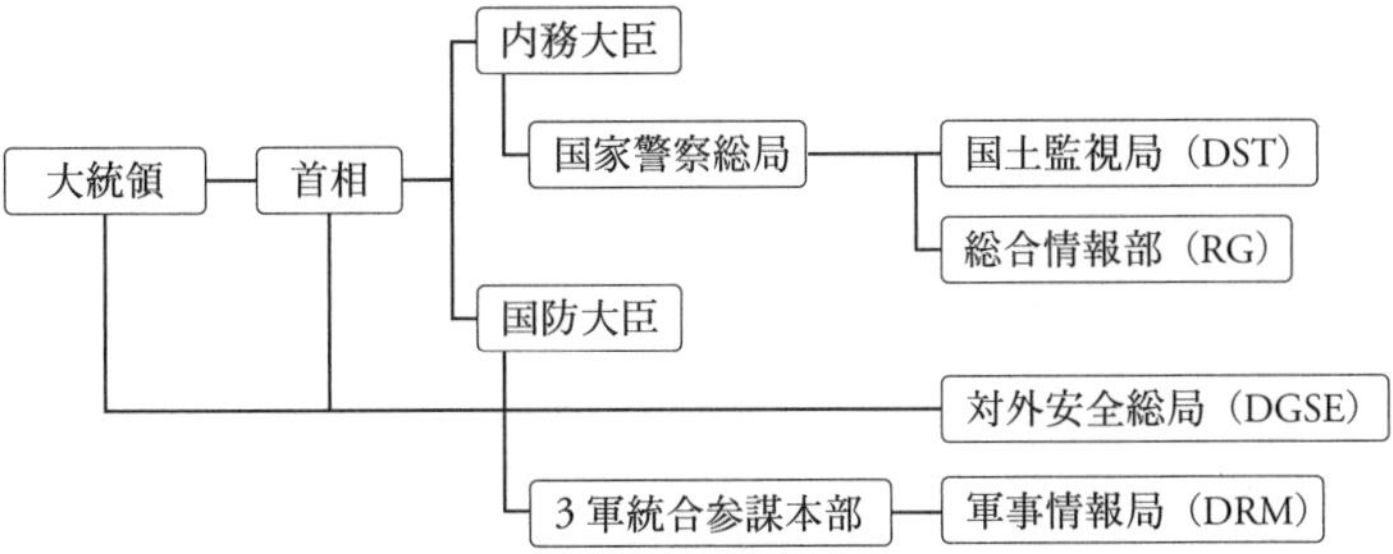

注：DGSEは、かつて首相府直属であったこともあり、国防省からの独立性が強い。すなわち、DGSEのすべての情報が国防大臣を経由するわけではなく、大統領、首相への直接報告事項も存在する。

DGSEの任務は、国外における諜報、妨害工作及び情報の統合・分析である。

DGSEの組織・定員は、国防秘であることから、秘密政令により定められている。組織は、管理部門のほかに、㈠中長期的な情報戦略を決定する戦略部、㈡情報の収集・分析に当たる情報部、㈢特殊部隊（第一一緊急空挺部隊）の指揮に当たる作戦部、㈣戦略SIGINTをつかさどる技術部からなっている。定員は、文官、武官を合わせ約三二〇〇人である。

一九九二年からの国防五箇

年計画の初年度には、これまで七億五〇〇〇万フランであったDGSE予算は、一挙に二億フラン増額された。このうち装備施設費は、三億二〇〇〇万フランから四億五〇〇〇万フランに増加した。予算の重点は、「電子工学装備の充実」、「暗号化」、「約一〇〇人の分析専門家の雇用」とされた。

八〇年代、DGSEの諜報活動は共産主義諸国のみならず西側諸国にも及び、特に、情報処理、電子工学、宇宙工学及び航空工学等の先端産業分野について、同局が米国に対しあらゆる攻撃的情報活動を展開したことは夙に有名で、この時期米仏情報機関相互の緊張が著しく高まったと言われている。この事態は、一九八九年に当時のシルベルツアン（Silberzahn）DGSE長官がCIAを訪問した後鎮静化したと伝えられている。

4 軍事情報局（Direction du Renseignement Militaire：DRM）

湾岸戦争において、先端技術に基づく情報の多くを米国に依存したこと、また、そもそも知り得べき立場にあったフランス売却に係るイラク軍装備についての情報の不足は、フランスの軍事情報組織の在り方に深刻な反省をもたらし、国防省内の戦術情報組織の再編が図られた。

DRMは、これまでの三軍の参謀本部第二課（情報担当）、旧軍事情報分析センター（Centre d'Exploitation du Renseignement Militaire：CERM）、電子磁気情報センター（Centre d'Information sur le Renseignement Électromagnétique：CIREM）、エリオス（Hélios）画像分析センター及び三軍情報語学学校を統合して、一九九二年六月に設立された。

ＤＲＭの任務は、第一が軍事介入の前段階の情報の収集である。これは、フランスの安全にとって中長期的観点から潜在的脅威となる対象、地域について、一般的情報を収集し、実行可能な目的について複数の介入計画を策定することを意味する。第二が紛争等の発生時における情報の提供である。これは、紛争、危機が発生した場合において、如何なる地域に、如何なる脅威が存在するかについての情報を適宜適切に意思決定機関に対し提供することを意味する。第三が軍事介入状況の意思決定機関への報告及び事後の情勢分析である。

ＤＲＭとＤＧＳＥの任務の相違について、ＤＲＭ初代局長エンリック（Heinrich）将軍は、「ＤＧＳＥは、国際法の適法性を越えた特殊な手段を用いるが、我々は通常の調査活動によって情報を収集する。また、ＤＧＳＥは、紛争や危機の兆候を事前に把握するのに対し、ＤＲＭは危機が顕在化した段階で、衛星情報又は駐在武官の直接的な接触による情報により情勢の分析、検討を行う。さらに、紛争が顕在化した段階で、ＤＲＭは戦術情報に与り、ＤＧＳＥは、より特定の問題について情報関心を向ける。」と述べている。

ＤＲＭは、三軍統合参謀本部長の指揮下に置かれ、管理部門のほかに㈠分析課、㈡調査課、㈢技術課、㈣軍備管理課及び㈤三軍情報語学学校から構成されている。定員は、文官、武官を合わせて約五〇〇人、このうち二〇〇人が統合された旧所属の職員である。

このほか、ＤＲＭは、陸軍情報部隊（メッス）、第一三緊急空挺部隊（ディウーズ）、電波衛星写真受信センターをその指揮下に置いている。

一九九四年度予算では、同局に対し通常経費二三〇〇万フラン、施設装備費二億二〇〇〇万フランが計上されている。

三　科学的情報収集の動向

1　SIGINT

SIGINT収集システムは、DRM、DGSEのそれぞれに属している。地上局、航空機のほかに、フランスが、DRM所属のベリー（Berry）、DGSE所属のイザール（Isard）という名称のSIGINT情報収集艦を保有していることが明らかとなっている。

最近建造されたイザールは、排水量五〇〇トン、白色塗装でヘリコプター、武器、弾薬搭載可能という仕様となっており、最新電子工学に基づく傍受装置を搭載し、地上局及び航空機（C160を使用）と連携をとりつつ、SIGINT活動に当たっていると伝えられている。

2　PHOTINT

フランスの静止衛星計画は、一九七五年にテレコム1（Télécom 1）として決定され、八〇年代にテレコム1A（一九八四年）、1B（一九八五年）、1C（一九八八年）の三基の民生用衛星が打ち上げられたところ、これと時を同じくして軍事用偵察衛星シラキューズ（Syracuse）1A、1B、1Cも打ち上げられた。これに引き続き、一九八八年決定に係るテレコム2では、シラキューズ2A（一九九一年）、2B（一九九一年）、2C（一九九二年）が打ち上げられた。

シラキューズは欧州、米州、アフリカ大陸、インド洋、大西洋を対象としているが、右偵察領域は太平洋地域までは及んでいない。受信地上局数は、シラキューズ2の段階で飛躍的に増加し、艦船、潜水艦、車両積載により機動性も高まった。一九九六年までに新たに六〇程度の地上局が開設される予定である。なお、シラキューズの分解能は一〇メートル。一九九六年までの国防五箇年計画の地上局設置に係る予算総額は、一〇〇億フランに上り、初年度には一七億八〇〇〇万フランが執行された。

フランスの軍事偵察衛星実現に向けた計画は、一九七七年光学分析軍事衛星（satellite militaire de résolution optique：SAMRO）計画として開始された。当該計画予算五億フランのうち約三〇％が静止衛星開発に費やされた。

一九八六年に軍事偵察衛星計画エリオス1（Hélios1）が開始され、当該計画にはイタリア（出資比率一四％）、スペイン（出資比率六％）が参加している。エリオス1は、一九九五年七月にクールーにある欧州宇宙機関（ESA）の発射台からアリアン4型ロケットで打ち上げられ、総重量二・四トン、地上八〇〇－九〇〇キロメートルの静止軌道に乗り、寿命は四－五年、分解能一メートルと伝えられている。

エリオス・システムは、㈠二基の衛星、㈡トゥールーズの衛星コントロール・センター、㈢コルマール、レッス及びカナリア諸島所在の画像受信センター、㈣クレイユ（DRM）、トルジョン及びローマの画像分析センターからなっている。エリオス計画に関するフランスの全予算総額は七八億フランに上り、一九九二年度にこのうち一三億フランが執行された。

また、エリオスは電子、電磁情報を収集するELINT機能も有しており、これは敵側のレーダーの特徴及び能力を識別するもので、ジャミング（jamming：通信妨害）にも抵抗力があるとされている。

フランスの軍事衛星計画は、一九九二年から二〇〇七年までの一五箇年計画で、同計画の重点は、

㈠「偵察、傍受、電気通信、地上からの宇宙の監視を総合化する首尾一貫したシステムの構築」、

㈡「同計画に対する他の欧州諸国の参加」とされている。

近い将来、二基目のエリオスが打ち上げられ、これにより情報の収集時間はより短縮され、同システムの戦術的利用が可能となる見込みである。二〇〇〇年にエリオス2の計画が開始され、同衛星には赤外線画像システムが搭載される予定である。これとほぼ時を同じくしてレーダー衛星オシリス（Osiris）、傍受衛星ゼノン（Zénon）、通信衛星ウミルサトコム（Eumilsatcom）が打ち上げられ、同計画は完了する。一九九二年度予算では、同計画に関する調査費が計上された。

一方、フランスは、衛星を識別し、また、フランス衛星に対する脅威を発見するための地上からの監視システムも開発中と伝えられている。

【参考文献等】

本稿の記述は、すべて公刊物の情報に基づくものである。なお、参考文献は、フランス官報掲載に係るもののほか以下のとおり。

Jean-Pierre ARRIGHI,Bernard ASSO, La Police Nationle, Editions de la Revue Moderne, 1979

Revue de la Police Nationale No.119, juin 1983

Pierre DEMONQUE, Les policiers, La Découverte, 1983

Jean ROCHET, 5 ans à la tête de la DST, Plon, 1985

L'EXPRESS, Services secrets contre terroristes, du 12 au 18 juin 1987

Pierre MARION, Le pouvoir sans visage, CALMANN-LEVY, 1990

Alain BAER, Réflexions sur la nature des futures systèmes de défense, CREST-École polytechnique, 1993

Pascal KROP, Les secrets de l'espionnage français, Jean-Claude Lattès, 1993

Les cahiers de L'EXPRESS, ESPIONNAGE, juillet 1994

Serge GROUARD, La guerre en orbite, ECONOMICA, 1994

Francis ZAMPONI, La police, Editions Dagorno, 1994

Roger FALIGOT, Remi KAUFFER, Les maitres espions de la guerre froide à nos jours, Robert Laffont, 1994

CIVIC No.45, DST:un demi-siècle de contre-espionnage, novembre 1994

フランスの治安指針・計画法について

【出典】
「フランスの治安指針・計画法について」
警察学論集第五〇巻第一二号（立花書房、一九九七年一二月）

はじめに

「保守の大統領に、左翼の首相」という例のない組み合わせで一九九七年六月に発足したフランスの保革共存（cohabitation：コアビタシオン）体制も、成立以来半年を経過しようとしている。社会・共産党内閣の首班リヨネル・ジョスパン（Lionel JOSPIN）首相（社会党）は、総選挙の期間中、移民規制に関するパスクワ（Charles PASQUA）法[*1]及びドブレ（Jean-Louis DEBRÉ）法の廃止を公約したが、現在する厳しい治安課題を前に廃止から法改正へと態度を後退させた。社会・共産党内閣の治安問題への新たな「寛容主義」（laxisme）は、ようやく上向いたフランスの治安水準を再び後退させることとなるのであろうか。[*2] それとも、彼等は、それ以外の何らかの処方箋をフランス国民に対して提供し得るのであろうか。
本稿においては、移民規制に関するパスクワ法及びドブレ法と並んで、一九九三年より続いた保守政権下において定立された一連の治安立法の到達点とも言うべき治安指針・計画法を紹介するとともに、その今日的意義を考察するものである。[*3]

一　治安指針・計画法制定の経緯

一九九三年三月の国民議会議員選挙における保守陣営の圧勝を背景に誕生したバラデュール(Edouard BALLADUR)内閣は、パスクワ内務・国土整備大臣(Ministre de l'Interieure et de l'Aménagement du Territoire、当時)の強力なリーダー・シップの下、国籍法改正、刑訴法改正、移民規制法の制定、国家警察の組織改正等の改革を同年中に矢継ぎ早に実施に移したが、保守陣営が治安対策の支柱として考えていたのは、二一世紀の要請に応える警察制度を確立するため、警察権限法の大幅改正、五箇年の財政措置等を盛り込んだ「治安指針・計画法」(Loi d'orientation et de programmation relative à la sécurité)であった。

治安指針・計画法は、一九九四年六月二二日に法案が閣議(Conseil des ministres)決定された後、上院(Sénat)先議の形で国会(Parlement)に提出され、同年七月八日、上院で政府案を修正の上可決。同年一〇月七日、上院回付案を国民議会(Assemblée nationale)で修正可決。一二月二二日、両院協議会（commission mixte paritaire）において採択、可決成立した。しかしながら、社会党議員を中心として、同採択法案中のビデオ監視、集会及びデモ規制に際しての警察官に対する緊急捜索権の付与並びに集団示威参加者に対する付加刑に係る部分が違憲であるとの理由で、憲法評議会（Conseil constitutionnel）に提訴がなされた。[*4] 憲法評議会では約一箇月にわたる審査の後、一九九五年一月一八日に一部違憲の判断を行ったことから、同法は一部規定が修正を受け、同月二一日に違憲部分を除く形で公布、施行された（法律第九五―七三号）。

同法は、専ら治安という観点から、市町村法典、地方分権法、都市計画法、建設・住宅法典、道路法その他の関係法令に改正を加える治安政策に係る総合立法である。

二　治安指針・計画法の概要

治安指針・計画法の概要は、以下のとおりである。

1　総論（第一条から第五条まで）

治安指針・計画法第一条第一項は、「安全は、基本的な権利であり、個人的、集団的な自由を行使する上での前提条件の一つである。」と規定して、治安は全市民に関わる問題であるとした上で、「国家は、共和国の国土内において、政体及び国益の防衛、法律の尊重、公共の秩序と安寧の維持並びに人身及び財産の保護に当たることを通じて、治安を確保する義務を有する。」（第一条第二項）として治安に関する国家の責任を明確化した。

また、治安政策の基本的方向（第三条）として、

①治安に関する国民の期待及び要望に沿った、日常生活に密着した警察力の拡充[*5]

②国家警察（police nationale）、国家憲兵隊（gendarmerie nationale）及び税関（douane）の協力関係の強化

③治安の維持及び向上に直接関連する任務（すなわち現場）への警察官の重点配備

④フランスが署名した欧州・国際合意に基づく治安に関する国際協力の強化

の四点を挙げており、欧州統合に係る警察活動の国際化のほか、官選知事（préfet）及びパリ警視総監（le préfet de police）の下に国家警察及び国家憲兵隊を再統合、結集し、これらの機関を地域安全のための警察活動に振り向けるべきことを示唆している。

パスクワ大臣（当時）によれば、内務省（Ministère de l'Interieur）に属する国家警察と国防省（Ministère de la Défense nationale）に属する国家憲兵隊とは「国民の安全を求める権利」の第一次的保護者であり、この「安全を求める権利」とは、公権力が保障すべき基本的権利の一つであるとされている。その意味で、同大臣は、本法を通じて、伝統的に国家保全優先の「治安維持警察」（police d'ordre）であったフランス警察に、犯罪による侵害からの市民の保護に重点を置く「近隣警察」（police de proximité）的要素を大幅に加味しようとしたと言えよう。

本法は、最近の治安情勢を踏まえて、一九九五年から一九九九年までの間の国家警察の優先課題（第四条）として以下の五点を掲げている。

①都市暴力、身近な非行及び交通危険行為に対する闘い

②不法移民の規制及び非合法労働の取締り

③薬物、組織犯罪及び重要経済財政犯罪の検挙

④テロリズム及び国家の基本的権益に対する侵害からの国家防衛

⑤集団治安警備

また、本法の施行のために必要な経費として、一九九五年から一九九九年までの間に、装備及び運営費として八三億五〇〇〇万フラン、施設費として八五億二一〇〇万フランを計上し、さらに管理部門で勤務する警察官を第一線に振り向けるために、技術・事務官吏を五箇年で五〇〇〇人増員することとしている。因みに、当該予算措置により、地域安全の根拠として新たに一五〇の警察署（commissariat）が建設されることとなる（第五条）。

2　治安事象に係る指揮監督及び調整（第六条及び第七条）

治安指針・計画法の重要な柱の一つは、治安に係る権限の明確化と再配分であり、就中、国の警察力たる国家警察及び国家憲兵隊に対する官選知事等の指揮監督、調整権限を強化したことに特色がある。

官選知事の警察権限は、これまで市町村法典（Code des communes）及び地方分権法（Loi relative aux droits et libertés des communes, des départements et des régions）により市町村長の警察権が行使されていない場合又は事象が複数の市町村に及ぶ場合に市町村長の警察権をあくまで補完する形で規定されていたが、治安指針・計画法においては、地方分権法に「官選知事及びパリ警視総監[*6]は、非行及び犯罪の防止施策を推進し、及び調整する」との規定を新たに設け、県レベルの「地方治安計画」（plan local de sécurité：PLS）の策定根拠を定めるとともに、「官選知事等は、公共の安全に関し、国に属する異なる組織、複数の警察力及び当該活動の協調を図る。当該機関及び警察力の長は、官選知事等により定められた任務を遂行する。」として官選知事等の主体的な指揮監督及び調整の下に主要な警察力である国家警察と国家憲兵隊が協調して治安の任に当たることが明らかにされた。

また、官選知事は、「治安活動のために税関[*7]からの援助を保証する。」として、薬物の取締り及び不法入国外国人の取締りに関し、税関と一般警察力との調整に当たることが明確化された。

一方、治安事象が集中するパリ市周辺においては、地域的に最大の警察力を擁し、パリ周辺県に対しても行政警察権の一部を行使するパリ警視総監の権限を更に強化し、「パリ警視総監は、治安事象がパリ及びその周辺県に関連する場合には、それを防止するために、イール・ド・フランス地域圏（la région d'Ile-de-France）各県（département[*8]）の官選知事の活動を調整する。」とし、治安問題について、パリ警視総監のイール・ド・フランス地域圏各県知事に対する優越性が明確化された。

パリへの犯罪の集中化傾向及びパリを中心とした犯罪の広域化を勘案し、治安維持のための効率性を追求した規定である。

3　市町村における警察制度の改正（第七条から第九条まで）

フランスの市町村（communes）は警察事務をつかさどる機関として最小の単位であり、市町村長（maire）は、市町村法典に基づき警察命令を発する権限を有していたところ、本法では「市町村長は、当該警察権（pouvoir de police）により治安活動を援助する。」として、市町村長の警察権の発動の在り方を国の施策に合致させるべき旨を明らかにするとともに、「官選県知事及びパリにあっては警視総監は、非行と犯罪の防止計画の策定に市町村長を参加させる。」として、市町村長は官選知事等が策定した前述の地方治安計画に参画し、協力する義務を負うこととなった。

また、従来、内務省に属する国家警察官が配置されたのは都市部で、その基準は人口一万人以上の市町村とされ、それ以外の農村部は国防省に属する国家憲兵隊が受け持ち、当該基準に基づき国家警察と国家憲兵隊の管轄が分かたれてきたが、この区分が必ずしも実状と合わなくなってきたことから、市町村法典第一三二条の六を「国家警察は、治安に関する必要性の見地から市町村に設置することができる。当該必要性は、人口、季節的人口変動、市町村の都市化の進展、治安情勢により評価される。」とした。これにより、現状の国家警察と国家憲兵隊との重畳的職務執行が減少し、将来的に国家警察と国家憲兵隊との管轄が少なからず変更する道が開かれた。

また、これまでも市町村法典は、市町村長が当該警察権に基づく強制、命令を執行するため市町村警察（police municipale）を設置することを認めていたところ、同法第一三一条の一五を「国家警察及び国家憲兵隊の一般的権限を害することなく、市町村警察吏員は、市町村長の権限の範囲内において、その指揮に基づき善良の風俗、静謐、治安及び公衆衛生の維持及び監視に関し、市町村長に付与された権限に関する任務を執行する。市町村警察吏員は、市町村長の命令の執行を確保する。」と改め、市町村警察の事務の範囲を制限的な形で規定した。

4　防犯施設設置に関する規定（第一〇条から第一五条まで）

(1)　ビデオ監視（第一〇条）

治安指針・計画法は、街頭犯罪の増加という事態に対処するため、公道及び公開の場所における安全強化という目的で、公権力がビデオによる監視を行い、当該画像を録画し、及び伝達することを法律により根拠付けた。

すなわち、同法第一〇条は、「権限庁は、公的建物、施設及びその周辺の保護、国防に必要な施設の保存、道路交通の規制、道路交通法規違反の認知又は攻撃若しくは略奪の危険に特に曝されている場所における生命、財産の安全に対する侵害からの予防のため、公道におけるビデオ監視装置による録画及び当該画像の伝達を行うことができる。同様の措置は、攻撃又は略奪の危険に特に曝されている公共の場所及び施設において、生命、財産の安全を保護するためにとることができる。」と規定し、公道及び公共施設における公権力による治安維持目的のビデオ監視を合法化したのである。

ビデオ監視については、個人のプライバシー侵害の可能性も存することから、「住宅不動産の内部、特定個人を対象として、又はそれらに入る者の画像を映像化するような形で実施してはならない。公衆は、ビデオ監視の存在、設置庁及び設置責任者について恒常的かつ明示の方法で知らされなければならない。」との注意規定が設けられたほか、設置に際しては、「本条に規定するビデオ監視装置は、国防に係るものを除き、常勤又は非常勤の司法官によって主宰される県委員会（commission départementale）の諮問の後、県にあっては県知事、パリにあっては警視総監の許可に基づき設置される。官選知事等の許可においては、ビデオ監視システムの開発に当たる者又は当該映像を検証する者の資格及び法律の規定を遵守するための措置に関し、必要な条件を定める。」として、第三者委員会の諮問を経た上での許可を予定し、人権保護のための条件付与を可能とするなど厳正な手続が要求されている。

(2) 防犯都市計画等

本法制定に際しては、防犯に関し「状況予防」（prévention situationelle）という概念が提唱され、都市計画、大規模な整備・建設計画に際して、法令上施設の建築主体又は管理者に対し「治安」という観点からの考量、分析が要求され、また、一定規模の施設の管理者等には治安的観点からの安全措置の義務付けがなされることとなった。

ア　都市計画への治安的視点の反映（第一一条）

都市計画法（Code de l'urbanisme）には、「規模、位置又はその施設の性格から、脅威や攻撃から生命、財産に係る事件が生ずる可能性のあるところの、地方自治体により計画された、若しくは行政的許可が必要な都市・施設整備計画又は建設計画は、周囲の安全に及ぼす結果の評価を可能とする治安的な観点からの分析を包摂するものでなければならない。」との規定が挿入され、集合施設や集合店舗は、治安に対する影響評価なく建設することはできなくなった。

イ　建物管理者への犯罪監視措置の義務付け（第一二条）

建設・住宅法典（Code de la construction et de l'habitation）に「住居として使用されている建物の所有者若しくは開発者又はその代理人は、国家警察官又は国家憲兵隊員に対し、当該建物の共有部分に恒常的に立ち入ることを許可することができる。」との規定を挿入し、集合住宅として使用されている建築物の所有者、管理者等は共用部分への警察官等の恒常的立入りを求めることができるようになった。

ウ　建物の警備及び保安（第一三条）

さらに、建設・住宅法典に、「住宅又は行政、職業、商業目的に使用されている建物の所有者、開発者又は使用者は、状況に応じ当該建物、施設の規模又はその位置に基づき、当該建物の警備又は監視を実施しなければならない。」との規定が挿入され、一定の営造物については、警備員の配置を含む自主警備が義務付けられることとなった。

(3) 道路交通法違反の防止及び認知のための道路管理者及び車両製造者への義務付け（第一四条及び第一五条）

道路交通法違反の認知、検挙のために、道路管理者に対し、写真撮影装置、ナンバー読取り装置等の交通違反取締り装置の設置を義務付けるために、道路法典（Code de la route）に「道路交通法を遵守させ、権限のある官吏が交通違反を認知することを可能とする技術的装置が、道路構造及び施設に付加される。」との規定を挿入した。

また、第一五条では、車両及びその付属装置への犯罪を抑止する観点から、電子的手法を含めた安全装置や識別装置の設置が義務付けられるとしている。

5 集団警備活動に伴う警察権限の強化（第一六条）

フランスにおいては、一九九三年の漁業者の大衆行動、[*9] 一九九四年の就業促進契約（contrat d'insertion professionnelle：CIP）導入反対の若年層を中心とした大衆行動等において、一部の参加者が暴徒化し、混乱を招いたとの反省に立ち、「警備実施強化に係る強制命令措置に関する政令」（décret portant réglementation des mesures relatives au renforcement du maintien de l'ordre public）に「公道における大衆示威の届出の日以降、情勢が公の秩序を著しく侵害すると認められる場合又は当該示威が無届けである場合、官選知事又はパリ警視総監は、当該集会又は示威の二四時間前からその危険が消滅するまでの間、刑法第一三五条の七五に規定する用法上の凶器を正当な理由なく携帯又は運搬することを禁止することができる。この禁止措置を適用できる区域は、当該示威行動の現場、近接地区又は当該示威現場への経路に限られ、当該区域の拡張については、情勢の必要性との権衡を勘案して決定しなければならない。」との規定を加え、集団示威及び集会に際して、参加者の所持品に関し警察官庁による厳格な条件付与が可能となった。

6 警察官の待遇（第一九条から第二二条まで）

フランスにおいても我が国同様、警察官は、待機体制の維持、勤務時間の変則性、転勤、住居等の面で他の公務員と比較した場合、特別な義務を負うこととなっている。かかる勤務の特殊性から、本法において警察官は通常の公務員と比較した場合に優位な給与表に基づく給与を受けること、また、退職可能年限についても異なる扱いを受けることが明らかにされた。

7 警察官の不要不急業務からの解放（第二三条）

治安指針・計画法においては「営利目的のスポーツ、娯楽、文化に関する興行の主催者は、その目的及び規模により、そこに治安部隊を確保することができる。治安維持に関する通常の公権力活動とみなし得ない活動に配置された国家警察、国家憲兵隊等の治安部隊出動経費に関し、主催者である自然人又は法人は、国が当該興行を支援したことに要した経費を国庫に返還しなければならない。」との規定を新たに設け、営利目的の、スポーツ、娯楽、文化活動に警察力が投入された場合に、投入した警察力に見合う費用を国から主催者側に求償する旨を明らかにした。これにより、興行に係る警察力の出動に関し、主催者側が応分の経済的負担をすることとなったことから、こうした用務に係る警察の出動回数が必然的に減少することが期待されている。

三　治安指針・計画法の意義

フランスにおいて、失業率は依然として高水準で推移し、外国人の不法滞在・不法就労は極めて深刻な状態にあり、欧州連合の成立に伴う加盟国間における人・物・サービスの自由な往来も今後更に活発化するものと考えられる。一九九三年の保守内閣誕生後の各種治安対策にもかかわらず犯罪率は引き続き高水準で推移し、一方でイスラム原理主義過激派によるハイジャック、個人テロ、地下鉄爆破事件が相次いでおり、フランスの治安情勢は依然として極めて厳しいと言わねばならない。治安指針・計画法は、正にかかる状況に対処するための一つの処方箋であるが、「安全神話が崩壊した。」とされる我が国の今後の治安政策を考える意味で参考となる点が幾つか存在する。

その第一が治安基盤整備について、財政の単年度主義の殻を破って、五箇年をスパンとした枠組みを提示したことであろう。治安関係予算は、防衛予算等と比べるとその対象の性格から比較的短期的視点で予算要求がなされることが多いが、重要な治安基盤整備及び大規模テロに対処するための重要装備の導入に当たっては、今後、戦略的、長期的視点がより重要なものとなってこよう。

第二が治安責任の明確化と指揮系統の一元化である。フランスにおいては、主要な警察力である国家警察と国家憲兵隊、加えて税関はいずれも国の機関であることから、中央から地方への縦の指揮系統は明確であったが、県レベルでの横の連携は、必ずしも十分なものとは言えなかった。今回の改正では、官選知事の各執行部門への指揮監督、調整権が規定された。「危機管理能力」の強化のためには、責任の明確化と権限の集中は不可避との理由からの改正といえよう。

第三が警察官の本来的任務への再配備である。警察行政権限の伸張、警察機構の拡大は、必然的に組織内部における行政事務の増大をもたらすが、これにより警察官本来の現場での法執行活動に支障を来すことがあってはならない。かかる観点より、行政事務の一般職への振り替え、警察官の不要不急業務からの解放により、警察官の現場配備の強化が図られている。

第四が、安全に関し、受益者負担の原則を導入したことである。興行、スポーツ・イベント、祭礼警備等の際の雑踏警備のための警察力は、当該興行等が大規模であるがゆえに、地域の平穏を保つためには、施設内に展開される自主警備力で対応することが不可能であるという理由で投入されるものである。しかしながら、当該興行に関し、受益の主体は、地域住民（地域住民は、むしろ通常とは異なる交通規制、騒音等の不効用を受けることとなる。）というよりも主催者であることから、興行等で受益する主体は、当該警察力に係る経費に対し応分の負担をすることが当然である。そして、かかる制度の導入は、徒に商業目的を追求した大規模興行の抑制にもつながるのではなかろうか。

第五が、治安維持を警察力の配備、個々の事件解決という面だけからでなく、施設、環境、権限といったトータルな視点で捉え直したことである。ビデオ監視への法的根拠の付与等はその好例であろう。

フランスが抱える失業、外国人問題、国境を越えた人・物・サービスの移動は、いずれも治安の攪乱要因にほかならないが、無論これらはフランス固有のものではなく、近い将来我が国が必ずやより深刻な形で直面する問題にほかならない。治安指針・計画法は、かかる事態に対し、いわば社会的コントロールの強化という形で回答を出したが、これは個人の自由の尊重、社会の多元性、物・人・サービスの流動性を所与とするのであれば、現時点で考え得る唯一の選択肢なのかもしれない。


【参考文献】

本文中掲記のもののほか、
兼元俊徳「フランスの犯罪情勢」警察研究第五四巻第九号四四頁以下。

小野次郎「フランスにおける治安問題と最近の治安強化立法について」警察学論集第四〇巻第二号八二頁以下。

小野次郎「フランス警察の近況」警察学論集第四七巻第一二号一一八頁以下。

拙稿「フランスの警察」警察学論集第四八巻第五号一頁以下。

拙稿「最近のフランス情報機関の動向」月刊治安フォーラム九月号二二頁（本書一六五頁）以下。

【注】

＊1 パスクワ法の概要につき、拙稿「フランスにおける新たな治安政策の概要」警察学論集第四六巻第一二号七五頁以下。

＊2 一九九五年の犯罪発生件数は、七年振りに減少傾向に転じた。

＊3 フランスの政治・治安情勢と治安指針・計画法の関わりの詳細につき、拙稿「三六 治安」新倉俊一ほか編『事典〔増補版〕現代のフランス』（大修館書店、一九九七年）一八一頁以下。

＊4 六〇人以上の国民議会議員又は六〇人以上の上院議員により憲法評議会に提訴することが可能（フランス憲法第六一条）。一九九四年一二月二三日、国民議会議員により、同月二六日、上院議員によりそれぞれ提訴がなされた。

＊5 本稿において、国家警察及び国家憲兵隊等のように警察権を執行する組織体の総称。

＊6 主としてパリ市を管轄する警察担当官選知事。なお、パリ市長は、通常の市町村長が有する警察権を有しない。

＊7 財務省の管轄下にあり、これまで内務省系列の官選知事等から独立性が強かった。

＊8 パリ周辺の Seine-et-Marne, Yvelines, Essonne, Hauts-de-Seine, Seine-Saint-Denis, Val-de-Marne, Val-d'Oise の七県。

＊9 欧州連合非加盟国からの安価な海産物の輸入に反対した。

4章

警察組織の変遷

解題

一九九七年から二〇〇〇年までの間、警察庁の総務課企画官として警察組織を担当し、中央省庁等改革及び警察改革の作業に当たった。

橋本内閣により、一九九七年から始動した国の行政機構及び機能の全体的変革を伴う中央省庁等改革において、国の警察行政機関もこれと無縁では有り得ず、中央省庁等改革のための国の行政組織関係法律の整備等に関する法律（平成一一年法律第一〇二号）において、国家公安委員会の任務及び所掌事務等を新たに定めること等を内容とする警察法（昭和二九年法律第一六二号）の一部改正が行われた。「中央省庁等改革と警察組織」（一九九九年一〇月）は、一九五四年に制定された警察法を、また、治安保安制度全体を、霞ヶ関の全体改革とも言うべき中央省庁等改革との間で如何に折り合いをつけるかという作業の記録である。

一九九九年に発生した神奈川県警察における複合的不祥事に端を発し、警察不祥事は燎原の火の如く全国に広がった。就中、新潟県警察においては、特別監察に訪れた関東管区警察局長と監察を受ける立場の警察本部長が不適切な会食、遊興を継続していた。さらに、警察庁長官及び国家公安委員会によるこの二人の幹部の処分に関する意思決定の在り方に対しても、透明性の欠如という観点から大きな批判が加えられた。警察改革は、戦後警察制度の中で警察組織を適切に運営するための安全弁としての役割を果たしてきた、管理機関たる公安委員会及び警察制度の司祭たる警察官僚の両者がほぼ同時に機能不全に陥り、その在り方や機能に厳しい批判が加えられたことにより実行されたものである。「警察法における『管理』の概念に関する覚書」（二〇〇一年四月）は、「管理」という公安委員会の実施機関に対する作用概念の変遷を、旧警察法、昭和二八年警察法案、現行警察法について、それぞれ諸家の見解を引用しつつ、明らかにしている。そして、結論として、公安委員会は「警察行政の大綱方針を示して、それを実施機関の長を通して行わせていく、事前事後の監督管理をしていく」という従前の通説以上の行為、例えば監察等に係る事務を行うことが歴史的に見ても制度上可能である旨を論証しようとしている。この趣旨は、警察法の一部を改正する法律（平成一二年法律第一三九号）により、第一二条の二（監察の指示等）という形で結実した。

二〇〇六年から二〇〇七年までの間、第一次安倍内閣の総理大臣秘書官として勤務し、内閣官房から警察組織を捉えることが可能となった。国の警察機構が内閣総理大臣の所轄の下に置かれるという基本的な構造は、旧警察法（昭和二二年法律第一九六号）においても、また、現行警察法においても共通している。「内閣総理大臣と警察組織――警察制度改革の諸相」（二〇〇八年一二月）は、終戦直後の内務省解体を始めとする中央省庁の再編の過程において、国の警察組織が内務大臣の指揮監督下から内閣総理大臣の所轄の下に置かれるに至った経緯を終戦、占領期、旧警察法、昭和二八年警察法案、現行警察法の流れに沿って、比較的詳細に分析している。私の中で警察組織の戦前、戦中、戦後の連続と不連続という歴史的視点と興味は変わらない。その過程において、内務・警察官僚とGHQ（総司令部）、時の政治権力との攻防が垣間見えることも興味深い。

中央省庁等改革と警察組織

【出典】
「中央省庁等改革と警察組織」
北村滋、竹内直人、荻野徹編著『改革の時代と警察制度改正』(立花書房、二〇〇三年)
初出は「特集・中央省庁等改革・地方分権の現段階と警察行政」警察学論集第五二巻第一〇号(一九九九年一〇月)

はじめに

行政改革会議最終報告(以下「最終報告」という。)及び中央省庁等改革基本法(平成一〇年法律第一〇三号。以下「基本法」という。)を受けた内閣法の一部を改正する法律案、内閣府設置法案、国家行政組織法の一部を改正する法律案、各省設置法案等一七件の中央省庁等改革関連法律案は、平成一一年(一九九九年)四月二七日に閣議決定され、翌二八日国会に提出され、同年六月一〇日衆議院本会議で可決、[*1]さらに参議院に送付され、同年七月八日原案どおり可決成立した。[*2, 3]これらの法律の成立により、「行政システムを抜本的に改めるとともに、透明な政府の実現や行政のスリム化・効率化を目指す」ところの、「明治以来の行政システムを抜本的に改める歴史的大改革」[*4]とされ、平成一三年一月より施行された中央省庁等改革の大枠が定まった。

最終報告において、国の警察行政機関については「現行の国家公安委員会を継続する。」(二二頁)こととされたが、国の行政機構及び機能の全体的変革を伴う中央省庁等改革において、国の警察行政機関といえどもこれと無縁では有り得ず、「中央省庁等改革のための国の行政組織関係法律の整備等に関する法律」(平成一一年法律一〇二号)において、国家公安委員会の任務及び所掌事務等を新たに定めること等を内容とする警察法(昭和二九年法律第一六二号)の一部改正が行われた。

本稿は、基本法制定以降、中央省庁等改革関連一七法律の制定、公布までの中央省庁等改革の道程及びそれに伴う警察組織の再編の経緯を明らかにするものである。なお、本稿中意見にわたる部分は、筆者の私見である。

一　中央省庁等改革基本法の制定

行政改革会議は、平成八年(一九九六年)一一月二八日の初会合から数えて五五回(正式会議は四二回)に及ぶ実質審議を行い、約一年後の平成九年一二月三日に最終報告を決定し、これを公表した。[*5]

ここで示された行政組織及び制度改革の大宗は、

①内閣機能の拡充・強化を図り、かつ、中央省庁の行政目的別大括り再編成により、行政の総合性、戦略性、機動性を確保すること。

②官民の役割分担の徹底や地方分権の推進により国の行う事業を抜本的に見直し、また、独立行政法人制度を創設すること等により、行政の簡素化・効率化と国民本位の行政サービスの提供に努めること。

③行政情報の公開に加え、政策評価機能の向上を図り、また、新しい府省間調整システムの導入により、透明性の高い行政を実現すること。

等を内容とするものであった。

政府は、この最終報告を受け、翌四日これを最大限尊重する旨を閣議決定した。[*6] この閣議決定の趣旨に沿って、中央省庁等改革基本法案は、内閣官房に置かれた「中央省庁再編等基本法案（仮称）準備室」において起草され、平成一〇年（一九九八年）二月一七日閣議決定され、同年六月九日に可決成立、法律第一〇三号として同月一二日公布、施行された。

基本法の主たる目的は、その第一条において規定されているとおり「行政改革会議の最終報告の趣旨にのっとって行われる内閣機能の強化、国の行政機関の再編成並びに国の行政組織並びに事務及び事業の減量、効率化等の改革（以下「中央省庁等改革」という。）について、その基本的な理念及び方針その他の基本となる事項を定める」ことであり、基本法は最終報告で示された諸改革を実施するため、改革の基本方針、講ずべき施策等を明らかにした、いわば「改革プログラム法」として諸改革の全貌を示すものとしての意義を有するものであった。[*7]

二　中央省庁等改革基本法と国家公安委員会・警察庁

基本法に規定された事項のうち、国家公安委員会・警察庁に関連の深い論点は以下のとおりである。

1　府省としての国家公安委員会

最終報告において、国家公安委員会は内閣府の外局として置かれ、「現行の国家公安委員会を継続する。」(二二頁)こととされた。

基本法第一〇条第一項において、「内閣府は、内閣に、内閣総理大臣を長とする行政機関として置かれるものとし、内閣官房を助けて国政上重要な具体的事項に関する企画立案及び総合調整を行い、内閣総理大臣が担当することがふさわしい行政事務を処理し、並びに内閣総理大臣を主任の大臣とする外局を置く機関」とされ、同条第五項において、「……国家公安委員会は、内閣府に、その外局として置くものとし、国務大臣をこれらの長とするものとする。」と規定された。大括り再編成された「一府一二省庁」(より正確には一府一〇省一委員会一庁)に該当する府、省、委員会、庁は、法律上、国務大臣を当該機関の長とすることとされており、国家公安委員会は、法律上、国務大臣をもってその長に充てる、いわゆる「準省」に該当することから、「一府一二省庁」の一角を構成することとなった。[*8]

最終報告においては、新たな中央省庁の在り方の基本的な考え方として、

①国の果たすべき役割の見直し

②政策の企画立案機能と実施機能の分離

③政策立案部門と実施部門の連携と政策評価

が掲げられ、ある行政組織が企画立案機能を担うか、実施機能を担うかは、中央省庁等改革において、組織編成上、組織分類上大きなメルクマールとなった。内閣府に置かれる国家公安委員会及び防衛庁については、最終報告において「準省」とされ、「省に準ずる組織とし、内閣総理大臣を主任の大臣とするが、それぞれの組織に長たる国務大臣を置く。」、「政策立案機能及び実施機能を併せもち、その傘下に、必要に応じ、省と同様に、実施庁等の組織を置くことができる。」（五〇頁）という位置付けがなされた。

これを受けて、国家公安委員会は、内閣府の「外局」であるにもかかわらず、基本法第一六条第四項第一号において「内閣府の外局として置かれる委員会及び庁であって、法律で、国務大臣をもってその長に充てることとされるもの」に該当することから、省と同様に、政策の実施に関する機能のみならず、政策の企画立案に関する機能をも併せ担うこととされた。

基本法第一六条第一項は「内閣府及び新たな省（第四項第一号の委員会及び庁を含む。以下「府省」という。）の内部部局は、主として政策の企画立案に関する機能を担うものとする。」と規定し、政策の企画立案という観点から内閣府、省及び「準省」の共通項を括り出し、そこに「府省」という概念を用いている。かかる規定からも、「準省」と省との近接性を窺い知ることができる。

なお、国家公安委員会に内部部局は存在しないが、最終報告において、警察庁は「行政委員会の下で、実質はその内部部局である機関」（七一頁）とされていることから、同条の趣旨から言って国家公安委員会に係る企画立案に関する機能は警察庁が担うものと解される。[*9]

2 国家公安委員会委員長

最終報告において、「国家公安委員会委員長（国務大臣）は、他の国務大臣の兼務とする。」（二二頁）こととされた。国家公安委員会委員長については、警察法第六条第一項において「委員長は、国務大臣をもつて充てる。」と規定されているが、一面、国家公安委員会委員長は現行の警察制度発足以来常態的に他の国務大臣と兼務していたところであり、[*10] 最終報告の記述はそれまでの状況を追認したという限りにおいて意義を有するものと解される。

基本法上「他の国務大臣の兼務とする。」との記述に該当する規定が存在しないのは、どの国務大臣に何を分担管理させるかは、憲法第六八条第一項の規定に基づき国務大臣を任命する内閣総理大臣が判断すべき事項であり、法律によって内閣総理大臣の任命権を拘束するべきではないとの考えによるものと解される。

3　府省の任務と府省間の政策調整

新たな省の編成に関し、基本法第四条第二号イは「国の行政が担うべき主要な任務を基軸として、一の省ができる限り総合性及び包括性をもった行政機能を担うこと。」とし、同条第五号は府省間の調整に関し「国の行政機関の間における政策についての協議及び調整の活性化及び円滑化並びにその透明性の向上を図り、かつ、政府全体として総合的かつ一体的な行政運営を図ること。」と規定し、同法第二八条第一号は「府省は、その任務の達成に必要な範囲において、他の府省が所掌する政策について、提言、協議及び調整を行い得る仕組みとすること。」と規定した。

基本法及び最終報告は、中央省庁等改革における各行政機関の編成に当たっては、国の行政が本来果たすべき機能を十分に発揮し、内外の主要な行政課題に的確かつ柔軟に対応し得るようにするため、国の行政が担うべき主要な「任務」を基軸として、一つの府省ができる限り総合性、包括性をもった行政機能を担うようにすることとしている。

また、ここで「調整」とは、それぞれ固有の価値の実現を目的とする府省の施策が、全体としてまとまりをもって行われるよう、相互に働きかけることを指すものである。そして、調整の中核となる概念は、大括り再編成された後の府省の「任務」である。したがって、国家公安委員会・警察庁についても、警察法において単に都道府県警察との関係において中央の警察行政機関としての任務を明らかにするにとどまらず、府省を構成する国の警察行政機関として、基本的政策課題、行政目的及び価値体系という観点から国の警察行政機関が担うべき主要な任務を確定する必要が生じたのである（詳細については、五5(2)参照）。

4 政策評価

政策評価に関し、基本法第四条第六号は「国民的視点に立ち、かつ、内外の社会経済情勢の変化を踏まえた客観的な政策評価機能を強化するとともに、評価の結果が政策に適切に反映されるようにすること。」と規定し、同法第二九条第一号は「府省において、それぞれ、その政策について厳正かつ客観的な評価を行うための明確な位置付けを与えられた評価部門を確立すること。」、同条第三号は「政策評価に関する情報の公開を進めるとともに、政策の企画立案を行う部門が評価結果の政策への反映について国民に説明する責任を明確にすること。」と規定しており、国家公安委員会・警察庁においても当該規定の趣旨に沿った政策評価部門の確立が求められた。[*11]

警察庁においては、こうした諸情勢を踏まえ、平成一一年度（一九九九年度）の組織改正において、政策評価機能等の強化のため、警察庁長官官房総務課に企画官を新設したところであるが、客観的な政策評価手法の確立、政策評価の結果等の公表に向けた施策を更に強力に推進することが求められている。[*12]

5　国の行政組織等の減量、効率化等の推進方針

国の行政組織等の減量、効率化等に関し、基本法第三二条は「政府は、次に掲げる方針に従い、国の行政組織並びに事務及び事業の減量、その運営の効率化並びに国が果たす役割の重点化……を積極的かつ計画的に推進し、その具体化のための措置を講ずるもの」とし、同条第一号において「国の事務及び事業の見直しを行い、国の事務及び事業とする必要性が失われ、又は減少しているものについては、民間事業への転換、民間若しくは地方公共団体への委譲又は廃止を進めること。」とされ、これに基づき国家公安委員会・警察庁の所掌に係る事務、事業に対しても見直しが行われ、中央省庁等改革推進本部が「国の行政組織等の減量、効率化等を推進するため必要な計画の策定」（同法第五三条第三号）を行うこととなった。

6　局、課室及び定員の削減

局、課室及び定員の整理、簡素化及び削減に関し、基本法第四七条第一号は「府省の編成の時において、府省の内部部局として置かれる官房及び局の総数をできる限り九十に近い数とすること。」、同条第二号は「府省の編成の時において、府省、その外局及び国家公安委員会に置かれる庁の内部部局に置かれる課及びこれに準ずる室の総数……を千程度とすること。」、同条第三号は「府省の編成以後の五年間において、課等の総数について、一〇分の一程度の削減を行うことを目標とし、で

きる限り九〇〇に近い数とするよう努めること。」と規定した。

ところで、中央省庁等改革による改正前の国家行政組織法（昭和二三年法律第一二〇号）第二五条（現行第二三条）は「当分の間、第七条第一項、第三項及び第四項の規定に基づき置かれる官房（庁に置かれるものにあつては、法律で国務大臣をもつてその長に充てることと定められている庁に置かれるものに限る。）及び局の総数の最高限度は、一二八とする。」と規定していたところ、警察法第一九条第一項の規定に基づき警察庁に置かれる長官官房及び五局はこれに含まれていない。[*13] また、最終報告において「官房及び局の総数を大幅に縮減し、現在の総数一二八をなるべく九〇に近い水準にまで削減する。」（一一一頁）とされていることからも、基本法第四七条第一号の「府省の内部部局として置かれる官房及び局の総数」は、中央省庁等改革による改正前の国家行政組織法第二五条に規定する官房及び局の最高限度である一二八を意味するものと考えられる。また、基本法第四七条第二号は課室の削減に関し「府省、その外局及び国家公安委員会に置かれる庁の内部部局に置かれる課及びこれに準ずる室の総数」と規定し、警察庁を「国家公安委員会に置かれる庁」と規定し、「国家公安委員会に置かれる庁の内部部局」が「府省の内部部局」とは異なることを明らかにしている。したがって、基本法の解釈上、警察庁の内部部局は、局の削減については適用の対象外であり、課室の削減については適用を受けるものとされた。

定員の削減に関しては、基本法第四七条第四号において、「府省の編成に併せ、行政機関の職員の定員に関する法律を改正するための措置を執るとともに、国の行政機関の職員……の定員について、一〇年間で少なくとも一〇分の一の削減を行うための新たな計画を策定した上、当該計画に沿った削減を進めつつ、郵政公社の設立及び独立行政法人への移行により、その一層の削減を行うこと。」とされた。

三　中央省庁等改革推進本部の設置

中央省庁等改革推進本部は、基本法に基づき内閣に置かれ、平成一〇年(一九九八年)六月二三日に設置された。中央省庁等改革推進本部は、「中央省庁等改革による新たな体制への移行の推進に必要な中核的事務を集中的かつ一体的に処理する」(同法第五二条)こととされ、

①中央省庁等改革による新たな体制への移行の推進に関する総合調整に関すること(同法第五三条第一号)。

②内閣機能の強化、国の行政機関の再編成及び独立行政法人の制度の創設に関し必要な法律案及び政令案の立案に関すること(同条第二号)。

③国の行政組織等の減量、効率化等を推進するため必要な基本的な計画の策定に関すること(同条第三号)。

などを所掌事務とした。

中央省庁等改革推進本部長には内閣総理大臣(同法第五五条第一項)が充てられ、また、中央省

庁等改革推進本部副本部長（同法第五六条第一項）には内閣官房長官及び総務庁長官が任命され、それ以外の本部員は他のすべての国務大臣（同法第五七条第二項）とされた。また、中央省庁等改革推進本部令（平成一〇年政令第二二〇号。以下本節において「令」という。）第二条により中央省庁等改革推進本部本部長補佐には内閣官房副長官が充てられた。

中央省庁等改革推進本部には、事務局が置かれ、事務局長（同法第六〇条第二項）、事務局次長三人（令第三条第一項）、参事官一五人以内（令第四条第一項）等で構成されることとなり、当初事務局長以下民間人一六人を含む一〇四人の体制で発足した。

また、中央省庁等改革推進本部に顧問会議[*14]が置かれ、基本法に基づいて講ぜられる施策に係る重要事項について審議し、中央省庁等改革推進本部長に意見を述べることとなった（令第一条）。中央省庁等改革に係る重要な作業の節目ごとに中央省庁等改革推進本部及び同顧問会議は開催された[*15]。

四　中央省庁等改革に係る大綱と国家公安委員会・警察庁

中央省庁等改革推進本部は、平成一〇年（一九九八年）九月二九日に「中央省庁等改革に係る立案方針」を、平成一一年一月二六日に「中央省庁等改革に係る大綱」（以下「大綱」という。）を決定した。特に、大綱は、内閣法の一部を改正する法律、内閣府設置法、国家行政組織法の一部を改正する法律、各省設置法等一七件の中央省庁等改革関連法律及び平成一一年四月二七日に決定された「中央省庁等改革の推進に関する方針」の基となったものである。本節では、国家公安委員会・警察庁に関連の深い部分を中心に取り上げることとする。

1　内閣府

大綱においては、内閣府を設置するため、内閣府設置法案等を作成し、内閣府を内閣に置くこととし、内閣府の長は内閣総理大臣とする旨の規定を置くこととされた。

また、内閣府の任務の要旨については、

①内閣官房を助けて国政上重要な具体的事項に関する企画立案及び総合調整を行うこと。

②内閣総理大臣が担当することがふさわしい行政事務を処理すること。

③内閣総理大臣を主任の大臣とする外局の事務を行うこと。

とされた。

さらに、内閣府については、内閣に置かれる行政機関であり、基本的に内閣の統轄の下における行政機関を対象とした現行の国家行政組織法を適用することはしないことを原則とすることとされ、その場合においては、

①内閣府の性格・組織等を踏まえ、内閣府にも妥当すると考えられる、局・課等の内部部局及び内部部局の職に関する原則等については、例えば内閣府設置法において国家行政組織法の関係

規定と同様の規定を置くなど、必要な措置を講ずる。
②基本法において府省を通じた国の行政組織に関する原則として定められている、政策調整や官房及び局の総数の制限については、内閣府と各省の関係を明らかにする規定を置くなど、必要な措置を講ずる。

ために必要な法制上の検討を行うこととされた。

2 国家公安委員会・警察庁

大綱においては、内閣府に置かれる国家公安委員会について、必要となる規定を置くこととし、国家公安委員会の任務及び所掌事務並びに組織に関しては、警察法の定めるところによる旨の規定を置くこととすることとされた。

①国家公安委員会の任務の要旨は、「個人の権利と自由を保護し、公共の安全と秩序を維持すること」とされた。
②国家公安委員会の所掌事務の概要は、次に掲げる事務についての警察庁の管理とされた。
・警察に関する諸制度の企画及び立案
・民心に不安を生ずべき大規模な災害に係る事案又は地方の静穏を害するおそれのある騒乱に係る事案であって国の公安に係るものについての警察運営
・大規模な災害又は騒乱その他の緊急事態に対処するための計画の策定及び実施

・広域組織犯罪等に対処するための警察の態勢
・全国的な幹線道路における交通の規制
・国際捜査共助
・皇宮警察の運営
・国の公安に係る警察運営
・警察教養、警察通信、警察装備及び犯罪鑑識に関する事務の処理
・警察職員の任用、勤務及び活動の基準の策定その他警察行政に関する調整
等

③警察庁に置かれる以下の機関について警察法に必要となる規定を置くこととすることとされた。
・警察大学校、科学警察研究所、皇宮警察本部
・管区警察局、東京都警察通信部、北海道警察通信部
等

前記のほか所要の規定を置くこととされた。

3　副大臣等

副大臣制度を含む新たな省のトップマネジメントに関し、必要な法制上の措置について検討することとされた。

国家公安委員会に関しては、かつて政務次官の設置について議論があり、合議制の機関という制度的特性を勘案してもなお、副大臣等を置くべきであるかという問題が存していた。[*16,17]

4　独立行政法人制度関連

最終報告の「独立行政法人化等の検討対象となりうる業務」（同報告別表一、九五頁）及び「廃止、民営化、地方移管等を検討した上で、なおこれらになじまない場合に、独立行政法人化の検討対象とする業務」（同報告別表二、九五頁）には、警察庁の附属機関に係る業務は含まれていなかった。

中央省庁等改革推進本部事務局においては、前記別表一及び別表二に掲げられた機関に加え、新たに科学警察研究所が独立行政法人化の検討対象に上ったが、[*18]当該研究・鑑定業務の警察の職務執行との一体性等の理由から科学警察研究所は独立行政法人化にはなじまないこととされ、警察庁の附属機関は、独立行政法人化の対象とはしないこととされた。

5　民間委託等

国家公安委員会・警察庁関連では、当初、中央省庁等改革推進本部事務局において、管区警察局情報通信部並びに東京都警察通信部、北海道警察通信部及び府県通信部の地方移管が検討されたが、警察情報通信システムの一体性を確保するためには当該業務の地方移管は必ずしも適当な措置とは言えず、[*19]大綱においては「警察庁の地方機関の通信業務について、大幅な民間委託を推進する。」

こととされた。

6　規制緩和

規制緩和推進三か年計画（平成一〇年［一九九八年］三月三一日閣議決定）に取り上げられた事項及び行政改革推進本部規制緩和委員会での検討により、今後、同計画に追加される新たな事項について、関係する事務及び事業の減量、効率化を推進することとされた。

7　官房及び局の整理

官房及び局の整理については、事務及び事業の減量、効率化並びに府省の編成を推進し、府省編成時における各府省別の官房及び局の数は平成一〇年（一九九八年）一一月二〇日中央省庁等改革推進本部長決定「官房及び局の数の削減について」[*20]のとおり一二八を九六とすることとされた。当該決定において、警察庁の官房及び局は削減の対象から除かれた。これはこの決定が基本法第四七条第一号に基づくものであり、前記二6で述べたとおり、警察庁の官房及び局が中央省庁等改革による改正前の国家行政組織法第二五条の総数の枠外にあることが勘案されるとともに、現下の厳しい治安情勢に鑑み治安行政の重要性に関し特段の配慮がなされたものと解される。[*21]

8　課等の整理

府省編成時における各府省別の課等の総数については、事務及び事業の減量、効率化並びに府省の編成を推進し、国の行政組織等の減量、効率化等の基本的計画において確定すべく検討することとされた。

また、府省編成後における課等の削減については、府省編成時における各府省等の総数の確定後、引き続き検討を進めることとされた。

9　定員削減関連

国の行政機関の職員の定員について、一〇年間で少なくとも一〇分の一の削減を行うための新たな計画は、平成一二年（二〇〇〇年）一二月三一日の定員をもとに、平成一三年一月一日から平成二二年度の間に実施するものとし、府省編成前の適切な時期に策定することとされた。

国家公務員については、この趣旨を踏まえ、早期に実現させるため前倒しし、平成一二年度（二〇〇〇年度）採用分から毎年新規採用を減らし、公務員数を一〇年間で二五％削減することとされた。

また、新たな府省の編成に併せ、行政機関の職員の定員に関する法律を府省編成前に改正するための措置をとり、定員の総数について新たな枠組みを設定することとされた。

さらに、府省の編成までの間にあっても、基本法の趣旨を踏まえ、平成一一年度（一九九九年度）以降、事務及び事業や組織の整理にも留意して、定員削減を強力に実施するとともに、増員の徹底した抑制を図ることとされた。

10 政策評価

各府省は、所管の政策について、その性質に応じ、主としてその必要性、優先性、有効性等の観点から改廃等の評価を行うこととし、評価の実施に当たっては、評価の実施体制、業務量、緊急性等を勘案しつつ、行うものとすることとされた。

また、各府省の内部部局に、政策評価を担当する明確な名称と位置付けを持った組織を置くこととし、当該組織については、原則として課と同等クラス以上となるよう検討する、また、必要に応じ、所管部局等に政策評価担当組織を置くことを検討することとされた。

五　中央省庁等改革関連法律と国家公安委員会・警察庁

中央省庁等改革推進本部は、平成一一年（一九九九年）四月二七日、前記四の大綱を踏まえ、これに必要に応じ所要の見直しを行い、内閣法の一部を改正する法律案、内閣府設置法案、国家行政組織法の一部を改正する法律案、各省設置法案等一七件の中央省庁等改革関連法律案を決定した。

同法律案は、同日閣議決定され、翌二八日国会に提出され、同年六月一〇日衆議院本会議で可決、さらに参議院に送付され、同年七月八日原案どおり可決成立した。施行日は、後に、中央省庁等改革関係法施行法（平成一一年法律第一六〇号）により、平成一三年一月六日とされた。

1　内閣府設置法と国家行政組織法

内閣府は、中央省庁等改革の基本方針の一つに掲げられている内閣及び内閣総理大臣の補佐支援体制の整備の一環として、

①内閣の重要政策に関する内閣の事務を助けること

②内閣総理大臣が分担管理する事務の遂行

という二つの任務を持つ機関として内閣府設置法により設置（同法第二条、第三条）されるものであり、それらの任務を的確に達成するため、内閣法（昭和二二年法律第五号）第一二条第四項に基づき内閣に置かれる機関である。

内閣府が、かかる「内閣補佐・支援」任務を達成するための企画立案・総合調整機能を十全に発揮できるようにするためには、国政上の重要課題に対し、柔軟かつ弾力的な対応が可能な組織編成が求められることは言うまでもないことである。したがって、こうした弾力的な対応を可能とする組織編成を予定している内閣府（内閣府設置法第五条第一項）については、組織の規格化を図る基準法たる国家行政組織法の組織基準を一律に適用することは妥当でないことから、国家行政組織法は

内閣府には適用されないこととなった。

前述のとおり内閣府の事務は、「内閣の事務」を助ける事務（内閣府設置法第三条第一項、第四条第一項及び第二項）と分担管理事務（同法第三条第二項、第四条第三項）との二種類の事務があることとされたが、このうち各省同様に内閣の統轄の下にあるのは分担管理事務のみである。一方、国家行政組織法においては、内閣の統轄の下に置かれる分担管理事務の一部を担う内閣府が国家行政組織法の対象外となることから、同法の適用対象となる「国の行政機関」を「内閣の統轄の下における行政機関で内閣府以外のもの」（同法第一条）と定義した。したがって、国家公安委員会、防衛庁等の内閣府の外局もまた国家行政組織法上の「国の行政機関」には含まれないこととなった。[*22]

2 内閣府設置法と総理府設置法

(1) 総合調整の在り方

従前の総理府は中央省庁等改革による改正前の国家行政組織法第五条第一項により各省といわば同列の第一次的行政機関であり、その長たる内閣総理大臣もまた各省大臣と同列に行政事務を分担管理する大臣であった。一方、当該内閣総理大臣は同時に内閣の首長たる内閣総理大臣としての地位にあるから、従前の総理府においても、その所掌事務は各省の所掌事務とは異なり、内閣の首長であり、かつ、行政各部を指揮監督（憲法第七二条）する内閣総理大臣にふさわしい総合調整的な事務であることが望ましいと考えられる。[*23] こうした観点から、従前の総理府の任務については、栄典（総理府設置法［昭和二四年法律第一二七号］第三条第一号）に関する事務のほか、「各行政機関の施策及び事務の総合調整」（同条第二号）、「他の行政機関の所掌に属しない行政事務並びに条約及び法律（法律に基づく政令を含む。）で総理府の所掌に属させられた行政事務」（同条第三号）[*24]といった総合調整的事務が分配されているところに大きな特色があった。しかしながら、これをつぶさに見ると、従前の総理府の所掌事務規定においては、単に「各行政機関の事務の連絡に関すること。」（同法第四条第二号）と規定されているにとどまり、「総合調整」的事務としての色彩は極めて薄かったことが分かる。また、「他の行政機関の所掌に属しない事務」（同条第一四号）とあるのも、他の各省の所掌事務に属していない新たな事務が必要とされた場合等にはそれが総理府の所掌とされることを意味するにとどまっていた。

これに対して、新たに設置された内閣府は、内閣を補助して企画立案、総合調整を行う内閣官房を補完するために設置されるものであり、内閣を助けて、内閣の重要政策に関する行政各部の統一を確保するために必要となる特定の事項の企画立案・総合調整等を担うものである（内閣府設置法第三条第一項、第四条第一項及び第二項）。

したがって、内閣府は、従前の総理府とは本質的にその性格を異にし、内閣の行政各部に対する統轄機能を助けるという一段高い位置付けを与えられ[*25]、内閣の総合戦略機能の一端を担うこととされており、従前の総理府が行っていた分担管理事務の範囲内で行うところの総合調整よりも強力な調整機能を発揮することとされた。

(2) 外局の任務及び所掌事務の規定形式

従前の各省設置法においては、その省の任務として外局の任務をも包括して規定し、また、省の権限としては外局の権限をも包括しているのであるが、従前の総理府設置法の場合は、その任務についても、その権限についても、ともに法律（法律に基づく命令を含む。）で総理府の所掌に属させられた事務といった表現を用い、外局の所掌事務及び権限についてはすべてそれぞれの外局の設置法の定めるところによるとして、これらの設置法の定めに委ねていた（同法第一八条、第一九条）。

この点については、国家公安委員会に関しても、他の総理府の外局と同様であり、国家公安委員会の任務及び権限に関しては、総理府設置法には現れず、専ら警察法によって定められていたところである。

一方、内閣府設置法においては、基本法第二条の「国の行政組織並びに事務及び事業の運営を簡素かつ効率的なものとするとともに、その総合性、機動性及び透明性の向上を図」るという趣旨を踏まえ、内閣府設置法において内閣府の「任務及びこれを達成するため必要となる明確な範囲の所掌事務を定める」（同法第一条）こととされたことから、従前の総理府設置法とは異なり、内閣府設置法において国務大臣を長とする外局に係る任務及び所掌事務をも包括して、内閣府に第一次的に配分された任務及び所掌事務を明らかにすることとされた。

すなわち、国家公安委員会に関しては、内閣府の任務規定（同法第三条第二項）に「国の治安の確保」が、所掌事務規定（同法第四条第三項第五七号［制定当時。現行第五九号。以下同じ。］）に「警察法（昭和二十九年法律第百六十二号）第五条第二項及び第三項に規定する事務」（制定当時）の文言が盛り込まれることとなったのである。

内閣府の任務の国家公安委員会に係る部分は、内閣府設置法第三条第二項に規定される「国の治安の確保」である。すなわち、「国の治安の確保」を、正にその責に任じられた外局たる国家公安委員会を置く内閣府の任務として規定することにより、内閣府の形式的な任務の幅を明らかにするとともに、国家公安委員会において実質的に「国の治安の確保」[*26]の責に任じ、さらに「国の治安の確保」に関する政府の責任を明確化したものと言えよう。また、警察法第六章において、内閣総理大臣は、緊急事態に際し、治安維持のため特に必要があると認められるときには、一時的に警察行政機関を統制し、国の責任において警察権を行使することとなるところ、この場合における内閣総理大臣は内閣府の長としての内閣総理大臣であり[*27]、当該事務も「国の治安の確保」という内閣府の任務に含まれるものと解される。

一方、「国の治安の確保」に見合う内閣府の所掌事務は、内閣府設置法第四条第三項第五七号に規定する「警察法（昭和二十九年法律百六十二号）第五条第二項及び第三項に規定する事務」（制定当時）である。この所掌事務の規定は、中央省庁等改革関連法律における本省と外局との関係を表す規定例からすると、国家公安委員会が「国の治安の確保」に関する企画事務と実施事務を担当し、内閣府本府がこれらの事務を担当しない場合の規定振りに当たる。[*28]

なぜならば、中央省庁等改革関連法律においては、特定の行政分野について本省が企画事務を担当し、当該外局が実施事務を担当する場合には、本省の事務と当該外局の事務とを分けて規定することなく、一体的に所掌事務が規定されているからである。

例えば、総務省設置法の本省の所掌事務で郵政事業の企画について、同法第四条第七九号（当時）において、

「郵政事業として国が一体的に経営する次に掲げる事業及び業務に関すること。

イ　郵便事業

ロ　郵便貯金事業、郵便為替事業及び郵便振替事業

ハ　簡易生命保険事業

ニ（略）

」（当時）

との規定が置かれ、郵政事業庁設置法第四条第一号（当時）において、

「郵政事業（総務省設置法（平成十一年法律第九十一号）第四条第七十九号に規定する郵政事業をいう。以下同じ）の実施に関すること。」

が規定されている。

こうした規定と内閣府本府と国家公安委員会との関係を規定した内閣府設置法の規定とを比較すればその違いはおのずから明らかであり、国家公安委員会の所掌事務については、内閣府本府の所掌事務上、これと重複する形で書き下した所掌事務規定は見当たらず、当該事務は警察法の条項を

引用するのみである。

すなわち、内閣府設置法は国家公安委員会に係る任務及び所掌事務を規定しているものの、当該任務及び所掌事務は外局を含めた内閣府の所掌事務のいわば形式的な幅を規定したにとどまり、当該任務及び所掌事務に係る企画立案及び実施事務のいずれをも外局たる国家公安委員会に属せしめる趣旨であることが分かる。なお、内閣府設置法第四条第三項各号に掲げられた「事務をつかさどる」とは、警察法第五条第一項の「国の公安に係る警察運営をつかさどり」のような強い関与の程度を示すものではなく、当該事務を所掌するというほどの意味にとどまる。

しかも、国家公安委員会は、その長に国務大臣を充てる「準省」であり、内閣官房長官による事務統轄及び服務統督の対象外とされており（基本法第一〇条第八項、内閣府設置法第八条第一項）、通常の政策庁[*29]（例えば総務省に置かれる消防庁、経済産業省に置かれる中小企業庁）と本省との関係よりも内閣府本府との関係で独立性の度合いははるかに高いものと言わなければならない。したがって、国家公安委員会と内閣府本府及びその主任の大臣たる内閣総理大臣との関係は、従前のとおり国家公安委員会の設置を定めた警察法によって規律されることとなる。

3　内閣府に置かれる委員会及び庁

内閣府設置法第六四条において、

「別に法律の定めるところにより内閣府に置かれる委員会及び庁は、次の表の上欄に掲げるものとし、この法律に定めるもののほか、それぞれ同表の下欄の法律（これに基づく命令を含む。）の定めるところによる。

国家公安委員会	警察法
防衛庁 防衛施設庁	防衛庁設置法
金融庁	金融庁設置法

備考　防衛施設庁は、防衛庁に置かれるものとする。」（制定当時）

と規定され、国家公安委員会については、内閣府設置法に定めるもののほか、内閣府の外局たる国家公安委員会を設置する作用法、[*30]すなわち警察法の定めるところによることとなった。

　また、内閣府設置法第五六条は、内閣府に置かれる「委員会及び庁には、特に必要がある場合においては、前二条に規定するもの（審議会等、施設機関等）のほか、法律の定める所掌事務の範囲内で、法律の定めるところにより、特別の機関を置くことができる。」と規定しており、警察庁は、警察法第一五条に基づき国家公安委員会に置かれる内閣府設置法第五六条の「特別の機関」として位置付けられた。

　すなわち、国家公安委員会は、警察法第六条第一項により国務大臣をもってその委員長に充てるとされ、かつ、内閣府設置法第四九条第一項及び第六四条に基づき内閣府の外局として置かれる

「準省」たる委員会であり、警察庁はこれと同一の所掌事務を有する警察法第一五条の規定に基づき国家公安委員会に置かれる内閣府設置法第五六条の「特別の機関」であるということとなる。

4　国家公安委員会と副大臣及び大臣政務官

中央省庁等改革の一環として、府省において「政治主導」の政策判断が迅速に行われるよう、大臣の政治的な政策判断を補佐する機能を強化するため、副大臣及び大臣政務官が新設されたところ（内閣府設置法第一三条、第一四条、国家行政組織法第一六条、第一七条）、こうした機関と警察運営の民主的管理と政治的中立性を確保するために置かれた国家公安委員会との関係を如何に考えるかという問題が伏在していた。

平成一一年（一九九九年）三月二四日、与党（当時）自由民主党及び自由党は、「政府委員制度の廃止及びこれに伴う措置並びに副大臣の設置等に関する合意」（以下本節において「合意」という。）に達した。

この合意は、

①第一四五回国会の次に開かれる国会から、政府委員制度を全廃すること。執行状況・技術的説明のため、委員会は、政府職員を「政府参考人」として出席させることができるものとすること。

②内閣府及び各省に副大臣を置き、防衛庁に副長官を置くこととすること。

③副大臣（副長官）は、大臣の命を受け、政策及び企画をつかさどり、政務を処理し、並びにあらかじめ大臣の命を受けて大臣不在の場合にその職務を代行すること。
④各府省庁の政策等に関し相互の調整に資するため、副大臣会議を開くことができること。
⑤内閣府、各省及び防衛庁に政務官を置くこととすること。
⑥政務官は、大臣を助け、特定の政策及び企画に参画し、政務を処理すること。
⑦大臣、副大臣（副長官）及び政務官は国会において反論権を有すること。
⑧国会において政務次官が大臣を補佐するため、出席し発言することができるよう、国会法を改正する。この場合、大臣及び政務次官は国会において反論権を有すること。
⑨政務次官を増員すること。
⑩二〇〇一年一月一日の省庁再編にあわせ、政務次官を廃止し、新たに副大臣（副長官）及び政務官を導入すること。

などを内容とするものであった。

この合意を具体化するものとして、「国会審議の活性化及び政治主導の政策決定システムの確立に関する法律」（平成一一年法律一一六号）が制定された。その概要は、以下のとおりである。

①平成一二年（二〇〇〇年）の通常国会から衆参両院に国家基本政策委員会を設置すること。
②第一四六回国会から政務次官を八人増員し、二四人から三二人とすること。
③内閣官房副長官及び政務次官は、内閣総理大臣その他の国務大臣を補佐するため、議院の会議

又は委員会に出席することができるものとすること。
④人事院総裁、内閣法制局長官、公正取引委員会委員長、公害等調整委員会委員長を、内閣は、両議院の議長の承認を得て、政府特別補佐人として議院の会議又は委員会に出席させることができるものとすること。
⑤副大臣（内閣官房副長官を除く。）の定数を合計二二人、大臣政務官（長官政務官を含む。以下同じ。）の定数を合計二六人とすること。*31
⑥各府省の政策等に関し相互の調整に資するため、副大臣会議を開くことができることとすること。
以上のように、国家公安委員会については、政務次官の設置、平成一三年（二〇〇一年）以降の副大臣及び大臣政務官の設置のいずれも見送られることとなった。

その理由としては、以下の点が考えられる。

すなわち、副大臣・大臣政務官は、いずれも大臣の命を受け、政策及び企画を担当し、又はこれらに参画し、並びに政務を処理することとされ、このうち副大臣は、大臣不在の場合にその職務を代行するものである。一方、国家公安委員会は、警察運営の民主的管理と政治的中立性を確保する観点から設置された合議制の機関であり、国務大臣たる委員長の権能は、会務を総理し、委員会を代表することにとどまり（警察法第六条第二項）、委員会の議事においても、原則として表決権を有しない（同法第一一条第二項）など、極めて限定されたものとなっている。したがって、現行の国家公安委員会制度においては、副大臣・大臣政務官が果たすべき役割は想定し難いか、又は極めて局限されたものと解されるところであり、こうした諸点が勘案されたものと考えられる。

5 国家公安委員会・警察庁の任務及び所掌事務

(1) 中央省庁等改革における府省の任務の意義

最終報告は、その「行政改革の理念と目標」の中で、「各省庁の縦割りと、自らの所管領域には他省庁の口出しを許さぬという専権的・領土不可侵的所掌システムによる全体調整機能の不全といった問題点の打開こそが今日われわれが取り組むべき行政改革の中核にある」(五頁)とし、「行政事務の各省庁による分担管理原則は、国家目標が単純で、社会全体の資源が拡大し続ける局面においては、確かに効率的な行政システムであった。しかしながら、限られた資源のなかで、国家として多様な価値を追求せざるを得ない状況下においては、もはや、価値選択のない『理念なき配分』や行政各部への包括的な政策委任では、内外環境に即応した政策展開は期待し得ず、旧来型行政は、……機能障害を来している」(四頁)との現状認識を示し、「異なる行政目的の追求を任務とする省庁間の開かれた論議は、行政の透明性と政策決定の責任の所在の明確化に寄与するもの」(六頁)とし、「中央省庁の行政目的別大括り再編成・相互提言システムの導入は、個別事業の利害や制約、縦割りの視野狭窄を超越した、高い視点と広い視野を備えた、自由闊達かつ大所高所からの政策論議を帰結し、行政の総合性を増進する結果となるであろう」(六頁)と結論付けている。

かかる現状認識及び提言を踏まえ、基本法では、各府省の政策目的、価値体系に対立が存在することを前提として、

①基本的な政策目的又は価値体系の対立する行政機能は、できる限り異なる「任務」を有する府省が担うこと（基本法第四条第二号ロ同旨）。

②国の行政が担うべき主要な「任務」を基軸として、一の府省ができる限り総合性及び包括性をもった行政機能を担うこと（基本法第四条第二号イ同旨）。

が「中央省庁等改革の基本方針」として定められたのである。

こうした「任務」を基軸とした新たな府省の在り方は、単に今回の中央省庁等改革の後の行政の姿を示すものであるのみならず、二一世紀型行政システムへの転換を図り、今後の内閣府を含めた国の行政組織の在り方の基本をなすべきものと考えられ、当該基本方針は「準省」たる国家公安委員会にも当然に当てはまるものと考えられる。

また、こうした思想を反映して、国家行政組織法に規定する行政機関の組織原理が「明確な範囲の所掌事務と権限」（中央省庁等改革による改正前の国家行政組織法第二条第一項）によることから、「任務及びこれを達成するため必要となる明確な範囲の所掌事務」（国家行政組織法第二条第一項）によることに変更されたことに伴い、外局についても、①任務に関する規定の整備、②所掌事務に関する規定の整備、③組織基準としての権限規定の削除が行われることとなり、さらに、内閣府に置かれる外局についても、同様の改正が行われることとなった。

すなわち、国家公安委員会・警察庁の新たな「任務」は、警察法第五条第二項（当時。現行第四項。以下同じ。）に掲げられた所掌事務の概要ではなく、国家公安委員会・警察庁の達成すべき行政目的とすることを基本とすることとされ、ここで定める国家公安委員会の任務は、任務を達成するために行う所掌事務の解釈指針、新たな行政事務の分配指針等の機能を有する必要があり、かかる観点を踏まえ、四2①で述べたように、大綱において、国家公安委員会の任務の要旨は「個人の権利と自由を保護し、公共の安全と秩序を維持すること」とされたのである。

(2) 国家公安委員会・警察庁の任務

警察法第一条は、「この法律は、個人の権利と自由を保護し、公共の安全と秩序を維持するため、民主的理念を基調とする警察の管理と運営を保障し、且つ、能率的にその任務を遂行するに足る警察の組織を定めることを目的とする。」と規定している。

現行警察法制定時の昭和二九年（一九五四年）三月四日第一九回国会衆議院地方行政委員会において、柴田政府委員（国家地方警察本部総務部長）は、「第一条は、この法律の目的を規定したものでございまして、『個人の権利と自由を保護し、公共の安全と秩序を維持するため、』これは警察の目的でございまして、第二条に警察の責務といたしまして、さらにこの目的ははつきりと出ているのでございます。個人の権利と自由を保護すること、公共の安全と秩序を維持するということが、民主警察の大目的なのであります。[*32]」と述べ、警察の達成すべき行政目的が「個人の権利と自由を保護すること」と「公共の安全と秩序を維持すること」の二つであることを明言している。

かかる立法者意思を勘案すれば、警察法第一条は、「個人の権利と自由を保護」すること、及び「公共の安全と秩序を維持する」ことの二つが民主警察の目的であることを簡明に示し、この目的を達成するために、どのような警察の組織を定めるべきであるかとの問に答え、「民主的理念を基調とする警察の管理と運営を保障」するに足り、同時に、「能率的にその任務を遂行するに足る」「警察の組織を定める」ことが、警察法の根本目的である旨を明らかにしたものであるということが理解できる。*33


ここで、今般の中央省庁等改革において明らかにすることとされた国家公安委員会・警察庁の新たな「任務」について、「当該任務は警察法第五条第二項に掲げられた所掌事務の概要ではなく、国家公安委員会・警察庁の達成すべき行政目的とすることを基本とする」との命題を当てはめると、前述のとおり「個人の権利と自由を保護すること、公共の安全と秩序を維持するということが、民主警察の大目的」であることから、大綱においても明らかにされたとおり、国の警察行政機関である国家公安委員会の任務の要旨は、「個人の権利と自由を保護し、公共の安全と秩序を維持すること」となる。

大綱の国家公安委員会の任務の要旨を踏まえ、「中央省庁等改革のための国の行政組織関係法律の整備等に関する法律」により一部を改正された警察法（以下本節において「改正警察法」という。）第五条は、その見出しを「任務及び権限」から「任務及び所掌事務」に改め、国家公安委員会の任務を規定した第一項を「国家公安委員会は、国の公安に係る警察運営をつかさどり、警察教養、警察通信、犯罪鑑識、犯罪統計及び警察装備に関する事項を統轄し、並びに警察行政に関する調整を行うことにより、個人の権利と自由を保護し、公共の安全と秩序を維持することを任務とする。」（当時）と改めた。

ここで、見出しを「任務及び権限」から「任務及び所掌事務」に改めたのは、大綱において「現行の各省設置法においては、国家行政組織法に基づき組織基準として権限を定めているが、このような権限規定は置かないこととする。」（二六頁）とされ、これと同旨の立案方針が内閣府の組織にも適用されたことによる。すなわち、「内閣府の組織は、任務及びこれを達成するため必要となる明確な範囲の所掌事務を有する行政機関により系統的に構成され、かつ、内閣の重要な課題に弾力的に対応できるものとしなければならない。」（内閣府設置法第五条第一項）と規定され、内閣府の外局として置かれる「委員会及び庁の任務及びこれを達成するため必要となる所掌事務の範囲は、法律で定める。」（同法第五一条）こととされた。警察法は、この規定を受け国家公安委員会の「任務及びこれを達成するため必要となる所掌事務の範囲」を定める「外局を設置する作用法」であるとされたことから、警察法第五条の見出しの「任務及び権限」を「任務及び所掌事務」に改めたものである。

また、国家公安委員会・警察庁の任務を、大綱の任務の要旨のように、単に「個人の権利と自由を保護し、公共の安全と秩序を維持すること」としなかったのは、警察法が都道府県及び国の警察行政機関を単一の法律により規律しており[*34]、新たな「任務」規定においても、警察法第五条第二項に規定された国の警察行政機関の都道府県警察への関与の在り方を明らかにしつつ、国の警察行政機関の任務を明らかにすることが望ましいとされたからにほかならない。したがって、論理解釈上、都道府県警察が追求すべき行政目的たる任務もまた、国の警察行政機関のそれと異なるものではあり得ず、「個人の権利と自由を保護し、公共の安全と秩序を維持すること」となるものと解される。

なお、国家公安委員会は、警察法第五条第三項（当時。現行第五項。以下同じ。）の規定により、「法律（法律に基づく命令を含む。）の規定に基づきその権限に属させられた事務をつかさどる。」こととされているが、従前の同項は任務達成のためにこの事務をつかさどることが明示されていなかったので、「第一項の任務を達成するため」の文言が付け加えられた。

改正警察法第五条第一項前段（「……ことにより、」の部分。以下(2)及び(4)において同じ。）が第五条第二項に規定された所掌事務の概要であり、一方、同条第三項が国家公安委員会の所掌事務に関するバスケット規定であり、同項に該当する事務は仮に「国の公安に関する警察運営」を広く解したとしても、同条第一項前段に規定する事務に必ずしも含まれるわけではないこと、さらに、同条第三項において「前項に規定するもののほか、」との文言があることから、同条第一項前段を含まない「個人の権利と自由を保護し、公共の安全と秩序を維持すること」が同条第三項における「第一項の任務」に当たるものと解される。

(3) 国家公安委員会・警察庁の所掌事務

ここでは改正警察法第五条第二項第二〇号(現行第四項第二六号。以下同じ。)の「前各号に掲げるもののほか、他の法律(これに基づく命令を含む。)の規定に基づき警察庁の権限に属させられた事務[*35]」について触れておくこととする。

これまで、他の法律(これに基づく命令を含む。)の規定に基づき警察庁の権限に属させられた事務については、警察法の解釈上第五条第二項各号のいずれかに該当していたはずであるが、必ずしもその位置付けが明確でなく、国家公安委員会との関係もまた明らかではなかった。

当該事務を警察法第五条第二項に第二〇号として位置付けることにより、国家公安委員会がこれを管理することが明らかになり、また、当該事務について、国家公安委員会又はその長が、内閣総理大臣に対し内閣府令を発することを求めること(内閣府設置法第五八条第二項)、告示を発すること(同条第六項)、行政機関相互の調整を図る必要があると認めるときは、その必要性を明らかにした上で、関係行政機関の長に対し、必要な資料の提出及び説明を求め、並びに当該関係行政機関の政策に関し意見を述べること(同条第八項)などの権限を行使し得ることが明らかとなった。

改正警察法第五条第二項第二〇号により、警察庁についても、「個人の権利と自由を保護し、公共の安全と秩序を維持する」という任務を達成するため他の法律によりその権限に属させられた事務を警察法上明確に位置付けることが可能となったということは極めて重要な意義を有するものと言えよう。

(4) 国家公安委員会・警察庁の任務と警察の責務との関係

最終報告は、「政策立案機能と実施の機能とは、一面において密接な関係をもつものであるが、両者にはそれぞれ異なる機能的な特性があり、両者が渾然一体として行われていることは、かえって本来それらが発揮すべき特性を失わせ、機能不全と結果としての行政の肥大化を招いている。新しい行政組織の編成に当たっては、政策立案機能と実施機能の分離を基本とし、それぞれの機能の高度化を図ることとすべきである。」(二九頁)として政策立案部門と実施部門の責任分担の明確化を提言した。

警察組織については、既に警察法が、地方分権改革以前から警察に関する政策立案は国家公安委員会・警察庁において行い(警察法第五条第二項)、警察の職務執行に係る実施事務の大半を都道府県警察に団体委任する(同法第三六条)という構造をとってきた。その意味で、これまでも警察法上は政策立案部門と実施部門の責任分担は比較的明確であった。

国家公安委員会・警察庁の任務と警察の責務の関係についても、今般の中央省庁等改革において提唱された政策立案と実施事務の分離という観点から考察することが有益であるものと考える。

既に、警察法第一条に関し、「警察の任務(『個人の権利と自由の保護』及び『公共の安全と秩序の維持』)は、通常は、法令の具体的な規定によって、初めて、具体的な警察機関の事務となる。すなわち、この任務を追求することは、警察制度の設置の目的ではあるが、そのため特に個人の権利・自由を制限したり、義務を課したりする必要がある事務については、別に具体的な法令の規定がなければ、警察機関は、具体的にこの任務を追求するための事務処理を行うことができない。」とする関根謙一氏の先駆的な説[*36]が存していた。この関根説における「警察の任務」すなわち、「個人の権利と自由を保護すること」及び「公共の安全と秩序を維持すること」とは、警察行政機関に新たな権限を付与する場合の立法等の政策指針すなわち、当該任務を達成するために行う所掌事務の解釈指針、更に新たな行政事務の分配指針であり、警察に関する政策立案を担当する国家公安委員会・警察庁の達成すべき行政目的と一致するものであり、今回の国家公安委員会・警察庁の任務規定の改正は、こうした考えに沿うものとなった。

今回の国家公安委員会・警察庁の任務規定を以上のように解するとき、警察の責務を規定した警察法第二条との関係を如何に解すべきかが問題となる。なぜならば、文理上、警察の当該任務の射程は、警察法第二条の警察の責務より広いものと解されるからである。

警察法第二条は、同法第三六条第二項において、「都道府県警察は、当該都道府県の区域につき、第二条の責務に任ずる」と規定されているように、同法第一条及び改正警察法第五条第一項後段に定められた警察の任務の範囲内において、同法第三六条第二項の規定により、警察の実施部門としての都道府県警察が追求すべき事務の範囲を示したということになる[*37]。特に、同法第二条は第二項を設け、「警察の活動は、……個人の権利及び自由の干渉にわたる等その権限を濫用することがあつてはならない」と規定していることを勘案すると、同条の警察の責務は、主として、都道府県警察が行う執行活動のうち、個人の権利、自由に影響を及ぼすおそれのある執行活動に属する事務を処理する場合における事務処理の具体的な範囲を定める根拠規定であると解されることとなる。[*38]

(5)「個人の権利と自由の保護」を警察の任務とすることの新たな意義

これまでも、警察法第二条の責務の解釈において、「個人の生命、身体及び財産の保護」と「公共の安全と秩序の維持」とを並列的な警察の責務と解する説[*39]と「個人の生命、身体及び財産の保護」でも公共の安全と秩序の維持に関わるものだけが警察の責務の対象であると解する説[*40]とが対立してきた。

前記(2)の柴田政府委員の答弁から推察される立法者意思及び文理からも、さらに、警察法第六一条が「その管轄区域の関係者の生命、身体及び財産の保護並びにその管轄区域における犯罪の鎮圧及び捜査、被疑者の逮捕その他公安の維持」として両者を並列して書き分けている点等からも前説が妥当であると考えるが、後説の論拠について、その理論的、思想的背景を明らかにするために若干長文であるが宍戸基男氏の所説を引用する。

「本条（警察法第二条）においては、『個人の生命、身体及び財産の保護』が、『公共の安全と秩序の維持』と並んで規定されているため、警察の責務には、個人の保護と公安の維持との二種のものがあるかのように考えられやすいが、警察の本質は、社会生活の秩序を維持し、その障害を除去することにあるのであって、本条の規定は、それを変えたり、広げたりしたものではない。もともと、個人は社会の一員であり、社会は個人の集団であるから、個人の安全を保護することは同時に社会の安全を保護することとなり、個人に対する障害が同時に社会に対する障害となることが多いのであって、社会生活と個人の生活との区別について明確に線を引くことは難しい。しかし、私生活の自由はできる限り尊重するのが民主主義・個人主義の大きな要請であるから、個人の生命、身体、財産に対する危害を私生活の範囲内の力では取り除くことはできず、又は私生活の行動が同時に一般社会に関係する場合に初めて警察活動が行われるべきものと考えられる（警察公共の原則といわれるものである。）。ここにいう個人の生命、身体、財産の保護もそのような原則の範囲内で理解すべきである。すなわち、個人生活の保護は、本来広い意味での『公共の安全と秩序の維持』の中に含まれるものであるが、基本的人権の尊重を基本理念とする憲法の精神に鑑みて、個人の権利と、自由の保護の重要性を強調するため、本条においては、特に『個人の保護』を取り出して『公安の維持』と併記したものである。[*41]」

この宍戸説については、以下のような田村正博氏の批判が当てはまろう。すなわち、宍戸説は、「警察という組織の責務が何であるかについて、法律を離れた『警察の本来の仕事』といった観念によって定めようとするものであって、妥当でない。個人の生命、身体及び財産の保護のための活動の多くは、同時に公共の安全と秩序の維持に資するものではあるが、だからといって、警察の責務を公共の安全と秩序の維持のみに限るべきではない。仮に、公共の安全と秩序の維持が広い範囲を包含し、個人の生命等の保護のみに係るものがほとんどないと解することができたとしても、個人の生命、身体及び財産を保護することを、それ自体として重視することが必要なのであって、警察の独立した任務であると解すべきことに変わりはない。[*42、43]」

さらに、田村氏は、「警察は今日、国民から権利・自由の擁護者として期待・評価されている。それは『人権』というものが、従来は国家対個人の関係でとらえていたのに対し、今日では、国民相互間の侵害という関係を含めたものとしてとらえられていることによるものである。」「国民の権利・自由の問題は、行政機関からの侵害を防ぐという側面だけを意味するものとしてとらえられてきた。しかし、国民の側は、自らの安全の確保など他の第三者からの侵害を防ぐことを含めた広い範囲のものとしてこれをとらえている。今日、人権侵害として国民に受けとめられている事態の多くは、公権力からの侵害によるものではなく、他の者（企業を含む私人）からのものである。」という形でこれを敷衍される。[*44]

ここで留意すべきは、社会が平等な「個人の集団」から構成され、私生活の自由はできる限り尊重するのが民主主義・個人主義の要請であるという、前述の宍戸説に代表される古典主義的モデルはむしろ虚構に近いということである。現代社会において、脆弱な個人は、しばしば対等な個人からではなく、むしろ犯罪組織、カルト集団[*45、46]、企業[*47]等の個人とは比較にならない、強大な集団によってもたらされる権利・自由の侵害の脅威にさらされているという仮説の方が社会の実態に沿い、説得的であることは我々の経験則に照らしても明らかである。そして、かかる仮説に立つ場合、警察の任務を「公共の安全と秩序の維持」に限るとする古典主義的モデルに立脚する所説も必然的に修正を受けざるを得ない。ここにおいて、「個人の権利と自由の保護」[*48]という、いま一つの警察の任務に新たな光が当てられるのである。[*49]すなわち、警察は、少なくとも前述のような状況下における個人の権利・自由の侵害の回復及びそのおそれの除去のためにより積極的に介入していくことが求められているのである。

かかる考えを更に徹底させていくとき、個人の権利・自由の行使の前提としての「安全」を「個人の権利」として捉える思想に収斂していく。これは一人筆者固有の見解ではなく、我が国に比べ犯罪発生率も高く、組織犯罪の脅威も深刻なフランスにおいても同様の傾向が見られる。すなわち、一九九五年一月に公布、施行された「治安指針・計画法」(Loi d'orientation et de programmation relative à la sécurité)[*50]においては、その目的を規定した第一条第一項で、伝統的な警察活動の個人生活に関する不介入・自由放任の思想を放擲し、「安全は、基本的な権利であり、個人的、集団的な自由を行使する上での前提条件の一つである。」と規定し、安全に関する「国民の権利」を宣明している。さらにその上で、同条第二項は、「国家は、共和国の国土内において、政体及び国益の防衛、法律の尊重、公共の秩序と安寧の維持並びに人身及び財産の保護に当たることを通じて、治安を確保する義務を有する。」と規定し、国民の安全に対する「国家の義務」を明らかにしている。

我が国においても、警察の任務や責務の分析においては、今後かかる視点がより一層重要なものとなっていくものと考えられる。[*51]

6 国家公安委員会・警察庁の任務と政策調整

前述のとおり、基本法第四条第五号は府省間の調整に関し、「国の行政機関の間における政策についての協議及び調整の活性化及び円滑化並びにその透明性の向上を図り、かつ、政府全体として総合的かつ一体的な行政運営を図ること。」と規定し、同法第二八条第一号は「府省は、その任務の達成に必要な範囲において、他の府省が所掌する政策について、提言、協議及び調整を行い得る仕組みとすること。」と規定した。

これを受けて、内閣府設置法第五八条第八項は「各委員会及び各庁の長官は、その機関の任務を遂行するため政策について行政機関相互の調整を図る必要があると認めるときは、その必要性を明らかにした上で、関係行政機関の長に対し、必要な資料の提出及び説明を求め、並びに当該関係行政機関の政策に関し意見を述べることができる。」と規定した。この規定により、国家公安委員会は、「個人の権利と自由を保護し、公共の安全と秩序を維持する」という任務を遂行するため政策について行政機関相互の調整を図る必要があると認めるときは、その必要性を明らかにした上で、関係行政機関の長に対し、必要な資料の提出及び説明を求め、並びに当該関係行政機関に対し意見を述べることができることとなった。

勿論、現在においても国家公安委員会は、その所掌事務を遂行するため、他の行政機関に対し資料の提出や説明を求め、意見を述べることは可能であり、法律の規定がないと当該行為を行い得ないものではない。

しかしながら、法律によりこれらが可能である旨の明文の規定が置かれることにより、国家公安委員会から資料や説明の求めを受け、意見を述べられた当該関係行政機関の長については、当該法律の規定の趣旨を尊重する義務が生じ、単なる相互間の依頼・協力関係にとどまらず、これらの資料要求・意見に対し誠実な対応を促す事実上の効果を持つことになる。したがって、その任務及び所掌事務の遂行に際し関係行政機関の行政に係る関連情報を適切かつ十分に収集し相互に関連する情報を共有することが容易になり、また、当該関係行政機関の政策に関し「意見を述べる」ことを通じて、政策に関する議論、協働がより積極的に行われることとなるものと考えられる。

六 中央省庁等改革の推進に関する方針と国家公安委員会・警察庁

中央省庁等改革推進本部は、平成一一年（一九九九年）四月二七日、前記四の大綱を踏まえ、これに必要に応じ所要の見直しを行い、前記五の中央省庁等改革関連一七法律案とともに、「国の行政組織等の減量、効率化等に関する基本計画」、「審議会等の整理合理化に関する基本計画」、中央省庁等改革関連法律案の関連措置等を内容とする「中央省庁等改革の推進に関する方針」を決定した。

当該方針において、国家公安委員会・警察庁と関連の深い部分は、以下のとおりである。

1　民間委託等

警察庁の地方機関の通信業務について、民間委託を推進し、平成一三年度（二〇〇一年度）以降五年間で当該業務に携わる職員を一〇〇人程度縮減することとされた。[*52]

2　規制緩和

規制の緩和、撤廃は、国の事務及び事業の減量、効率化に資するものであり、積極的に実施する、規制緩和推進三か年計画（平成一〇年［一九九八年］三月三一日閣議決定［平成一一年三月三〇日閣議決定により改定］）に取り上げられた事項及び規制改革という視点を重視していくという考え方に立ち行政改革推進本部規制改革委員会での検討により今後同計画に追加される新たな事項について、関係する事務及び事業の減量、効率化を推進することとされ、同計画に定められたワンストップサービスについて、高度情報通信社会推進に向けた基本方針（アクション・プラン）を積極的に推進することとされた。

3　独立行政法人制度関連

国家公安委員会・警察庁については、警察庁の附属機関は独立行政法人化の対象としないという大綱の立場が維持された。

4　官房及び局の整理

警察庁の官房及び局は削減の対象から除かれるという大綱の立場が維持された。

5　課等の整理

課・室については、府省編成時に一〇〇〇程度に削減するとともに、その編成を可能な限り弾力的なものとするため、局長級、課長級等の分掌職制を活用することとして、[*53]各府省の内部組織の概要を早急に概定し、組織令の検討等の中で速やかに確定することとするとされ、また、府省編成後の五年間において課等の総数をできる限り九〇〇に近い数とするよう努めることとされた。

基本法第四七条第二号により警察庁についても、「国家公安委員会に置かれる庁」として削減の対象とされ、警察庁の内部部局に置かれる課のうち、四課（教養課、装備課、都市交通対策課及び公安第三課）が削減されることとなった。

6　定員削減関連

大綱の立場が維持された。

7　政策評価

基本的に大綱の立場が維持された。

七　今後の課題

中央省庁等改革は、関連法律の成立時において「明治以来の行政システムを抜本的に改める歴史的大改革[*54]」であり、「政治主導の確立」、「縦割り行政の弊害を排除」、「透明化・自己責任化」及び「スリム化目標を設定」の四本柱という形で総括された。[*55]これに引き続き中央省庁等改革関連法律の施行のため、これらの法律の施行期日、約一三〇〇本の関係個別法について府省名の変更に伴う規定の整理、平成一三年（二〇〇一年）四月に独立行政法人に移行することとされた事務・事業に係る法人の名称、目的、業務の範囲等に係る個別法の整備が図られた。

警察行政にとって、中央省庁等改革は、二一世紀に向けて国の行政機構の中で国の警察行政機関を如何に位置付けるかという、いわば警察行政の外枠を確定する作業であった。

中央省庁等改革において改正が見送られたもののうちで、警察制度改革に関しても、その作業の過程で次のような幾つかの重要な課題が提起された。衆参両議院の附帯決議にもあるとおり、中央省庁等の在り方は、今後とも内外の諸情勢を踏まえて見直されていくこととなるものと考えられるが、警察制度改革に関しても、かかる課題を中心に、時の国民の声を十分に反映させつつ、検討を加えていくことが重要である。

1 「準省」問題

二1で述べたとおり、内閣府に置かれる国家公安委員会については、防衛庁とともに、最終報告において「準省」とされ、省と同様に、政策の実施に関する機能のみならず、政策の企画立案に関する機能をも併せ担うこととされた。

したがって、「準省」については、形式的には内閣総理大臣を主任の大臣とするが、それ以外の点では、準省又はその長に、省又は主任の大臣と同等の権限を与えることとすることが適当であるものと考えられる。

具体的には、今後、「準省」又はその長には、内閣府設置法第七条第二項に規定される閣議請議権、財政法（昭和二二年法律第三四号）上の各省各庁の長としての権限（財政法第二〇条第二項、第二一条等）を与えることなどが引き続き検討されるべきであろう。

2 警察庁の内部部局

警察庁は、内閣府に置かれる、国務大臣をもって長に充てることと定められている外局たる国家公安委員会に内閣府設置法第五六条の「特別の機関」として置かれる行政機関であり、その内部部局としての官房、局及び部の設置及び所掌事務の範囲は、警察法で定められている。[*56]

これに対して、他の府省については、省の官房、局及び部の設置及び所掌事務の範囲（国家行政組織法第七条第四項）並びに内閣府本府及び内閣府に置かれる法律で国務大臣をもってその長に充てることと定められている庁（防衛庁）の官房、局及び部の所掌事務の範囲（内閣府設置法第一七条第三項、第五三条第五項）は、政令で定めることとされている。

既に述べたとおり、国家公安委員会に内部部局は存在しないが、最終報告において、警察庁は「行政委員会の下で、実質はその内部部局である機関」（七一頁）とされており、国家公安委員会に係る企画立案に関する機能は警察庁が担うものである。また、警察庁は、警察に関する制度の企画及び立案、国の公安に関する警察運営、警察行政に関する調整等の警察行政における中央行政機関としての地位を有している点において、検察庁、在外公館その他の「特別の機関」とは、全く性格を異にしており、むしろ中央の行政組織として府省に極めて類似した性格を有する組織である。

したがって、その内部部局としての官房、局及び部の設置及びその所掌事務の範囲については、現行警察法上の官房、局及び部の分掌事務を同法第五条第二項との関係を踏まえ改めて整理した上で、前述のような国会による警察組織に対する統制よりもむしろ、治安情勢に即応するための警察組織規制の弾力化を重視するという観点から、他の府省同様政令で定めることとすることも立法論として可能であろう。[*57]

3 内閣総理大臣と国家公安委員会との関係

警察法第四条第一項は、「内閣総理大臣の所轄の下に、国家公安委員会を置く。」と規定している。「所轄」とは、独立性の強い行政委員会とその主任の大臣との関係を示す場合に用いられるところ、国家公安委員会・警察庁に関する事項のうち内閣総理大臣の権限としては、

①国家公安委員会の委員の任免等の権限（警察法第七条第一項）

②財政法、会計法（昭和二二年法律第三五号）等の規定による「各省各庁の長」としての権限

③閣議を求め、内閣府令を発するなどの内閣府設置法上の権限（内閣府設置法第七条第二項、第三項）

④個別の法令の規定による「主任の大臣」としての行政権限

⑤緊急事態の布告があった場合における警察庁長官に対する指揮監督権限（警察法第七二条）等の権限が挙げられる。

警察法第一七条は、国家公安委員会と警察庁との関係について、「警察庁は、国家公安委員会の管理の下に、第五条第二項各号に掲げる事務をつかさどり、及び同条第三項の事務について国家公安委員会を補佐する。」（当時）と規定している。かかる規定が置かれたのは、国家公安委員会と警察庁が相互に独立した機関であるところ、法律で国家公安委員会の権限に属させられた事務について、各行政機関においてその長がその補助部局の補助を受けつつ自らの名と責任において事務を処

理するのと同様、実際上その事務を処理する知識と能力を有する警察庁に補助せしめ、かつ、国家公安委員会の名で対外的に表示するという事務処理の方法をとる必要があることによるものと解される。

内閣総理大臣と国家公安委員会との関係についても、前記の①及び⑤を除き[*58]、国家公安委員会の所管事項について法令上内閣総理大臣が権限者とされていても、実質的には内閣総理大臣とは独立した地位にある国家公安委員会に当該事務を処理させた上で、内閣総理大臣が外部に対して決定の表示を行うという事務処理の方式をとることを明らかにするため、国家公安委員会による内閣総理大臣の補佐に係る警察法第一七条類似の規定を置くことも検討に値しよう。[*59]

4 治安・保安機構の統合問題

行政改革会議は、新たな治安機構の任務として、①外国人犯罪組織、銃器・薬物の蔓延、密入国等ボーダレス化に起因する治安事象への的確な対処、②大量難民、沿岸・重要施設に係るテロ等の緊急事態に係る対処能力の向上と、大規模な災害、事故等に係る内閣の危機管理機能の支援、③内閣官房を中心とするインテリジェンス・コミュニティへの貢献を挙げ、国家公安委員会が海上保安、麻薬取締りの機能をも担うことを最終報告の直前まで提言していた。[*60]

また、平成九年（一九九七年）五月一四日付けの自由民主党政務調査会外交調査会・国際テロ対策小委員会による「国際テロ対策に関する緊急提言」においては、「わが国の場合、海上ないし沿岸警備で特に重要な地域は、政治体制も異なり、政情の不安定な国々と隣接している日本海及びその沿岸地域であるが、この地域における警備、警戒は、警察、海上保安庁、入国管理局及び自衛隊によって別々に行われており、必ずしも国家としての整合性のとれた十分な体制は確立していない。

したがって、この地域における警備、警戒体制の強化が急務であり、この徹底を期するためには、当面、警察、海保、入管、自衛隊等、関係諸機関の警戒、監視のための人員、装備等の増強及び、これらの諸機関によるジョイントオペレーション（連携活動）を可能とする、隙のない連携体制の確立並びに漁民等による支援体制の一層の強化が必要である。……そして、……関係機関の警戒監視機能を統合した沿岸警備隊の創設も含め、沿岸警備、警戒体制の強化等を検討すべきである。」としている。

治安・保安機構の統合問題は、今般の中央省庁等改革に限らず、戦後の行政改革の主要議題の一つでもあり、政府の危機管理機能の中核を担う機関として、警察においても、能登半島沖の「北朝鮮当局の工作船[*61]」事件（平成一一年〔一九九九年三月発生〕）等の教訓をも踏まえつつ、引き続き検討を進めていくべき課題であろう。


【注】
＊1 「内閣法の一部を改正する法律案等中央省庁等改革関連一七法律案に対する附帯決議」（平成一一年〔一九九九年〕六月九日　衆議院行政改革に関する特別委員会）は、次のとおりである。〔附帯決議一〕

「政府は、中央省庁等改革関連法律の施行に当たっては、次の諸点に留意し、その運用に遺憾なきを期すべきである。

一　中央省庁の在り方については、国際情勢、国民の行政ニーズの在り方、例えば環境、福祉等への期待等を踏まえ、組織の在り方、所掌事務、定員配分等について、政治主導で見直すものとすること。

一　内閣府の総合調整機能は、各省の上に立つものであり、特に内閣官房の総合調整機能は、内閣としての最高かつ最終の機能と位置付けた運用を図ること。

一　内閣府に置かれる重要政策に関する会議の審議結果等は、最大限に尊重すべきものとするとともに、会議内容は可能な限り公表すること。

また、経済財政諮問会議において調査審議された経済全般の運営の基本方針、財政運営の基本、予算編成の基本方針その他の経済財政政策に関する重要事項の内容を予算編成に反映させるため、財務省は予算編成過程において当会議の意見を尊重し予算の原案の作成等を行うこと。

一　経済研究所は、内閣府のシンクタンクとして、民間シンクタンク等の機能も幅広く活用できるよう拡充・強化すること。

一　所掌事務規定は、各府省の任務を達成するため必要となる明確な範囲を定めたものであり、所掌事務を根拠とした裁量行政は行わないこと。

一　各府省の分掌官の任命は必要最小限とすること。なお、分掌官の部下となる職員は分掌官の下に固定されてはならないこと。

一　省庁再編に伴う人事については、適材適所を旨とし、将来の人事に影響を与えるような既存省庁間の合意等は一切行わないこと。

一　公正取引委員会について、行政の関与が事前監視型から事後監視型へ移行している現状から、その体制強化を図ること。

一　行政評価の実効性を高めるため、行政評価法（仮称）の制定について早急に検討に着手すること。

一　国家公務員の定員削減計画の策定等により、二十五％削減の実現に万全を期すこと。
一　独立行政法人の中期計画の期間の終了時において、主務大臣が行うとされている『当該独立行政法人の業務を継続させる必要性、組織の在り方その他その組織及び業務の全般にわたる検討』については、そのための客観的な基準を遅くとも平成十五年度までに検討し、独立行政法人の存廃・民営化はこの基準を踏まえて決定すること。
一　独立行政法人の職員については、行政改革会議最終報告の趣旨にかんがみ、今後の見直しにおいて、社会経済情勢の変化等に応じて特定独立行政法人以外の法人とするようできる限り努力すること。
一　特殊法人の整理合理化を積極的に推進するとともに、現時点で存続している特殊法人についても、それぞれの業務内容を踏まえつつ独立行政法人化・民営化・国の機関への編入等いずれかの経営形態を選択することを検討すること。
　また、特殊法人の組織・業務内容等の評価及び存廃・民営化・国の機関への編入、業務の見直し等の提言を第三者機関に行わせ、政府はそれを尊重すること。
一　独立行政法人化、事務・事業の廃止、民営化、民間委託の実施及び特殊法人の改革等については、雇用問題、労働条件等に配慮して対応するとともに、関係職員団体の理解も求めつつ行うこと。
特に、独立行政法人の適用、独立行政法人個別法案の策定に当たっては、中央省庁等改革基本法第四十一条を遵守し、関係職員団体等、各方面の十分な理解を求めつつ行うこと。

一『人権の二十一世紀』実現に向けて、日本における人権政策確立の取り組みは、政治の根底・基本に置くべき課題であり、政府・内閣全体での課題として明確にするべきであること。」

＊2「内閣法の一部を改正する法律案等中央省庁等改革関連一七法律案に対する附帯決議」（平成一一年［一九九九年］七月八日　参議院行財政改革・税制等に関する特別委員会）は、次のとおりである。〔附帯決議二〕
「政府は、中央省庁等改革関連法律の施行に当たっては、次の諸点に留意し、その運用に遺憾なきを期

すべきである。

一　中央省庁の在り方については、国際情勢、環境や福祉などの国民の行政ニーズの変化等を踏まえ、組織の在り方、所掌事務、定員配分等について、迅速かつ適確に政治主導で見直すものとすること。

一　内閣府の総合調整機能は各省の上に立つものであるとともに、内閣官房の総合調整機能は内閣としての最高かつ最終のものであると位置付けた総合調整機能の運用を図ること。

一　内閣府に置かれる重要政策に関する会議の審議結果等は、最大限に尊重すべきものとするとともに、会議内容は可能な限り公表すること。

また、経済財政諮問会議において調査審議された経済全般の運営の基本方針、財政運営の基本、予算編成の基本方針その他の経済財政政策に関する重要事項の内容を予算編成に反映させるため、財務省は予算編成過程において当会議の意見を尊重し予算の原案の作成等を行うこと。

一　経済研究所については、内閣府のシンクタンクとしてその機能を十全に発揮できるよう、民間シンクタンク等の活用も含め、その拡充・強化を図ること。

一　府省再編成の趣旨を踏まえ、『縦割り行政の弊害』の実質的解消を図るとともに、いわゆる『巨大官庁の弊害』の発生の防止に十全を期すること。

一　内閣府及び各省設置法の所掌事務規定は、内閣府及び各省の任務を達成するため必要となる所掌事務の明確な範囲を定めたものであることにかんがみ、所掌事務を根拠とした裁量行政は行わないこと。

一　内閣府及び各省に置かれる分掌職は必要最小限とするとともに、その機能的かつ弾力的活用を図ること。

一　省庁再編に伴う人事については、適材適所を旨として行うとともに、将来の人事に影響を与えるような既存省庁間の合意等は一切行わないこと。

一　公正取引委員会について、行政の関与が事前監視型から事後監視型へ移行している現状及び独占禁止法の厳正かつ公正な運用を確保することの重要性にかんがみ、中立性・独立性の維持に万全を期するとともに、その体制を充実・強化すること。

一　行政評価の実効性を確保するため、行政評価法（仮称）の制定について早急に検討を進めること。

一　国家公務員数の削減については、定員削減計画の策定等により、計画的かつ着実に進めることにより、二十五%削減目標の達成を期すること。

　また、その際雇用問題に十分配慮して対応すること。

一　独立行政法人の中期計画の期間の終了時において、主務大臣が行うとされている『当該独立行政法人の業務を継続させる必要性、組織の在り方その他その組織及び業務の全般にわたる検討』については、そのための客観的な基準を遅くとも平成十五年度までに検討し、独立行政法人の存廃・民営化はこの基準を踏まえて決定すること。

一　独立行政法人の形態については、行政改革会議最終報告の趣旨にかんがみ、今後の見直しにおいて、社会経済情勢の変化等を踏まえて、できる限り特定独立行政法人以外の法人とするよう努めること。

一　独立行政法人における情報公開制度については、特殊法人の情報公開法制と併せて速やかに検討し、結論を得て、必要な措置を講ずること。

一　特殊法人の整理合理化を積極的に推進すること。整理合理化の検討に当たっては、各特殊法人の業務の見直し等のほか、独立行政法人化・民営化・国の機関への編入等その経営形態の選択及びその存廃を含めて行うこと。

　なお、検討に当たっては、第三者機関に提言を行わせることとし、政府はその提言を尊重するものとすること。

一　独立行政法人化、事務・事業の廃止、民営化、民間委託の実施及び特殊法人の改革等の実施に当たっては、職員の雇用問題、労働条件等に配慮して対応するとともに、関係職員団体の理解も求めつつ行うこと。

　特に、独立行政法人化対象事務・事業の決定、独立行政法人個別法案の策定に当たっては、中央省庁等改革基本法第四十一条を遵守し、関係職員団体等、各方面の十分な理解を求めつつ行うこと。

一　中央省庁等改革関連法律の政令については、中央省庁等改革推進本部の顧問会議の意見を聴し、適宜国会に報告すること。

一　循環型社会への転換及び自然との共生を図る観点から、環境省の体制強化を図り、環境関係行政の統合一元化を積極的に進めること。

一　『人権の二十一世紀』実現に向けて、日本における人権政策確立の取組は、政治の根底・基本に置くべき課題であり、政府・内閣全体での課題として明確にするべきであること。

また、男女共同参画会議においては、男女共同参画社会の形成の促進に関する重要事項の調査審議に際し、人権教育・啓発の推進の観点にも留意すること。

右決議する。」

＊3　中央省庁等改革関連一七法律は、以下のとおりである（平成一一年［一九九九年］七月一六日公布）。

・内閣法の一部を改正する法律（平成一一年法律第八八号）
・内閣府設置法（平成一一年法律第八九号）
・国家行政組織法の一部を改正する法律（平成一一年法律第九〇号）
・総務省設置法（平成一一年法律第九一号）
・郵政事業庁設置法（平成一一年法律第九二号）
・法務省設置法（平成一一年法律第九三号）
・外務省設置法（平成一一年法律第九四号）
・財務省設置法（平成一一年法律第九五号）
・文部科学省設置法（平成一一年法律第九六号）
・厚生労働省設置法（平成一一年法律第九七号）
・農林水産省設置法（平成一一年法律第九八号）

・経済産業省設置法（平成一一年法律第九九号）
・国土交通省設置法（平成一一年法律第一〇〇号）
・環境省設置法（平成一一年法律第一〇一号）
・中央省庁等改革のための国の行政組織関係法律の整備等に関する法律（平成一一年法律第一〇二号）
・独立行政法人通則法（平成一一年法律第一〇三号）
・独立行政法人通則法の施行に伴う関係法律の整備に関する法律（平成一一年法律第一〇四号）

＊4 内閣総理大臣の談話（平成一一年［一九九九年］七月八日）は、次のとおりである。

「本日、地方分権一括法及び中央省庁等改革関連法が成立いたしました。

平成五年の地方分権に関する国会決議、平成八年の行政改革会議の発足以来、国民的課題として取り組んでまいりましたが、今般、この両法律が成立したことは、誠に意義深いものがあります。……。

また、中央省庁等改革は、行政における政治主導を確立し、内外の主要課題や諸情勢に機敏に対応できるよう、行政システムを抜本的に改めるとともに、透明な政府の実現や行政のスリム化・効率化を目指すものであります。

いずれも、明治以来の行政システムを抜本的に改める歴史的な大改革であります。この両法律は、これまで積み重ねてきた行政改革に対する取組の一つの到達点であり、二一世紀に向けた我が国経済社会の『繁栄への架け橋』を築くものとして、今後とも、国民の期待に応えられるよう、改革の推進に全力を尽くしてまいる決意です。

国民各位におかれましても、今回の改革の意義について御理解を深めていただき、引き続き、御支援、御協力を賜りますようお願いする次第であります。」

＊5 行政改革会議における警察制度に関する議論の推移については、拙稿「行政改革会議最終報告と警察組織（上）」警察学論集第五一巻第二号一二〇頁以下、「同（下）」同巻第三号一一六頁以下参照。

＊6 閣議決定後の政府声明は、以下のとおりである。

「政府は、本日、行政改革会議の最終報告について、これを最大限に尊重し、直ちに中央省庁再編等のための準備体制に入る旨を決定いたしました。

この報告は、我が国の将来を見据え、活力と自信にあふれた社会を創造するため、戦後五〇年を経過して、時代に合わなくなってきた我が国の行政システムを根本的に改め、より自由かつ公正な社会を形成するにふさわしい二一世紀型行政システムへ転換することを基本理念としています。そして、その実現に向け、内閣機能の強化、新たな中央省庁の在り方、行政機能の減量・効率化、公務員制度の改革等、広範にわたる内容を盛り込んでおります。

政府としては、次期通常国会において、中央省庁再編等のための基本的な法律案を提出して、その成立を期すこととし、この法律案が成立した後に、関係法律の整備など新体制への移行に必要な準備を進め、遅くとも五年以内、できれば二一世紀が始まる二〇〇一年一月一日に、新体制に移行を開始することを目指します。

しかし、行政改革は未だ道半ばであり、むしろこれを新たな出発点として、今後とも、行政とは何か、国は地方や国民とどのようにかかわっていくべきかを更に見直していく必要があります。さらには、行政改革の分野だけでなく、それをいわば突破口として、戦後の我が国の社会・経済システムの全面的転換を図っていかねばなりません。そのため、行政改革とともに、財政構造改革、社会保障構造改革、経済構造改革、金融システム改革、教育改革の六つの改革の実現に、引き続き、全力を尽くしていく所存であります。

この際、改革の実現に対する政府としての固い決意を改めて表明するとともに、引き続き国民各位の御理解と御協力をお願いする次第であります。」

＊7 中央省庁等改革を進めるに当たっては、基本法を制定せずに最終報告に沿って、閣議決定に基づき、個別法の制定改廃を進めていけば足りるという考えもあり得た。しかしながら、最終報告が示した諸改革はいずれも国政の重要課題であり、これらを実現していくためには、個別の組織法の改正や独立行政法人に関

する法律の制定のみならず、作用法の改正、行政の運用上の改善及びこれらのための検討等を総合的な政策として行うことが重要であった。そして、かかる総合的政策を進めるに当たっては、その基本方針及び政策の全貌について、主権の存する国民の代表である国会の判断を経た上で、その基本方針に従って個別の法案作成や行政の運用の改善等を行っていくことが、国民主権の観点から必要であり、ここに基本法の最も重要な意義が存するものと解される。

*8 金融庁については、金融行政の重要性等から、基本法上、金融庁が所管する事項を担当する国務大臣を置くこととされ（基本法第一一条第三項）、内閣府設置法第一一条において、金融庁の所管事項全体を掌理させるため、法律上、金融庁の長である金融庁長官とは別に、内閣府に特命担当大臣を置くこととしている。しかしながら、金融庁は、法律上、国務大臣をもってその長に充てることとされておらず、いわゆる「準省」には該当しないことから「一府一二省庁」には含まれない。

この金融庁の所管事項全体を担当する特命担当大臣は、「準省」の長とは異なり、当該庁の所掌事務のほか、内閣府の内閣補助事務である「金融の円滑化を図るための環境の総合的な整備に関する事項」（内閣府設置法第四条第一項第一五号［制定当時。現行第二六号］）を掌理し、行政各部の施策の統一を図るために必要となる総合調整を行うこととされている。

*9 佐藤功『行政組織法（新版・増補）』有斐閣法律学全集七―I（一九九四年）二一一頁では、「国家公安委員会には警察庁以外の機関は存在せず、『内部部局』にあたるものが存在しないのであるから警察庁を『外局』と見ることには疑問がある。」とされている。最終報告において、警察庁を「行政委員会の下で、実質はその内部部局である機関」（七一頁）として位置付けているのは、正鵠を射た表現といえよう。

*10 歴代国家公安委員会委員長の兼務の状況は、次のとおりである。中央省庁再編後は、事実上、国家公安委員会の専任大臣としての性格が強くなっている。

	就任時期	国家公安委員会委員長	兼務大臣
初代	昭和29・7・1	小坂善太郎	労働大臣
2	10・1	小原　直	法務大臣
3	12・10	大麻唯男	国務大臣
4	31・12・23	大久保留次郎	行政管理庁長官
5	32・7・10	正力松太郎	科学技術庁長官
6	33・6・12	青木　正	自治庁長官
7	34・6・18	石原幹市郎	自治庁長官（自治大臣）
8	35・7・19	山崎　巌	自治大臣
9	10・13	周東英雄	自治大臣
10	12・8	安井　謙	自治大臣
11	37・7・18	篠田弘作	自治大臣
12	38・7・18	早川　崇	自治大臣
13	39・3・25	赤沢正道	自治大臣
14	7・18	吉武恵市	自治大臣
15	40・6・3	永山忠則	自治大臣
16	41・8・1	塩見俊二	自治大臣
17	12・3	藤枝泉介	自治大臣
18	42・11・25	赤沢正道	自治大臣
19	43・11・30	荒木万寿夫	行政管理庁長官
20	45・1・14	荒木万寿夫	行政管理庁長官
21	46・7・5	中村寅太	行政管理庁長官
22	47・7・7	木村武雄	建設大臣
23	12・22	江崎真澄	自治大臣
24	48・11・25	町村金五	自治大臣
25	49・11・11	福田　一	自治大臣
26	12・9	福田　一	自治大臣
27	51・9・15	天野公義	自治大臣
28	12・24	小川平二	自治大臣
29	52・11・28	加藤武徳	自治大臣
30	53・12・7	渋谷直蔵	自治大臣
31	54・11・9	後藤田正晴	自治大臣
32	55・7・17	石破二朗	自治大臣
33	12・17	安孫子藤吉	自治大臣
34	56・11・30	世耕政隆	自治大臣
35	57・12・27	山本幸雄	自治大臣
36	58・12・27	田川誠一	自治大臣
37	59・11・1	古屋　亨	自治大臣
38	60・12・28	小沢一郎	自治大臣
39	61・7・22	葉梨信行	自治大臣
40	62・11・6	梶山静六	自治大臣

41	63・12・27	坂野重信	自治大臣
42	平成元・6・3	坂野重信	自治大臣
43	8・10	渡部恒三	自治大臣
44	2・28	奥田敬和	自治大臣
45	2・12・29	吹田　愰	自治大臣
46	3・11・5	塩川正十郎	自治大臣
47	4・12・12	村田敬次郎	自治大臣
48	5・8・9	佐藤観樹	自治大臣
49	6・4・28	石井　一	自治大臣
50	6・30	野中広務	自治大臣
51	7・8・8	深谷隆司	自治大臣
52	8・1・11	倉田寛之	自治大臣
53	11・7	白川勝彦	自治大臣

54	9・9・11	上杉光弘	自治大臣
55	10・7・30	西田　司	自治大臣
56	11・1・14	野田　毅	自治大臣
57	10・5	保利耕輔	自治大臣
58	12・4・5	保利耕輔	自治大臣
59	7・4	西田　司	自治大臣
60	12・5	伊吹文明	危機管理担当
	13・1・6（省庁再編）	伊吹文明	危機管理・防災担当
61	4・26	村井　仁	防災担当
62	14・9・30	谷垣禎一	食品安全委員会（仮称）等担当

＊11　警察行政における政策評価の在り方については、拙稿「警察政策評価試論」警察学論集第五一巻第六号八二頁以下、田中俊恵「政策評価制度導入上の課題について～米国連邦司法省の業績評価を中心に」『警察行政の新たなる展開（上）』（東京法令出版、二〇〇一年）五五頁以下、石井敬千「行政機関の行う政策評価に関する法律」（警察法研究ノート一〇）警察学論集第五四巻第一二号一五八頁以下参照。

＊12　平成一一年度（一九九九年度）の警察庁の組織改正については、島根悟「警察庁の組織改正について」警察学論集第五二巻第五号三〇頁以下参照。なお、平成一三年一月六日から、「政策評価・情報公開企画官」と改称された。

＊13　臨時行政調査会（以下「第二次臨調」という）は、その「行政改革に関する第三次答申――基本答申」

（昭和五七年［一九八二年］七月三〇日付け）において、「行政組織規制の弾力化」が必要であるとし、次のように述べている。

「(1)行政需要の変化に即応した行政組織の機動的・弾力的・効率的編成及び運営を図るため、次のような考え方を基本として行政組織規制を弾力化する。

(ア)各省庁の内部組織については現在法律事項とされている局・部等内部部局及び次長等職の設置・改廃を政令事項とする。

(イ)国家行政組織法第八条［当時］に規定されている『附属機関その他の機関』については、①試験研究機関・検査検定機関、その他各種施設等機関、②審議会等、③個別性・特別性が強く①及び②のいずれにも該当しない機関に区分し、それぞれにふさわしい規制方式に改める。

その際、①については、公権力の行使を行うもの等を除き、その設置・改廃は原則として政令事項に改め、また、②については、不服審査、個別具体的な行政処分に関与するもの、その他法律により規制すべき特段の事由のあるものを除き、その設置・改廃は政令事項に改め、③については、少なくともその設置には個別に法律の根拠を要するものとする。

なお、自衛隊部隊等の組織については、その性格上、行政需要の変化への対応という観点のみをもって規制を弾力化することは適当ではなく、その規制の在り方については、別途検討するものとする。

(ウ)（略）

(2)政府は、行政組織規制の弾力化に伴って政令により規制されることとなった組織の設置・改廃状況について国会に報告するものとする。また、行政組織の膨張を抑制するため、例えば本省庁の局の設置数の上限規制を設けるなどの措置を講ずる。」

これを受けて、府及び省の内部部局について、国家行政組織法第七条第五項（当時。現行第四項）が「官房、局及び部の設置及び所掌事務の範囲は、政令でこれを定める。」という形に改正され、同法第二五条（当時。現行第二三条）は、当分の間、府、省及び国務大臣をもってその長に充てるものとされている庁の官房及び局の最高限度を、従来の各省設置法によって認められている一二八とすることを定めた。

この昭和五八年（一九八三年）の国家行政組織法の改正の際に、警察法第一九条以下で規定されている警察庁の官房、局及び部の設置並びに所掌事務を政令事項化することは見送られた。したがって、当然のことながら警察庁の官房、局及び部は、同法の上限規制の対象からも除かれることとなった。これは、形式的には警察庁の官房、局及び部の取扱いが、第二次臨調答申の(1)(ア)ではなく、(1)(イ)に規律されるという理解に基づくものと考えられるが、より実質的には、国の警察組織としての警察庁の官房、局及び部の編成が、特定の分野に偏ることなく、公平かつ適切に個人の権利と自由を保護し、公共の安全と秩序を維持するという警察の任務を全うし得るものとなっているかについて、主権の存する国民の代表である国会の判断を経た上で決定することが、民主的理念に立脚する警察行政機関の編成にふさわしいとの判断が少なくとも当時はなされたものと解される。この当否については、七2参照。

＊14 顧問会議は、一二人以内の顧問をもって組織することとされたが（令第一条第三項）、次の一〇人が顧問に任命された。（肩書平成一〇年［一九九八年］六月二三日当時）

石原信雄　地方自治研究機構理事長、前内閣官房副長官
今井　敬　経済団体連合会会長、新日本製鐵㈱代表取締役会長
小池唯夫　日本新聞協会会長、毎日新聞社代表取締役社長
堺屋太一　作家、経済評論家
佐藤幸治　京都大学大学院法学研究科教授
高原須美子　経済評論家、元経済企画庁長官
得本輝人　日本労働組合総連合会副会長
西崎哲郎　経済評論家、元共同通信社国際局長
藤田宙靖　東北大学法学部教授

山口信夫　東京商工会議所副会頭、旭化成工業㈱代表取締役会長

＊15　中央省庁等改革関連一七法律案の閣議決定までに、中央省庁等改革推進本部は七回、同顧問会議は一三回開催された。

＊16　昭和三二年（一九五七年）以前の国家行政組織法第一七条第一項では、「各省及び法律で内閣総理大臣その他の国務大臣がその長に当ることと定められている行政機関に政務次官各一人を置くことができる。」と定められていたことから、鳩山一郎内閣の時代に国家公安委員会に国家公安政務次官が置かれたことがある。

この際、臨時の国家公安委員会（昭和三〇年［一九五五年］一一月二五日。大麻唯男委員長）が開催され、各委員とも「国家公安委員会の特殊性からみて、政務次官の設置の根拠を国家行政組織法に求めることには疑義がある。歴代内閣も設置していない。」として反発し、政府に政務次官を置かないよう要望することを決定した。また、設置された場合には、政務次官は「委員会に出席しないこと。国会答弁をしないこと。」を申し合わせた。

昭和三〇年（一九五五年）一一月二八日、「国家公安政務次官」が発令され、同政務次官が退任したのは、翌三一年一二月二三日の石橋内閣成立時であった。

石橋内閣の大久保留次郎国家公安委員会委員長から、同年一二月二七日の初出席の委員会の席上「前回の政務次官の設置にかんがみ、公安委員会の要望を念頭に置きつつ目下熟慮中」との発言があった。これを受けて、各委員からも、政務次官の設置は不必要である旨の意見が出され、昭和三二年（一九五七年）一月三一日に開催された委員会において、政務次官を置かないことが国家公安委員会の場で確認された。

＊17　前掲・佐藤『行政組織法』三四五頁には、以下の解説がある。

「（国家行政組織法）一七条一項［当時］は当初『各省及び法律で内閣総理大臣その他の国務大臣がその長に当ることと定められている行政機関』に政務次官を置くことと定めていた。そこで首都建設委員会や国家公安委員会のように国務大臣が委員長に当てられる委員会にも政務次官が置かれたことがあっ

た。これは委員会の委員長と庁の長官とを直ちに『行政機関の長』として同視したことによるものであるが、委員会は合議体であるから、特に委員長のみを補佐することを任務とする政務次官が置かれることは適当ではない。昭和三二年の改正により、政務次官は国務大臣を長とする庁にのみ置くことと改められ、この問題は解決された。」

＊18 平成一〇年（一九九八年）一〇月七日付け読売新聞夕刊。

＊19 平成一〇年（一九九八年）一〇月一四日付け毎日新聞朝刊。

＊20 「官房及び局の数の削減について」（平成一〇年［一九九八年］一一月二〇日中央省庁等改革推進本部長決定）は、次のとおりである。

旧府省庁名	官房・局数	新府省庁名	官房・局数	削減数	備考
	10	内閣府	5	△5	経済財政、科学技術、防災等の企画調整部門は局長級分掌官（相当数）とし、このほか、総務局、沖縄振興局、国民生活局、賞勲局、男女共同参画局（いずれも仮称）を置く。
総理府本府	2				
経済企画庁	6				
沖縄開発庁	2				
	17	総務省	11	△6	
総務庁	6				
郵政省	7				
自治省	4				
法務省	8	法務省	7	△1	
外務省	11	外務省	11	0	
大蔵省	8	財務省	6	△2	金融監督庁設置に伴う銀行局と証券局の統合により、既に一局削減済み。
通商産業省	8	経済産業省	7	△1	

	20	国土交通省	14	△6	うち1局は北海道関係局。
北海道開発庁	0				
国土庁	6				
運輸省	8				
建設省	6				
農林水産省	6	農林水産省	5	△1	
環境庁	5	環境省	5	0	
	16	労働福祉省（当時の呼称）	12	△4	
厚生省	10				
労働省	6				
	13	教育科学技術省（当時の呼称）	8	△5	
科学技術庁	6				
文部省	7				
防衛庁	6	防衛庁	5	△1	
（総計）	128	（総計）	96	△32	
（関連措置）					
人事院	5	人事院	4	△1	

＊21 行政改革会議（第二三回会議［平成九年（一九九七年）七月二三日］）において、以下の発言がなされた。

「外務省の地域局の編成が現在のままで十分か、警察庁では犯罪の多様化に応じた局編成になっているかなどの問題もある。省庁再編案の検討の際には現在の省及び大臣庁を通じての官房及び局の総数の上限規定（一二八）をどうするかという点も一つの課題ではないか。」

＊22 前掲・佐藤『行政組織法』一一一・一一二頁には、以下の解説がある。
「この法律（国家行政組織法）は『内閣の統轄の下における行政機関』（一条）を対象とするものであり、したがってまず憲法上内閣から独立の地位にある会計検査院はもとより、また内閣そのものの補助機関（内閣法一二条）もその対象たる行政機関の範囲の外に置かれる。内閣そのものの補助機関としては、現在、内閣法自身で定める内閣官房（一二条一項）のほか別に法律で定めるものとして内閣法制局（内閣法制局設置法一条）・人事院（国家公務員法三条）・国防会議（防衛庁設置法六二条・六三条〔当時〕）が挙げられる。これらはもとより理論的には、あるいは広義において行政機関にほかならないが、内閣そのものの機関であり、『内閣の統轄の下における行政機関』ではないとされ、したがって国家行政組織法の適用を受けないものとされている。」
＊23 前掲・佐藤『行政組織法』一七九頁参照。
＊24 これに対し、再編後は、「他の行政機関の所掌に属しない行政事務」は総務省が遂行することとなった（総務省設置法第三条）。
これは、最終報告において内閣官房及び内閣府が内閣及び内閣総理大臣の補佐及び支援に集中することができるよう、現在、複数庁省の調整を要するなどの理由から総理府及び総務庁が担っている事務については、各省がその任務達成に必要な範囲内において、複数省にわたり調整機能を果たし得る仕組みを整備することを前提としつつ、できる限り「総務省以外の各省」に割り振ることとする（基本法第二七条参照）一方、総務省に「固有の行政目的の実現を任務とした特定の府省で行うことを適当としない特段の理由がある事務の遂行」という任務を担わせ（基本法別表第二）、総務省が総務大臣の下でかかる任務を分担することにより、内閣府の負担を軽減するという考え方がとられたことによるものである。
＊25 〔附帯決議一〕（二五一頁）及び〔附帯決議二〕（二五三頁）参照。
＊26 昭和二八年（一九五三年）二月二四日閣議決定・警察法案（全部改正案・第一五回国会不成立）第二条第一項は、国務大臣を長とする警察庁の任務として、「警察庁は、国の治安確保の責に任じ、及び警察行政

における調整を図ること」を規定していた。

＊27 警察庁長官官房編『全訂　警察法解説』（東京法令出版、一九八〇年）二七八頁参照。

＊28 各省設置法とは別法で設置に関する法律が定められている外局等の所掌事務に関する同種の規定振りとして、

・内閣府設置法第四条第三項第五六号　宮内庁法（昭和二二年法律第七〇号）第二条に規定する事務
　第五八号　防衛庁設置法（昭和二九年法律第一六四号）第五条に規定する事務
　第五九号　金融庁設置法（平成一〇年法律第一三〇号）第四条に規定する事務

・総務省設置法第四条第九八号　公害等調整委員会設置法（昭和四七年法律第五二号）第四条に規定する事務
　第九九号　消防組織法（昭和二二年法律第二二六号）第四条第二項に規定する事務

・経済産業省設置法第四条第一項第六二号　中小企業庁設置法（昭和二三年法律第八三号）第四条に規定する事務

・国土交通省設置法第四条第一二二号　海上保安庁法（昭和二三年法律第二八号）第五条に規定する事務
　第一二三号　海難審判法（昭和二二年法律第一三号）第八条の三に規定する事務

が挙げられる（いずれも制定当時の号で引用）。

＊29 政策庁は、最終報告五一頁で以下のとおり定義されている。

「ア)省の傘下に置かれる庁は、実施庁とすることを原則とするが、政策立案機能を担う現行の外局のうち、次の諸条件をすべて満たすものについては、例外的に主に政策立案を行う外局（政策庁）として存置する。

a)担当する事務・事業が、内容・性質面において当該省の他の事務・事業とは明確に区分され、一定のまとまりをもつこと。

b)政策立案を内局で行わず、当該外局に担わせることについて、他の事務・事業とは異なる特段の必要性があること。

c)担当する事務・事業の独立行政法人化又は業務の大幅な縮小が行われるものではないこと。

イ)政策庁について、実施事務を分離することが非効率であると考えられる場合には、実施機能を併せ担うこととするが、実施事務の効率的な運営について十分配慮することとする。」

*30 ここでいう「外局を設置する作用法」とは、警察法（国家公安委員会）、私的独占の禁止及び公正取引の確保に関する法律（昭和二二年法律第五四号）（公正取引委員会）、消防組織法（消防庁）、司法試験法（昭和二四年法律第一四〇号）（司法試験管理委員会）、中小企業庁設置法（中小企業庁）、労働組合法（昭和二四年法律第一七四号）（中央労働委員会、船員労働委員会）、海上保安庁法（海上保安庁）及び海難審判法（海難審判庁）をいう。

*31 副大臣等の定数は、次のとおりである（当時）。

	副大臣の定数	**大臣政務官の定数**
内閣府	3人	3人
防衛庁	（副長官）1人	（長官政務官）2人
総務省	2人	3人
法務省	1人	1人
外務省	2人	3人
財務省	2人	2人
文部科学省	2人	2人
厚生労働省	2人	2人
農林水産省	2人	2人
経済産業省	2人	2人
国土交通省	2人	3人
環境省	1人	1人

*32 国立国会図書館所蔵『警察制度改革の経過資料編続Ⅱ（下巻Ⅰ）』一五六頁参照。

＊33　関根謙一「警察法の再構成」警察学論集第三四巻第五号一七頁以下参照。
＊34　佐藤英彦『警察行政機関の任務、所掌事務及び権限」『講座　日本の警察　第一巻』（立花書房、一九九三年）五五頁以下参照。国家公安委員会の任務と警察庁の任務との関係について、荻野徹「警察庁の法的性格に関する覚書」警察政策第三巻第一号四四・四五頁参照。
＊35　同号で読み込む具体的事務の例示
・暴力団員による不当な行為の防止等に関する法律（平成三年法律第七七号）に基づく事務
全国暴力追放運動推進センターの業務の運営について密接に連絡し、その業務の円滑な運営が図られるように必要な配慮を加えること（同法第三二条第三項［当時。現行第三二条の一五第三項］）。
・自動車安全運転センター法（昭和五〇年法律第五七号）に基づく事務
自動車安全運転センターからその業務を行うために必要な事項について照会があった場合に、照会に係る事項を通知すること（同法第三一条）。
・地方公務員等共済組合法（昭和三七年法律第一五二号）に基づく事務
警察共済組合に係る内閣総理大臣の権限について補佐すること（同法第一四四条の二九第四項）。
・道路交通法（昭和三五年法律第一〇五号）に基づく事務
交通事故調査分析センターの求めに応じて、その事業を行うために必要な情報又は資料を提供すること（同法第一〇八条の一六第二項）。
・警察官の職務に協力援助した者の災害給付に関する法律（昭和二七年法律第二四五号）に基づく事務
警察官の職務に協力援助した者がそのため災害を受けた場合に給付を行うこと（同法第四条第一項）。
・破壊活動防止法（昭和二七年法律第二四〇号）に基づく事務
公安調査庁と破壊活動防止法の実施に関し、情報又は資料を交換すること（同法第二九条）。
＊36　関根謙一氏所説引用。
＊37　塩野宏教授発言「警察法二条はこれだけでは行為の根拠とはならないので、三六条との関係においてはじ

めて生きて来るのではないか。つまり二条というのは目的規定であって、警察の行為の限界を画するとか、解釈の基準となるとか、そういった意味しかない。」公法研究第二七号二六七頁。

＊38 関根謙一氏所説同旨。

＊39 警察庁長官官房編『警察法解説（新版）』（東京法令出版、一九九五年）三一頁、田村正博『三訂版　警察行政法解説』（東京法令出版、一九九六年）二三頁。

＊40 宍戸基男ほか『新版　警察官権限法注解　上巻』（立花書房、一九八七年）一三九頁、松井真理「警察法を理解するために二――警察法二条一項の意味」警察公論第三八巻第二号九二頁。

＊41 前掲・宍戸ほか『権限法注解　上巻』一三九頁。

＊42 前掲・田村『解説』三三頁。

＊43 藤田宙靖「警察法二条の意義に関する若干の考察（一）」法学第五二巻七三二・七三三頁は、「いわゆる『警察公共の原則』は、今日でもなお、警察実務のあり方に対しかなりの影響を及ぼしていると見られるものの、他方、例えば、警察実務における民事暴力への介入、そして裁判例における、警察官の権限不行使を理由とする国家賠償事件等に見られるように、実質的には、個人の生命・身体・財産の保護ということそれ自体を警察がその責務として担うべきことへの社会的要請も亦、強まっているものということが出来る。」との認識を示されている。

＊44 田村正博「警察活動の基本的な考え方―警察への国民の期待と行政関係の三面性―」警察学論集第五一巻第一二号一三三頁。

＊45 拙稿「仏におけるカルト教団問題の概要」警察学論集第四八巻第七号一二四頁（本書一五二頁）以下において、カルト教団内部では奴隷的拘束からの自由、苦役からの自由、思想及び良心の自由、表現の自由、居住・移転・職業選択の自由、教育を受ける権利等の憲法的諸価値が恒常的な形で侵害されている状況を明らかにした。

＊46 渥美東洋「オウム真理教関連犯罪に対する警察活動の省察―多角的・多面的考察」判例タイムズ第八八五

号五頁は、「宗教教団だけでなく、極端な構成員の参加を否定し、構成員を団体の目的実現の手段に用いる手続方策を伴う団体の活動は、団体を認めた憲法や法の目的に反するものとして、法による規律を受けることとなる。」「基本権を害するような構造と手続方策を伴う団体は、宗教団体であれ、憲法上の禁止、規律、命令を受けなくてはならない。個人の自己選択から特定教団に入信した信者を限度を超えて拘束する教団に対する憲法と法律による規律は、近代法の当然の前提である。」との認識を示されている。

＊47 渥美東洋『複雑社会で法をどう活かすか——相互尊敬と心の平穏の回復に向かって——』（立花書房、一九九八年）三一頁以下「第一章　不正、不規則活動と組織・企業の体質（エトス）」参照。

＊48 平成一一年（一九九九年）三月一八日第一四五回国会衆議院地方行政委員会において、関口警察庁長官（当時）は、「警察の任務は個人の権利と自由を保護することでありまして、その活動は、『日本国憲法の保障する個人の権利及び自由の干渉にわたる等その権限を濫用することがあってはならない。』ということが警察法二条に明記されているところであります。」と述べ、「個人の権利と自由を保護すること」が警察の独立した任務であることを明らかにしている。

＊49 前掲・渥美『複雑社会で法をどう活かすか』五五頁には、以下の記述がある。「社会が複雑になればなるほど、政府が干渉し、一般公衆が大きな関心を寄せる社会の本来的基盤を守る法の分野が広がってくる」。

＊50 治安指針・計画法の詳細については、拙稿「フランスの治安指針・計画法について」警察学論集第五〇巻第一二号一三六頁（本書一七八頁）以下、拙稿「三六　治安」新倉俊一ほか編『事典［増補版］現代のフランス』（大修館書店、一九九七年）一八一頁以下参照。

＊51 アンヌ・ラパン「フランスにおける暴力問題」フランス外務省発行広報誌「Label Framc E」第三六号（一九九九年七月）三六頁には、以下の記述がある。
「逆説的だが、人の肉体や精神に対する侵害についてことのほか敏感な反応が見られるのは、人権がもっともよく保障され、適用されている欧米社会、なかでもフランスにおいてである。

個人基本権の尊重と保護という理想が、私的空間をも含めて目的とされるだけになおのこと、要求の度合いが高いのだ。……

ここに見られる現代的な問題への取り組み方を特徴づけるのは、人権をすべての次元を含めて一つのものとして捉えることと、安全権という概念を拡大することである。」

＊52　ちなみに、例えば公安調査庁の定員については、「平成九年度末定員に対し二〇〇人以上を削減することとし、平成一二年度以降、計画的定員削減とは別に実施し、平成一五年中をめどに完了するものとする。この削減分から、在外における情報収集活動の強化のために五五〜五八人程度、内閣における情報の収集、分析等の機能の充実のために四〇人の人員を充てることとする。」とされ、警察庁の地方機関の通信業務に関する記述とは異なる表現となっていた。

＊53　警察庁の内部部局については、この方針に基づき、参画職として、三の課長級職（長官官房参事官）が新たに設けられることとなった（北村滋、竹内直人、荻野徹編著『改革の時代と警察制度改正』〔立花書房、二〇〇三年〕第六章第二節二2参照）。

＊54　＊4の内閣総理大臣談話参照。

＊55　中央省庁等改革推進本部「省庁改革の四本柱―明治維新に負けたらいかんぜよ―」一・二頁参照。

＊56　＊13参照。

＊57　関根謙一氏所説同旨。なお、前掲・北村ほか『改革の時代と警察制度改正』第五章第二節一2の＊6参照。

＊58　①は、「所轄」の関係に伴う権限であり、⑤は、緊急事態において行政委員会制度を排除する制度であるから、ともに、内閣総理大臣自身による実質的判断が存するので、補助部局にその処理を委ねるやり方は適当ではないものと解される。

＊59　前掲・北村ほか『改革の時代と警察制度改正』第六章第一節三参照。

＊60　この問題の経緯については、前掲・拙稿「行政改革会議最終報告と警察組織（下）」一二九頁以下参照。

＊61　平成一一年（一九九九年）三月三〇日の記者会見において、野中官房長官は「能登半島沖で発見されました二隻の不審船につきましては、これらが北朝鮮北部の港湾に到達したと判断されていることは、既に御

説明を申し上げてきたところでございますが、その後、現時点までに得られました種々の情報を総合的に勘案した結果、我が国政府として、これらは北朝鮮当局の工作船であると判断するに至りました。」と述べている。

また、翌三一日の第一四五回国会衆議院「日米防衛協力のための指針に関する特別委員会」において、野呂田防衛庁長官は「この工作船が何を意図して参ったか私どもにはわかりませんが、しかし、きのう政府の見解を発表しましたとおり、この船は、いろいろな情報を総合的に分析しますと、北朝鮮の港へ入った工作船であったということが断定できたという次第です。」と述べている。

警察法における「管理」の概念に関する覚書

【出典】
「警察法における『管理』の概念に関する覚書」
「警察行政の新たなる展開」編集委員会編『警察行政の新たなる展開（上）』第一章（東京法令出版、二〇〇一年四月）

はじめに

警察法（以下特段の記載がない限り、現行警察法［昭和二九年法律第一六二号］をいう。）における「管理」の概念は、国及び都道府県の警察組織の骨格を構成する国家公安委員会と警察庁、都道府県公安委員会と警視庁及び道府県警察本部との関係を表す重要な概念である。警察刷新会議[*1]における議論の過程において、国家公安委員会、都道府県公安委員会の機能の強化が語られるときに、まず「管理」の概念を明らかにする必要があるとされたのもかかる理由に基づくものである。[*2]

行政法上、行政機関相互の関係を表す「管理」の概念は、一般的に「主任の大臣等の権限が、地方支分部局等の下級機関との関係において、『監督』の場合よりも立ち入って行われ得る関係を表[*3]し、また、「『管理』は、『監督』又は『所轄』と対比されるものであり、当該機関に対する主任の大臣の指揮監督権が、内部部局に対する場合と大差ないくらいに立ち入って行われ得ることを示したもの」[*4]とされ、「国家行政組織法の制定施行後は、これらの意味で『管理』の用語を用いた例は比較的少ないが、これは、同法一〇条の規定によって各大臣がその機関の事務を統括する旨が定められたことによる。ただし、警察法第五条第二項［当時。現行第四項］は、国家公安委員会と警察庁との関係を表すのにこの用語を用いているが、これは、この二つの行政機関の関係が、国家行政組織法からは、必ずしも明らかではないからである。[*5]」とされている。そうであるのならば、警察行政機関相互の関係を明らかにしている警察法における「管理」の概念もまた、行政機関相互の関係を表す「管理」と同一の意味内容を持つものと考えるのが自然であろう。

しかしながら、警察法において、国家公安委員会と警察庁、都道府県公安委員会と警視庁及び道府県警察本部（以下「はじめに」において「警察本部」という。）との関係を規定する「管理」の語は、公安委員会制度の趣旨から、通常用いられる「管理」とは異なる内容を示すものとされている。すなわち、その具体的内容は、国と地方の警察行政機関の所掌事務につき、その大綱方針を定め、その大綱方針に即して警察事務の運営を行わせるために、警察庁や警察本部といった実施機関を監督することであるとされ、また、内部的に警察庁や警察本部の長に対する指揮監督を含むものであるが、事務執行の細部についての個々の指揮監督は予想していないとされるのである。[*6]

この点については、政府からも国会の場において「公安委員会が、個々の警察が警察権を発動するという場合におきまして、具体的な個々の行為について一々手足をとるように指示監督するというような趣旨ではないという意味合いにおきまして『管理』という用語が用いられておる。」「国家公安委員会は、国家警察行政の大綱方針を示して、それを警察庁長官を通して行なわせていく、事前事後の監督管理をしていく、こういう職分だと私は承知しておりますし、県段階では、県の公安委員会がやはり県警察行政の大綱方針を警察本部長を通じて行なわせていく、その事前事後の監督管理をしていくというような任務だと承知しております。[*7]（傍点筆者）」という形でおおむね同旨の解釈が表明されており、政府による公定解釈として確立したものといってもよいのかもしれない。

本稿においては、警察法上の「管理」が、一般の行政組織法上の「管理」と異なり、「具体的な個々の行為について一々手足をとるように指示監督するというような趣旨ではな」く、「大綱方針を示して」、「事前事後の監督管理をしていく」という形で限定解釈を施されるに至った理由を歴史的視点から解き明かしつつ、当該限定解釈の本来在るべき射程を画し、その上で平成一二年（二〇〇〇年）二月第一四七回国会に提出され、審議未了により廃案となった警察法の一部を改正する法律案を中心にして今後の国家公安委員会及び都道府県公安委員会の管理機能を強化するための政策の在り方について言及したいと考えている。

一　警察法上の「管理」に関する諸家の見解

既に、警察法上の「管理」に関する政府の見解は、前記「はじめに」においても触れたが、本論に入る前に、理解を深める意味で、この点に関する諸家の見解を参照し、若干のコメントを加えておくこととする。

①高橋幹夫「警察法の概要」警察学論集（別冊）（一九五四年）七頁

「国家公安委員会の権限は警察庁の所掌事務について警察庁を管理することである。管理とは指揮監督よりは弱く監督より強い概念である。即ち一定の大綱方針を示してその大綱方針に従ってその事務を監視し、監督を行いその大綱方針を守らせることである。管理される機関に対する指揮監督は常にその長を通じてのみ行うといった性質のものであって、各省大臣と外局の長との関係の如きものをいうのである。国家公安委員会と警察庁の関係は上述の如き管理機関と実施機関との関係にあるのであって、警察庁は国家公安委員会の示す大綱方針のもとにその所掌事務について自らの名において処理するものであり、この点公安委員会は通常の行政機関とは異り、警察庁も単なる行政委員会の事務部局ではないのである。」

現行警察法制定当時の国家地方警察本部企画課長（立案責任者、内務省昭和一六年［一九四一年］前期入省）の見解で、立法者意思に最も近いものである。現在の警察庁の解釈も基本的にこの見解に基づいているが、傍点部（筆者）は読みようによっては、立ち入った関与を容認するものと解する余地もあり、「管理」の態様は明らかにされていない。

②野木新一『警察法逐条解説』（警察時報社）四三頁

「国家公安委員会は、警察庁を管理するのであるが、指揮命令の実施は、警察庁長官を通じて行うのである。すなわち、指揮命令は、長官あてに出されることになる（第一六条）。管理の仕方としては、理論的には、個々の職務執行について命令したり、職務執行の方針、基準、手続等を指示したり、ある種の行為をする場合には許可を受くべきものとしたり、また、執行状況を査察したり、報告を求めたり、違法不当な行為で法律上取り消し得べきものについてはこれを取り消すべきことを命じたり、いろいろ考えられるわけであるが、国家公安委員会は、合議制の機関であって、委員は他に職業をもち連日会議をするというわけにもいかないので、おのずから、この管理の方法も要点をおさえるのが主眼で、ことごとに微細な点まで立ち入るということは期待してはならないであろう。」

現行警察法制定当時の内閣法制局第二部長（審査担当責任者）の見解で、「管理」の態様について、具体的又は個別的な関与ができない理由を合議制機関の組織・機能の内在的制約に求めている点が注目される。

③町田充『新警察法逐条解説』警察教養選書（近代警察社）八九頁

「ここに『管理』というのは、『指揮監督』というよりは弱く、単に『監督』というよりは強いものとされている。従って、国家公安委員会は、その所掌事務について大綱方針を示してその大綱方針に沿った警察運営を行わせることを期待しているのであって、細部についての指揮監督までは、法の期待するところではない。」

現行警察法制定当時の内閣法制局参事官（審査担当者、内務省昭和一四年〔一九三九年〕入省）の見解で、「管理」の態様については、現在の警察庁の見解に最も近い。

④田上穣治『警察法（増補版）』法律学全集一二―I（有斐閣）一九五・一九六頁

「国家公安委員会は、実質的には警察庁に対する議決機関であって、警察庁の所掌事務につき基本方針を確立して民主的監督を加えるものであり、それが形式的に行政庁の地位を持つことは、法令に基づく特別な権限を行うほかは、主として内閣総理大臣の警察庁に対する指揮監督を中断することにある。」

国家公安委員会の管理事務につき、国家公安委員会の警察庁に対する諮問・議決機関的側面を強調する見解であり、その論拠として国家公安委員会が警察事務に関し知識経験のない委員をもって構成されていることを挙げる。現行の一部の運用に近い考え方かもしれないが、国家公安委員会を警察庁の実質的議決機関とすることは、「管理」の解釈論としてはやや無理がある。

二　旧警察法における行政管理と運営管理

1　委員会制度の発足

(1) 警察制度審議会答申

警察法においては、合議制の機関である公安委員会が警察の実施機関を管理することとされている。

警察行政に合議制の委員会制度が導入されたのは、戦後になってからのことである。戦後の警察制度改革の激動の中で、昭和二一年（一九四六年）一一月、警察制度審議会に対する内務大臣の諮問に対して、同審議会は「中央警察庁及び地方警察庁に民主的に選任された警察委員会（仮称）を設けて、警察運営の円滑化を図ること。」を答申した。

(2) 内務省警保局「警察改革案」

また、その後に内務省警保局において作成された「警察改革案」においても、「警察活動を監督し、之に参与する趣旨の下に警察委員会制度を設ける。」との方策が盛り込まれた。

(3)「マッカーサー書簡」

さらに、警察制度改革に関し、昭和二二年(一九四七年)九月に片山内閣総理大臣(当時)からマッカーサー総司令官宛に提出された書簡に対する回答として発せられた「マッカーサー書簡」(同月一六日付け)において、大要、

ア 市町村に三人の民間人から成る委員会を置き、この委員会が市町村の警察長を任免し、警察長は一定期間在職する。

イ 都道府県にも同種の委員会を置き、この委員会が都道府県の国家地方警察に対する指揮権(operational control:後に旧警察法においては「運営管理」と訳される。)を行使する。

ウ 中央政府は、その所在如何を問わずかかる国家地方警察に対する行政的権限(administrative authority:旧警察法においては administrative control「行政管理」として整理される。)を保有するものとする。

エ 内閣に直属する公安委員会を設け、その五人の委員にはキャリアの警察官又は官吏でないものを充てる。

とされ、市町村、都道府県及び国に公安委員会を置くことが指示され、警察行政への委員会制度の導入が事実上決定された。[*8]

2 行政管理と運営管理

旧警察法（昭和二二年法律第一九六号）において、行政管理とは、「警察職員の人事及び警察の組織並びに予算に関する一切の事項に係るもの」（同法第二条第一項）をいい、運営管理とは、「ア　公共の秩序の維持、イ　生命及び財産の保護、ウ　犯罪の予防及び鎮圧、エ　犯罪の捜査及び被疑者の逮捕、オ　交通の取締、カ　逮捕状、勾留状の執行その他の裁判所、裁判官又は検察官の命ずる事務で法律をもつて定めるもの」（同条第二項）、つまり、警察の本来の職務権限の執行面に関する事項に係るものをいうこととされていた。

「管理」を行政管理と運営管理の二つに分離することは、行政運営の効率化という観点からは理想的なものとは言えないにもかかわらず、旧警察法がこうした考えを敢えて採用した背景には、我が国の警察の中央集権化を防止しようというGHQの意図があった。[*9]

旧警察法下においては、市及び人口五〇〇〇人以上の市街的町村には自治体警察を置いて警察の地方分権を図ることとし、自治体警察を置くだけの財政力がない前記以外の町村にのみ国家地方警察を置くこととした。

当時の警察行政全体から見れば、むしろ限定した役割しか担わない国家地方警察に関しても、警察の中央集権的統制を防ぐために、行政管理と運営管理との分離が取り入れられたのである。すなわち、国家地方警察は、国の警察行政機関であるから、本来その指揮監督は、すべて国の行政組織の系統で行われることが筋であるが、警察の中央集権化を避けるため、運営管理だけを切り離してこれを都道府県公安委員会に行わせることとしたのである（同法第二〇条第二項）。[*10]

都道府県公安委員会は、都道府県知事がその議会の同意を得て任命する三人の委員から成るものであって、この委員については住民のリコール制度等も認めて、地方の民意を代表するような組織とし、この機関に国家地方警察の警察権の発動の作用を指揮監督させ、中央集権化の防波堤としようとした。これに対して、行政管理に含まれる人事、予算は国民の権利、自由に関連する度合いが低く、中央集権化しても弊害が少ないとされたことから、国家地方警察の権限とされた。[*11]

このように「行政管理と運営管理の分離」は、国の警察行政機関の中央集権化の防止を目的とするものであるから、国の警察行政機関については意味のある概念であったが、市町村自治体警察については意味を持たなかった。したがって、市町村自治体警察に関しては、両者は分離して用いられず、「市及び警察を維持する町村（以下「市町村」という。）は、市町村長の所轄の下に市町村公安委員会を置き、その市町村の区域内における警察を管理せしめる。」（同法第四三条）というように、単に「管理」という語のみが用いられたのである。[*12]

三　旧警察法における「管理」の在り方に関する議論

旧警察法における「運営管理」（operational control）は、「マッカーサー書簡」においては同一の文言が「指揮」と翻訳されていたように、また、その趣旨が地方の民意を代表する機関に国家地方警察の警察権の発動の作用を指揮監督させることであったことからも、国家地方警察に対する都道府県公安委員会の立ち入った関与を可能とするものと解されていた。当時の公権的解釈においても「運営管理は捜査とか警備とか警察の実際的活動面に関する管理である。その管理が実際にそれらの活動を指揮するまでのことを含むかといえば、わたくしは法の解釈としては当然に含まれると考えている。[13]（傍点筆者）」とされていた。さらに、専門、技術性の要請の度合いが低い行政管理の面においては、当然にかかる指揮監督が可能と解されていたようである。

しかし、前述の運営管理の法的性格にもかかわらず、都道府県公安委員会及び市町村公安委員会（以下三において「公安委員会」という。）が運営管理の分野で具体的又は個別的な立ち入った関与をすることを肯定する見解は主流とはならず、むしろ「いずれの委員会においても、その大綱以上には［警察運営に］立ち入らずすべてを警察隊長、警察長に委ねるという聡明な態度をとっているのが実情である[14]」として、管理権限の実施機関への委譲を是とする認識が支配的であった。

1 桐山説

昭和二八年警察法案提出当時の国家地方警察本部企画課長（立案責任者）の桐山隆彦氏（昭和一四年［一九三九年］内務省入省）は、旧警察法がいわば素人である公安委員会の委員（以下三において「公安委員」という。）が警察行政の行政管理の面にとどまらず、運営管理の面においても具体的又は個別的な指揮監督ができるという制度上の建前になっていたことから、警察とは縁のない、いわば国民を代表する公安委員が任期を重ねることなどにより警察の専門、技術的分野を指揮監督することの問題点について、以下のように論じている。

まず、公安委員が任期を無制限に重ねることについては、

「重任は新しい空気の流通を妨げ、よどんだ固定を招く危険のあることを当然予定すべきである。ことにおのずから権力的な組織である警察について、国家地方警察における国家公安委員会、都道府県公安委員会はそれぞれ行政管理、運営管理のいずれか一方を行うだけであるのに対し、自治体警察の公安委員会はそのいずれをも、いいかえれば警察に関する一切の権限を有するだけに、事を誤ればその官僚化、ことに官僚としての長所である専門的知識なき官僚を作り上げる虞がある。[*15]」

とし、さらに、

「重任によつて公安委員自身、警備なり捜査なりにある程度の知識を持つに至つたにせよ、これらの分野は、到底公安委員がその内容に立ち入つて指揮しうるところではないであろうということである。ことに最近のように大規模な騒乱が各地に間隙をねらいながら次々と起こるのを眼前にすると、専門的、技術的知識なくしては、これに対処して適切な指揮を下すことははなはだ困難であるとの感が深い。[*16]」

と断じている。

また、専門的知識経験を有する者を公安委員に任命することについては、

「かく公安委員会の構成を改めることは、従来公安委員会の特色とされていた民衆的色彩を薄

くして半ば専門委員会たらしめることであり、その結果は、おそらくは警察隊長、警察長との関係を困難にし、しかも合議制の持つ弱味は一向に救われないということになるだけであろう。もし公安委員会をして専門化の途を歩ませるならば、結局、公安委員会は独任制に進み、公安委員と警察長との一本化という結果に近づくのではなかろうか。[*17]」

として、公安委員の専門化は合議制機関の消滅、独任制の警察官庁へと帰結することを示唆している。

そして、旧警察法の公安委員会をめぐる制度上の欠陥を解消するための方策（主として立法論）が提唱される。

まず、公安委員の再任の問題については、「秘密と独善に陥りやすい警察の窓を大きく民衆に向かって開」き、「素朴な民衆の声を常にいきいきと警察の中に流れこませ[*18]」るという「民衆的色彩の強い公安委員会制度を守ろうとすれば、わたくしはまず重任を許さないこととすべきである[*19]」として、再任の制限が主張される。

次に、公安委員会の権限については、公安委員会が警察行政に関する素人から構成されているにもかかわらず、それが警察運営全般について、具体的又は個別的な関与を可能とする建前となっている「管理」の在り方について疑問を投げかけ、その関与の見直し及び縮減を以下のように主張される。

「その権限についても強いて難きを公安委員会に求めないことがいいのではないかと考える。」

「それよりは公安委員会に期待されている民衆的機能にふさわしく、平均的なその能力の限度の仕事について権限を持たせ、しかもその権限を警察の内部に溶けこむことなく外部に立つて行使する建前をとることが適当ではなかろうか。その意味において、わたくしは公安委員会を監察、助言にあたり、あわせて行政警察上の許可にあたる機関とするといつたことが最も適当であると考えている。」

「運営管理の大綱を示す権限の如きも考えられないことはないが、捜査、警備の如きについては、いずれもきわめて抽象的な指示をするに止まるであろう、少し具体的になろうとすれば、結局また運営管理の問題の全般に触れて来ることとなつて適当な線は画しがたいであろう。[*20]

（傍点筆者）」

〈要約〉

旧警察法下における公安委員会の「管理」の在り方の改革に向けた桐山説を要約すると、おおむね次のとおりとなろう。

①公安委員会の国民的性格を維持するため、その組織の性格付けについても素人による警察運営に対する関与という思想を徹底すべきである。

②運営管理の面において公安委員会が立ち入った指揮監督が可能であるという制度上の建前から出発して、公安委員の重任による専門化を図ったり、専門的知識経験を有する者を公安委員に

任命したりすることは、素人による警察の監視・監督という公安委員会制度の趣旨を没却し、管理機関たる公安委員会と実施機関との関係を曖昧化させ、ひいては両者の融合をもたらしかねない。

③公安委員会が、大綱以上に警察運営に立ち入らず、すべてを実施機関の長に委ねるという実務の大勢は聡明な態度である。公安委員会の権限行使は、あくまでその国民的機能にふさわしく、平均的な能力にふさわしい事務についてなされるべきである。

④公安委員会に期待される具体的事務として、警察運営に対する監察、助言、併せて外部に対して権限を行使する行政警察上の許可を挙げることができる。これは、法律上規定された行政管理、運営管理の権限に比べて縮減された内容である。

2 土屋説

旧警察法における「管理」の問題につき、旧警察法制定時に警察制度審議会委員で、当時、国会図書館専門調査員であった土屋正三氏（大正六年［一九一七年］内務省入省）は、以下のとおり論じている。

「現行法［旧警察法］によれば国家公安委員会は国家地方警察の行政管理を、都道府県公安委員会はその運営管理を、而して市町村公安委員会は市町村警察の行政管理及び運営管理を行うことになつている。然るに田上教授は国家行政組織法の原則並びに国警基本規程によつて国警本部長官、従って国家公安委員会にある程度の運営管理者を認めており、実情も亦教授の解釈せられるように運用されているが、これは明らかに警察法の規定に反するところである。又都道府県及び市町村公安委員会においては、その運営管理を包括的に警察長をして代行せしめる傾向がある。[*21] これは運営管理の性質上已むを得ざるところではあろうが、警察法の解釈上少からず疑問の存するところであるといわねばならぬ。[*22] かくの如き結果を生ずるのは要するに公安委員会の管理権に関する現行法の規定が実情にそぐわないのに基くものであるが故に、制度の改正と同時に公安委員会の権限を行政管理に限定し、運営管理については、公安委員会はその大綱を定めるに止めて、管理の実務は警察長の権限に属するものとするよう明確に規定することが望ましい。[*23]（傍点筆者）」

そして、「警察本部長は都道府県市公安委員会の行政管理に服してその事務を行い、公安委員会の定むる大綱に従って都道府県市警察の運営管理を行う。[*24]」ことを提唱された。

〈要約〉

旧警察法下における公安委員会の「管理」の在り方の改革に向けた土屋説を要約すると、おおむね次のとおりとなろう。

①旧警察法下の実務的慣行となっていた、国家公安委員会や国家地方警察本部長官が運営管理に関与すること、また、公安委員会が運営管理の権限を警察長に包括的に委譲することのいずれ

も、「管理」の解釈上違法又は疑義があるものである。
②公安委員会と実施機関との関係に係る実務の運用が恒常的に違法又は違法の疑いがあるのは、旧警察法の「管理」に関する規定が実情にそぐわないことによる。したがって、制度改正が必要であると考えられる。
③「管理」に関する解釈上の疑義を解消するためには、公安委員会の権限を行政管理に限定し、運営管理については、公安委員会はその大綱を定めるのにとどめて、運営管理の実務は実施機関の長の権限に属するものと明確に規定すべきである。

四　昭和二八年警察法案における解法とそれに対する批判

昭和二六年（一九五一年）から二七年（一九五二年）の「革命前夜」[*25]とも称される騒然とした治安情勢[*26]を背景として、昭和二七年一一月二四日、吉田内閣総理大臣（当時）は、参議院における施政方針演説において、

「（略）戦後急激に改革せられた現行警察制度及び治安関係諸法令についても、現下の我が国の国情に適合しないと思われる点について検討を加え、能率的且つ民主的な治安機構の運営を保障しうるよう是正を図りたいのであります。」

と述べ、警察法の改正に意欲を示し、昭和二八年二月二六日、政府は警察法の改正案を国会に提出

した。国会においては衆参両議院の本会議において提案理由説明がなされ、衆議院地方行政委員会においては同年三月二日から一三日までの間数回の審議を行い、翌一四日には法務委員会との連合審査会を開いたが、同日衆議院が解散となったので、警察法案は審議未了で廃案となった。

1　国家公安監理会と都道府県公安委員会

(1) 国家公安監理会

昭和二八年警察法案が提起した問題は、多岐にわたるが、国家・中央レベルの警察行政機関については、管理機関と実施機関の区別を採用せず、独任制の警察官庁たる警察庁長官（国務大臣）を置き（法案第五条第一項）[*27]、国家公安委員会に代わって置かれた国家公安監理会は監視、勧告、助言の機関として特化することとされた（法案第二二条）[*28]。この結果、国家・中央レベルでは、前記三で提起された管理機関と実施機関との間に存在した運営管理にまつわる理論的問題は存在しないこととなった。国家公安監理会は、五人の委員をもって組織され（法案第二一条第二項）、委員は内閣総理大臣が、国会の同意を得て任命するが、その資格については、従来の警察又は検察の前歴のない者から選任するという前歴による制限は廃し、人格が高潔であって、警察に関し公正な判断をすることができる者のうちから任命することとなった（法案第二三条第一項）[*29]。また、国家公安監理会は警察庁に所属させず、独立性を高める意味から、総理府の附属機関として内閣総理大臣の所轄の下に置かれた（法案第二一条第一項）。

国家公安監理会の任務は、常に警察庁長官の権限（警察庁の庁務を総括し、所部の職員を任免し、及びその服務についてこれを統督し、警察庁の所掌事務に関して都道府県警察を指揮監督することを内容とする［法案第五条第二項］。）が公正に行われているかどうかを監視し、警察庁長官に必要な助言[30]勧告[31]を与え、また、警察庁次長、警視総監及び道府県警察本部長の任免に際し必ず意見を徴せられるなど警察庁長官の「目付[32]」の役を果たすものと位置付けられた。助言勧告は、いずれも相手方を拘束するものではなく、従前の国家公安委員会に比して、警察運営に対する関与の度合いは著しく縮減した。

(2) 都道府県公安委員会

昭和二八年警察法案は国家地方警察と自治体警察をともに廃止し、現行法同様に新たに都道府県単位の都道府県警察を設けることとしたが、都道府県公安委員会は、都道府県段階で新たに実施機関として設けられる警視庁及び道府県警察本部（いずれも都道府県の機関）に対する管理機関として存続した。

都道府県公安委員会は、五人の委員をもって組織され（法案第三二条第二項）、委員のうち三人は民間から、警察又は検察の職務を行う職員の前歴の無い者のうちから知事が議会の同意を得て任命する（法案第三三条第一項）。他の二人のうち、一人は副知事、一人は都道府県議会の選挙した議員として（法案第三四条第一項）、地方自治体との連携を密ならしめたとされた。

都道府県公安委員会は、旧警察法下においては、都道府県国家地方警察に対する運営管理だけをその任務としていたが、法案においては、従前の市町村公安委員会の如く、行政管理及び運営管理の双方、すなわち、警視庁及び道府県警察本部のすべての「管理」に当たることとされ（法案第三二条第三項）[*33]、また、都道府県警察の管理機関として、警察庁長官又は国家公安監理会に対し、警視総監又は道府県警察本部長の考課を具状し、又は懲戒若しくは罷免の勧告を行う権限が付与された（法案第四三条第二項）。

国会における法案説明において、「都道府県公安委員会は、各都道府県において警察に関する一切の責めに任ずる機関として、都道府県警察を全面的に管理する権限を有せしめることといたしました。」[*34]とされ、都道府県公安委員会が都道府県警察に対し全面的管理に当たることが強調され、また第一次的治安責任は都道府県公安委員会が負うものと解されていた。

仮に、都道府県公安委員会の権限とされた「管理」が、旧警察法における行政管理と運営管理とを純粋に足し合わせたものであるのならば、都道府県公安委員会は警察運営一般について具体的又は個別的に立ち入った関与ができるはずであるし、また、前記三で述べた警察に対し素人の委員が運営管理を行うことにより惹起される問題は、依然として解消されないはずであった。

しかしながら、当時の立案担当者は、都道府県公安委員会の「管理」について、旧警察法下における市町村公安委員会と警察長との関係を表す「管理」とは幾分異なる形で解釈することにより、隘路の解消を図ろうとしていた。

すなわち、法案第三二条第三項の「管理」の意味は、旧警察法の行政管理と運営管理とを合わせた意味であるとされつつも、当該「管理」は、通常「指揮監督」という場合と若干異なり、行政運営についての大綱を示し、その大綱を踏み外すことがないかを監視し、大綱を守らせるための必要な措置を講ずることをいうとされたと伝えられている。しかしながら、この解釈は、旧警察法の下における行政管理と運営管理に関する解釈とは似て非なるものであった。

2 批判(土屋説)

昭和二八年警察法案に対する批判の第一は、国家・中央レベルの警察行政機関の在り方(独任制官庁と諮問機関)と、都道府県レベルの警察行政機関の在り方(管理機関と実施機関)の不均衡に根ざすものであった。

すなわち、

「国家公安委員会は廃止せられる。その結果現行法〔旧警察法〕によれば、合議体の国家公安委員会が、政府に対し多少中立的の立場を採りつつ、国家地方警察の中央管理(行政管理のみ)を行うに対し、改正法案によれば、独任制の警察庁長官が、政府行政組織の一部局として、全国警察の部分的運営管理及び行政管理の調整を行うことになる。これは警察管理上現行法に対する、少なくとも法制上は、重大なる変革である。国家公安委員会に代るべきものとして、法案は国家公安監理会を置く。その構成は国家公安委員会と同様であるが、委員の資格制限は緩和される。公安監理会は、公安委員会の如き管理機関ではなくて、単なる監視並びに勧告助言の機関である。[*35]」

「都道府県警察は都道府県公安委員会がこれを管理する。その管理は、現行法［旧警察法］の国家地方警察における都道府県公安委員会の如く運営管理のみに止まらずして、行政管理にも及ぶ。従つて都道府県公安委員会の権限は、現行法のそれよりも拡大されるので、国家公安委員会を廃止した趣旨と、必らずしも一貫していない。[*36]」

とされるのである。

第二は、旧警察法下において広まった都道府県公安委員会及び市町村公安委員会による警察の実施機関への管理権限の委任[*37]という実務上の運用に根ざす、公安委員会の形骸化と警察行政機関の独任制への移行への懸念である。すなわち、以下のような批判と提言が展開される。

「警察国家の復活なりとして世上に批判の声の高い今回の警察法改正政府案に於ては、警察中央機関としては複数管理を止めて、従来の国家公安委員会を諮問機関たる国家公安監理会に改めるが、都道府県公安委員会は存置して、都道府県警察の行政管理と運営管理を行わしめるようである。政府の意向は、改正法［昭和二八年警察法案］の下に於ても、現行法［旧警察法］の下に於けると同様に、委員会はその権限を挙げて警察本部長に一任するであろうから[*38]、中央機関だけを独任制に改めれば、それで目的を達するとでも考えているのかとも推察される。」

「警察管理機構は警察に対する人民の監督を容易ならしめるよう構成されねばならないので、

他に良策がない以上は、次善の方途として委員会管理を認め、それと同時に、運営管理については委員会としてはその大綱を定めるに止めて実施の大部分は警察長をして行わしめることとし、行政管理についても政府の定める統一的方針に準拠せしむることとしたならば、公安委員会をして警察管理を行わしめても必らずしも能率の低下を憂うる要はなく、しかも現在の如く法の規定とその運用が一致しないような感心しない状態は改善せられることと思う。[*39]」

〈要約〉

①昭和二八年警察法案において、国家・中央レベルの警察行政機関については管理機関と実施機関という仕組みは採用せず、独任制の警察官庁たる警察庁長官とそれに対する監視、勧告、助言機関たる行政委員会・国家公安監理会が置かれた。その意味で、国家・中央レベルの警察行政機関において「管理」をめぐる問題は存在しないこととなった。一方、委員を警察又は検察の前歴のない者から選任するという前歴による制限を廃止したことに伴い、国家公安監理会における国民的性格は旧警察法における国家公安委員会よりも減殺された。

②地方においては、国家地方警察と市町村自治体警察はともに廃止され、新たに都道府県単位の都道府県警察が設けられることとなった。都道府県レベルの警察行政機関については、管理機関と実施機関の区別は、都道府県公安委員会と警視庁及び道府県警察本部の区別として維持された。両者の関係は、旧警察法下における行政管理と運営管理とを合わせたものとされながら、

公定解釈は旧警察法下におけるそれとは異なったものであったようである。この意味で、既に昭和二八年警察法案提出時点で「管理」の概念は変容しつつあった。

③昭和二八年警察法案については、国家・中央レベルの警察行政機関の在り方（独任制官庁と諮問機関）と、都道府県レベルの警察行政機関の在り方（管理機関と実施機関）の制度的不均衡に根ざす批判が加えられた。

④都道府県公安委員会の「管理」の在り方については、旧警察法下におけるように法律と運用が一致しないという状態を回避するため、例えば、運営管理については都道府県公安委員会はその大綱を定めるにとどめて実施の大部分は実施機関の長に行わせ、また、行政管理についても政府の定める統一的方針に準拠させるというように、「管理」の内容を限定し、警察に対する国民による監督を現実的なものとするための提案がなされていた。

五　現行警察法における「管理」の意義

1　制定過程における議論の動向

現行警察法は、昭和二九年（一九五四年）二月一五日、第一九回国会に提出され、幾多の議論、原案の修正等を経て、同年六月七日可決成立し、同月八日、法律第一六二号として公布され、同年七月一日から施行された。

国会における議論は、警察法案全般について、多岐にわたり、かつ、詳細なものであった。「管理」の概念についても、そこで論じられているところを引用しつつ、それに若干のコメントを付することにより、旧警察法及び昭和二八年警察法案における「管理」の概念との連続と不連続とを明らかにしていくこととする。

(1)「管理」と「指揮監督」との関係

「斎藤（昇）政府委員　管理という言葉の中に包括的に指揮監督が入つておりますことは、法制局も同意見だと申し上げましたが、今までの各省の設置法その他によりましても、たいてい外局はその省の大臣の管理に属するというぐあいに、ずつと書いておるわけであります。」[*40]

ここでは、「管理」についての一般的な定義付けがなされている。なお、「管理」と「指揮監督」との関係については、関与の強弱ではなく、管理が指揮監督を含む概念とされているが、後の立案担当者の解説（一①参照）によれば、内部的に実施機関の長を通じて指揮監督をする趣旨であるとされている。

(2) 旧警察法における「管理」の態様

「斎藤（昇）政府委員　確かにお説の通り、公安委員会の管理は個々具体的なそのこまかいことまでは、指揮はいたしておられぬと思います。ただ包括的に指揮監督はいたしております。ただ気のついたことは何でも言える、何でも注意される、そうして聞かなければしかるべく処置されるというような状態になつておるのであります[*41]。」

答弁では旧警察法下における都道府県公安委員会及び市町村公安委員会の管理の態様が述べられているが、個々具体的な指揮はしておらず、包括的な指揮をしているなどとして、旧警察法の制度上の建前とは異なる運用がなされていることを半ば是認しつつ、制度的連続性から、改正後の国家公安委員会及び都道府県公安委員会（以下五において「公安委員会」という。）の「管理」の在り方についてまで言及しているかのようである。

(3) 行政管理及び運営管理と「管理」との関係

「斎藤（昇）政府委員　新警察法案におきましては、行政管理と運営管理とは使いわけをしておりません。（中略）今度の警察法では行政管理も運営管理もすべてやりますから、従つて警察の管理という言葉で表しておるのであります。区別する必要を認めなかつたからでありま す[*42]。」

「柴田（達）政府委員　（略）現行法におきましても国家地方警察の隊長は、公安委員会の運営管理に服し、管区本部長の行政管理に服するというような言葉を使つております。さように使いわけしたわけでありますが、意味の内容はかわりありません[*43]。」

「管理」が、行政管理と運営管理を足し合わせた概念であることが明らかにされているが、実施機関に対する関与の在り方はこの場では明らかにされていない。一方、行政管理と運営管理という概念上の区分を捨て去ったことにより、前記三2及び四2で取り上げた土屋説に見られるように、管理機関の実施機関に対する関与の在り方を実施機関がつかさどる事務の性格によって区分するというアプローチも敢えてとられることはなかったと言えよう。

(4)「管理」の意義

「柴田（達）政府委員　（略）第五条の「管理」は、これは一つの国家公安委員会、それから警察庁という事務機関、この両者の関係を表わす意味においての管理でございまして、国家公安委員会は警察庁という役所を管理しておる、この管理の意味は警察庁長官に対する指揮監督を含むものである、最高方針を定めこれを示し、かつその最高方針に従つて警察庁長官に対して国家公安委員会が指揮監督をする、行政委員会の場合におきましてこういう字句を使つたのでございます。[*44]（傍点筆者）」

「斎藤（昇）政府委員　公安委員会が大綱について指揮監督するという関係であるかという御所見に対しては、その通りだと存じます。公安委員会は、その警察行政が、一般の広い良識から考えてあるいは行き過ぎがないかあるいは不適正なことがないかということを監督するのが、実際上の大きな役割であると考えるのでございますが、ただ、警察本部長が持ちかけなければ、何をやつているかわからないというのでは必ずしもないと考えます。わからない場合には本部長を呼んで幾らでも聞きただせるのであります。[*45]（傍点筆者）」

「斎藤（昇）政府委員　公安委員会と警察本部長との関係は、一言で申しますと、たとえば本省の大臣と外局の長のような関係だと思うのでございます。従いましてどの程度の事項まで報告し、どの程度まで報告しないかというのは、これは公安委員会として自然に大局を把握し、公安委員会が方針を示した場合に、その方針に従つているかどうかということを十分監督し得るのに必要な程度は、警察本部長からも進んで報告すべきであると思います。[*46]（傍点筆者）」

公安委員会の「管理」について、その関与の態様が明らかにされている。「管理」は、最高方針を定め、これを示し、かつ、その最高方針に従って警察庁長官に対して国家公安委員会が指揮監督をすること、公安委員会が大綱について指揮監督することなどとされる。そして、こうした関与の態様となるのは、あたかも行政委員会の組織的性格に根ざすかのような口吻である。また、管理事務に関して、都道府県公安委員会に対する警察本部長の報告は義務とは解されておらず、大綱方針に従っているかどうかを把握するのに必要な程度を警察本部長が判断し、その裁量により報告すべきこととされている。

〈要約〉

現行警察法に関する「管理」の解釈は、制定時の国会における議論でほぼ確定し、その解釈が現在も踏襲されている。[47] なお、警察法における「管理」の意義に関する諸家の見解については、前記一を参照されたい。

その内容は、概要以下のとおりである。

①「管理」は、指揮監督を含む概念であるが、警察法上は内部的に実施機関の長を指揮監督するという趣旨である。

②「管理」は、行政管理と運営管理を足し合わせた概念であり、管理事務の性格により関与の程度に差異は生じない。なお、旧警察法下と「管理」の意味の変更はないとされたが、③及び④のように、解釈によりその意義は旧警察法下のそれから少なからず変容した。

③「管理」は、最高方針を定め、これを示し、かつ、その最高方針に従って実施機関の長に対して公安委員会が指揮監督をすること、又は、公安委員会が大綱について指揮監督をすることを意味する。

④「管理」に関して、公安委員会に対する実施機関の長の管理の対象とされる事務に関する報告は義務とは解されておらず、公安委員会から報告を求められた場合は格別、大綱方針に従っているかどうかを把握するのに必要な程度をその長が判断し、その裁量により報告すべきこととされている。

2 田上説

前記1で述べたように、警察法における「管理」の概念は、通常の行政法において使用される「管理」と比べ、実施機関に対する関係で関与の程度は限定されたものと解釈されるに至った。

特に、行政管理と運営管理とを統合し、しかも、公安委員会の管理の及ぶ事務全体について、その関与の程度は同一（又は異なるものでなく）、かつ、限定的なものと解されたことから、公安委員会が警察に対する民主的監視・監督という本来的役割を発揮すべき局面、例えば監察の分野においてすら、実務上公安委員会の介入の度合いは不十分なものにとどまることとなるのである。

そして、かかる公定解釈を踏まえ、例えば、田上穣治一橋大学法学部教授（当時）のように、以下のとおり公安委員会の管理権限をさらに形式的なものと捉える説も現れた。

「公安委員会による都道府県警察の管理は、地方自治法第一四八条[*48]のような事務の管理ではなく、警視庁又は警察本部の管理であるから、行政庁としての事務の所掌ではなく、議決機関としての民主的コントロールを意味するものである。従って旧警察法の下における警視庁基本規程[*49]が、公安委員会は管理の方針を確立するに止まり、この方針に基づく警視庁の運営管理及び行政管理は、すべて警視総監に委任するものと定めたことは、現行法の下でも変わらないものと解する。むしろ旧法では、この基本規程が公安委員会から行政委員会としての性格を失わしめるものとして、違法とする解釈があり、[*50]旧法制定当時のG・H・Qにおける民政局と公安課の対立による矛盾が現れていた。現行法では、右の基本規程の線に従って法律の条文が改められたものといえる。ここでは公安委員会の定めた基本方針に基づく運営管理及び行政管理は、法律上当然に警視総監又は府県本部長の所掌事務とされるのであって、特別な委任を要しない。」[*51]

田上説は、文理とは大きく掛け離れるが、警察法第五条第二項（当時。現行第四項）及び第三八条第三項の「管理」は、公安委員会が議決機関として基本方針を示すことであり、旧警察法における行政管理及び運営管理の権限は実施機関の長に留保されるとするものである。すなわち、現行警察法の「管理」は全く新たに行政管理と運営管理に代えて公安委員会に対して付与された権限ということになり、これは「管理」が旧警察法の行政管理と運営管理を足し合わせた概念であるとする政府見解とは相反するものであった。しかしながら、公定解釈においては、「管理」は従前の行政管理と運営管理を足し合わせた概念であるとしながらも、事実上その内容について解釈を少なからず変更し、従前に比してより実施機関に対し限定的な関与しか認めないこととしたことを勘案すれば、田上説は、実定法の解釈論としての当否は格別、法運用の実態を正鵠を射た形で表現したということもできよう。

さらに、田上説は、旧警察法における公安委員会と実施機関との関係の実態を半ば是認することにより、改正後の実務における公安委員会の「管理」の在り方についても、現状肯定という面から少なからず影響を与えたものと推測されるのである。

六 「管理」の概念の限界と平成一二年警察法一部改正法案（廃案）

1 「管理」の概念の限界

旧警察法において、公安委員会（六1及び2において制度としての公安委員会を意味する。以下同じ。）による警察運営に対する関与は、運営管理の概念に見られるように具体的な指揮監督を想定していた。しかしながら、公安委員会が警察の素人を構成要素とするという内在的制約を抱えていたことから、規範と実務の運用とは大きく乖離した。

規範と実務の運用を収斂させる解決策は、制度的に見れば、公安委員会の専門化若しくは独任化、又は公安委員会の実施機関に対する関与の限定であった。さらに、関与の限定については、関与する分野を専門的、技術的でない分野に局限することと又は関与の深度を縮減することという二つの選択肢が存在した。

戦後の警察法における公安委員会制度は、公安委員会の独任化や専門化ではなく、あくまで素人による警察運営への関与を選択した。戦後公安委員会の普遍的な要素は、警察の素人による警察運営の監視・監督となる。これは、管理機関と実施機関との性格の差異を際だたせ、機構編成上の正統性を主張するという意味において組織論上十分説得的であり、また、警察という権力機関に対する民主的統制という理念を貫徹する上で正しい選択であった。[*52]

また、関与の限定については、具体的又は個別的な指揮監督という考え方から関与の深度を縮減する途が選択されたが、関与する分野を局限するという途はとられなかった。

関与の在り方の変更は、例えば昭和二八年警察法案のように、諮問機関化という形で組織の性格を変えることにより関与の深度と関与する分野をいずれも法律により定めることが試みられた時期も存在した。しかしながら、結局、現行警察法においては、公安委員会の「管理」を、その及ぶ事務全部について、大綱方針を示して事前事後の指示監督をしていくなどと解釈し、実質的に変更することにより、関与の深度を縮減するという途がとられた。

こうした「解釈」は、政府による累次の国会答弁や公的質疑回答の過程を通じて形成されたものといえるが、二つの基本的な問題点が存した。

第一は、「管理」の概念を解釈により徐々に変動させてきたことにより、「管理」が公安委員会の実施機関に対する関与の深度を表す概念として明確さを欠くに至ったということである。そして、この点は、一連の警察不祥事案への処方箋を検討してきた警察刷新会議による「警察刷新に関する緊急提言」においても、「制度の本来の趣旨に立ち返って『管理』概念を明確化し、公安委員会の活性化につなげるべきである。[*53]」という形で指摘がなされている。しかしながら、この指摘についても、「制度の本来の趣旨」とは何かという根本的な問題は残されている。第二は、解釈によっては、「管理」によって関与する事務の境界を明確に限定すること及び事務によって関与の深度を異ならしめることが極めて困難であったということである。そして、こうした「解釈による解決」が図られたことから、前述のように、公安委員会が警察に対する民主的監視・監督という本来的役割を発揮すべき局面、例えば監察の分野においてすら、公安委員会の介入の度合いは実務上不十分なものにとどまることとなるのである。

2 公安委員会制度と監察

公安委員会制度発足当初より、例えば、以下の田中二郎東京大学法学部教授（当時）の見解のように、公安委員会による管理を国民による警察の官僚機構の監視と捉える考え方が存在した。

「人民は、警察官僚の支配の対象であつたのである。この意味において、わが国は警察官僚国家であつたといつてよい。新憲法の下においては、警察も亦、人民に由来し、人民に代わつて、人民のためにその職務を行使する人民の警察でなければならぬ。いいかえれば警察は『民主的権威の組織』（systems of democratic authority）でなければならないのである。警察の中心機構としてポプュラー・コントロールの下に立つ公安委員会の制度は、かような見地から構想されることとなつたのである。[*54]」

田中教授と同旨は、現行警察法の審議の過程でも、犬養法務大臣（当時）から、

「法律根拠は新しく民主的な保障のもとにおける警察官の行動を規定したものができておりまして、しかもそれを監視するのはあなた方のお選びになつた、また私たちの選んだ、国民から

選んだ公安委員会がこれを監視監督いたします。（中略）われわれは公安委員会をそういう力のあるものにしたい、こういうふうに考えておる次第であります。[*55]」

という形で表明されている。

こうした国民による警察作用や組織の監視という思想は、「公安委員会による警察の監察」という思想に発展しやすかったものと考えられる。

前掲の桐山氏も「警察法改正私見[*56]」の中で、公安委員会の警察に対する「素人による警察行政に対する関与」の思想を貫徹した場合において、以下のように、最終的に純化され、また留保されるべき公安委員会の機能の一つとして監察を挙げている。

「警察臭を持たないしろうとの公安委員に対して、専門的、技術的知識を必要とする仕事にあたらせる建前を存置する結果は、かえってことごとにその点の弱味をいいたてられて、結局、これを有名無実の存在に堕せしめてしまう危険があるのではないかと虞れるのである。むしろ、それよりは公安委員会に期待されている民衆的機能にふさわしく、平均的なその能力の限度の仕事について権限を持たせ、しかもその権限を警察の内部に溶けこむことなく外部に立つて行使する建前をとることが適当ではなかろうか。その意味において、わたくしは公安委員会を監察、助言にあたり、あわせて行政警察上の許可にあたる機関とするといつたことが最も適当であると考えている。[*57]」

また、昭和二八年警察法案における国家公安監理会に関するものであるが、前掲の土屋氏は、

「警察監察機構をこれ（国家公安監理会）に附置して、全国都道府県警察の監察を行わしめ、その結果に基づいて、政府又は国会に対し適当なる助言勧告をなすことにしたならば、警察のポピラァコントロォルとして少なからず有効であろう。本改正案によれば、公安監理会は警視総監又は警察本部長の任免につき警察庁長官から意見を聞かれることになつているので、その点から見ても監察機構を公安監理会に附置することは有意義であると思われる。[*58]」

と述べている。

また、同氏が提言された「警察制度改正の一構想[*59]」の中においても、国家公安委員会の役割について、

「㈢（略）国家公安委員会は警察行政の中央機関として、自治体警察の指導監督並びに育成の任に当る。この目的を達するために、国家公安委員会は、通信、教養、鑑識等の諸施設を維持し、自治体警察の行政管理に関する規則を定め、自治体警察の定員条例の制定や警察本部長の任命につき意見を述べ、自治体警察の事務を監察し、及び地方警察費国庫負担金に関する事務を行う。[*60]」

とされた。国家公安委員会が自治体警察を監察するという思想は、国の警察行政機関が自治体警察を監察すべきであるとする、国の行政機関による地方自治体に対する関与にとどまらず、当該事務を執行する上でよりふさわしい機関として、警察庁ではなく、国家公安委員会を選択されたものと考えられる。

〈要約〉

公安委員会制度の発足当初より、公安委員会は、国民に代わって警察作用や組織の監視という役割を担うべきであるという考えは存在していた。「公安委員会による警察の監察」という思想が生まれたのは、かかる背景によるものである。すなわち、監察の分野は、国民による警察の監視・監督という観点から公安委員会の介入が強く求められる分野であるとするものである。歴史的に見ても、公安委員会制度と監察とは結びつきやすい側面を有していた。

3　昭和三三年警察法一部改正

警察の監察に関する制度改革として、昭和三三年（一九五八年）の警察法の一部を改正する法律（昭和三三年三月二六日法律第一九号）を挙げることができる。

同改正は、警察庁の内部部局を部課制から局課制に改め、保安局を新設するなどの組織改編に伴うものと、国家公安委員会の権限として、「全国的な幹線道路における交通の規制に関すること」及び「前各号に掲げる事務を遂行するために必要な監察に関すること」を加えるものであった。

警察庁の都道府県警察に対する監察に関する権限については、当該規定が加えられる以前より、第五条に規定する事務については、その前提としての監察を行い得るものと解されており、警察庁がその所掌事務を遂行するため、その前提として都道府県警察に必要な実態調査を行うことを明文化したものであるとされた。したがって、当該改正は監察について警察庁と国家公安委員会の関係に変更を加えるものではなかった。

4　平成一二年警察法一部改正法案（廃案）

警察法の一部を改正する法律案（以下「一部改正法案」という。）は、神奈川県警察における一連の不祥事案を踏まえ、警察職員の職務の遂行の適正を確保するため、国家公安委員会及び都道府県公安委員会等（以下六4及び「終わりに」において「公安委員会」という。）の警察庁及び都道府県警察に対する監察の指示、警察職員の法令違反等の報告の聴取並びに委員の再任の制限に関する規定を設けることにより、公安委員会が警察庁等を管理する機能の強化を図ることなどを理由に、平成一二年（二〇〇〇年）二月二二日に閣議決定され、第一四七回国会に提出された。しかしながら、同国会の開会中に、新潟県警察や埼玉県警察において、監察の在り方や警察官の職務執行をめぐる深刻な不祥事案が相次いで明らかになり、警察に対する囂々たる批判と警察刷新改革に向けた大きなうねりの中、一部改正法案は委員会に付託されることもなく、平成一二年六月二日同国会の解散とともに審議未了で廃案となった。

一部改正法案において、公安委員会と警察の実施機関との関係について新たに規定されたのは、次の点である。

(1) 監察の指示

公安委員会による監察の指示に関する条項は、以下のとおりである。

（監察の指示）

第十二条の二　国家公安委員会は、第五条第二項第二十一号の監察について必要があると認めるときは、警察庁に対する同項の規定に基づく指示を具体的又は個別的な事項にわたるものとすることができる。

（組織及び権限）

第三十八条　（略）

2〜5　（略）

6　都道府県公安委員会は、都道府県警察の事務又は都道府県警察の職員の非違に関する監察について必要があると認めるときは、都道府県警察に対する第三項の規定に基づく指示を具体的又は個別的な事項にわたるものとすることができる。

前記1で述べたように、現行警察法においては、行政管理と運営管理とを統合し、しかも、公安委員会の管理の及ぶ事務全体について、その関与の程度は同一（又は異なるものでなく）、かつ、限定的なものと解されたことから、公安委員会が警察に対し民主的監視・監督という本来的役割を発揮すべき局面、例えば監察の分野においてすら、実務上公安委員会の介入の度合いは必ずしも明確でなく、不十分なものにとどまった。

公安委員会は、不祥事案が発生した場合の対処についても、実施機関の長に対し、例えば不祥事案の根絶を期して国民の警察への信頼に応えるようにすべきであるというように、あくまで一般的かつ抽象的に指示[*61]を発するのみで、個々の事項について具体的又は個別的な指示をすることは実務上なされない場合が多かった。

一部改正法案における監察の指示は、実施機関の長以下の監察が必ずしも十分に機能しなかった場合が存するとの反省に立ち、公安委員会が、自らの発意に基づき、より客観的立場から実施機関に対し監察を実施させることにより、その実効性を確保しようとするものである。この場合において、監察の指示は、公安委員会の管理の対象である監察事務についてなされるものであるが、公安委員会が、必要があると認めるときは、当該指示を具体的又は個別的な監察対象、事項にわたるものとすることができる旨を規定することにより、公安委員会の実施機関に対する関与を強化せんとするものであった。

なお、監察の指示と監察事務に対する従前の管理との関係についてであるが、本規定は監察事務自体に法令違反又は大綱方針違背がない場合又はそのようなことがあるか不明である場合においても、監察対象、事項を具体的又は個別的に指示することができるとするものである。

(2) 懲戒事由に係る事案の報告義務

都道府県公安委員会に対する懲戒事由に係る事案の報告義務に関する条項は、以下のとおりである。

（職員の人事管理）

第五十六条　（略）

2　（略）

3　警視総監又は警察本部長は、第三十八条第六項の指示がある場合のほか、都道府県警察の職員が次の各号のいずれかに該当する疑いがあると認める場合は、速やかに事実を調査し、当該職員が当該各号のいずれかに該当することが明らかになつたときは、都道府県公安委員会に対し、都道府県公安委員会の定めるところにより、その結果を報告しなければならない。

一　その職務を遂行するに当たつて、法令又は条例の規定に違反した場合

二　前号に掲げるもののほか、職務上の義務に違反し、又は職務を怠つた場合

三　全体の奉仕者たるにふさわしくない非行のあつた場合

前記五1〈要約〉④のとおり、公安委員会に対する、管理の対象となる事務についての実施機関の長の報告は、義務とは解されておらず、公安委員会から報告を求められた場合は格別、大綱方針に従っているかどうかを把握するのに必要な程度をその長が判断し、その裁量により報告すべきことと解されてきた。

本規定による懲戒事由に係る事案の報告は、公安委員会から示された大綱方針の如何を問わず、

実施機関の長に一定の要件を満たす場合に公安委員会に対する報告を義務付けるものである。なお、国家公安委員会に同様の規定が設けられなかったのは、本報告が主として都道府県公安委員会による都道府県警察職員の懲戒又は罷免の勧告の実質化に資する趣旨であったこと、また、一般行政事務を担当する警察庁職員については、職務執行に関連して不祥事案の行われるおそれが相対的に低いと考えられたことによるものである。

〈要約〉

一部改正法案は、国民による警察の監視・監督という観点から、公安委員会による警察に対する関与の要請が特に強い監察の分野において、監察の指示という形で、公安委員会に対し、従前の「管理」の解釈によって可能とされてきた以上の関与を明示的に規定した。また、これまで実施機関の長の裁量と解されてきた公安委員会に対する報告に関しても、懲戒事由に係る事案については、その義務付けを行った。これにより、国民による警察の監視・監督という観点から、公安委員会による関与・介入の要請が特に強い監察の分野において、公安委員会と実施機関の長との関係が従前に比して明確化された。

終わりに

本稿では、警察法における「管理」の概念の変遷を歴史的に明らかにするとともに、一部改正法案における監察分野に係る公安委員会と実施機関との関係の明確化について論じた。「警察刷新に関する緊急提言」を受けて、警察制度改革の検討が開始されたところであるが、個人的には、公安委員会と実施機関との関係については、一部改正法案により提示された方向を更に発展させるため、次の二点が希求されるべきものと考える。

第一は、「管理」の概念の明確化である。前記六1で述べたとおり、「解釈による解決」は、歴史的に見れば、その意図はともかく、結果的に「管理」概念の曖昧化をもたらしてきた。したがって、従前のような公定解釈の変更による概念の「明確化」ではなく、現行法下において、国会等においてこれまで明らかにされてきた「解釈」を所与とした上で、何らかの形で法令上の明確化が図られるべきであろう。

警察法第一四条は、「この法律に定めるものの外、国家公安委員会の運営に関し必要な事項は、国家公安委員会が定める。」と規定していることから、国家公安委員会は、国家公安委員会運営規則（昭和三七年国家公安委員会規則第四号。以下「運営規則」という。）において、その運営に関し必要な事項については、「管理」権限の行使の態様を規定することが可能である。

すなわち、運営規則第二条が「国家公安委員会は、会議の議決により、その権限を行う。」と規定しているように、例えば、実施機関の警察運営に関し、

①大綱方針を定めること

②法令違反や大綱方針違背が存する場合にそれを是正させるための措置を講ずること
③管理に関する権限の行使に必要な報告を徴すること

などによりその権限を行使する旨を運営規則に規定することも、「管理」概念の明確化の一方策として検討に値しよう。

第二に、監察分野における公安委員会の実施機関への関与の更なる強化である。監察分野における公安委員会の実施機関への関与は、一部改正法案において、公安委員会による具体的又は個別的指示権、実施機関の長の懲戒事由に係る事案の報告義務という形で明確化されたところである。「警察刷新に関する緊急提言」においては、これに加えて監察管理委員（仮称）の指名による監察実施状況の点検や同委員に対する監察調査官（仮称）の補助等の仕組みが提案されているところである。[*62] 一部改正法案で規定された公安委員会の具体的又は個別的な指示の結果の制度的検証方策についてて検討を加え、監察の分野において公安委員会の実施機関への関与を更に明確なものとするとともに、これに能動性、機動性、迅速性を付与することにより管理機能を一層強化する方途が模索されるべきである。

【注】

＊1 国家公安委員会は、神奈川県警察の不祥事案にとどまらず、その後も新潟県警察、埼玉県警察等において相次いで不祥事案が明らかになり、警察に対する信頼が大きく損なわれ、現行警察制度全般にわたる問題

が提起されることとなった状況に鑑み、平成一二年（二〇〇〇年）三月九日、「警察組織刷新会議（仮称）」の発足を求めることとした。

これを受け、「警察刷新会議」が発足した。

「警察刷新会議」は、同月二三日の第一回会合から精力的に審議を進め、大阪及び新潟における二回の公聴会、合計一一回の会議を経て、同年七月一三日、国家公安委員会に対し、「警察刷新に関する緊急提言」を提出した。

＊2　警察刷新会議『警察刷新に関する緊急提言』六頁参照。

＊3　内閣法制局法令用語研究会編『法律用語辞典』（有斐閣、一九九三年）一九八頁。

＊4　高辻正己ほか編『法令用語辞典　第七次改訂版』（学陽書房、一九九七年）一〇三頁。

＊5　同前注。

＊6　警察庁長官官房編『警察法解説（新版）』（東京法令出版、一九九五年）五一・五二頁。

＊7　昭和四七年（一九七二年）五月二三日第六八回国会衆議院地方行政委員会議録第二七号二一頁。

「林（信）政府委員　管理事務という用語の問題でございますが、これはむしろ行政組織法上の用語というふうに理解いたします。たとえば『刑務所は法務大臣のもとに置く』というような場合に、刑務所として監獄法に基づくいろいろな事務を執行するわけでございますが、法務大臣との関係におきまして、その指揮監督権、その強さ、それが『管理』ということばにあらわれているわけでございますが、通常『管理』という場合には、個々の事務執行につきまして、直接指揮監督ができないという意味、そういう意味で用いている場合が多いと思います。

この場合も、公安委員会が、個々の警察が警察権を発動するという場合におきまして、具体的な個々の行為について一々手足をとるように指示監督するというような趣旨ではないという意味合いにおきまして『管理』という用語が用いられておる。かように理解しております。

中村国務大臣　国家公安委員会は、国家警察行政の大綱方針を示して、それを警察庁長官を通して行なわせていく、事前事後の監督管理をしていく、こういう職分だと私は承知しておりますし、県段階では、県の公安委員会がやはり県警察行政の大綱方針を警察本部長を通じて行なわせていく、その事前事後の監督管理をしていくというような任務だと承知しております。」

＊8　末井誠史・島根悟「旧警察法下の警察」國松孝次ほか編集『講座　日本の警察　第一巻　警察総論』（立花書房、一九九三年）三九頁以下参照。

＊9　旧警察法の制定経緯については、昭和二九年（一九五四年）六月一日の参議院地方行政委員会において、斎藤国家地方警察本部長官（当時）より、以下のとおり説明がなされている。

「斎藤（昇）政府委員（略）法案自身につきましては、日本の警察法を如何に改めるかということが大きな問題と相成りまして、日本政府側におきましても、警察制度調査会というようなものを設けて検討をいたしましたが、十分な結論を得ないまま、早急に改正を実施すべくＧＨＱから強い指示がありました。（中略）そこでＧＨＱのほうでは警察法の原案を作られまして、これによつてやるようにということに相成りました。これについては政府としては意見を差挟む余地なく、殆んどそのままに政府案として国会に提案し、そうしてそのままに議決をされたという状況でございます。」（昭和二九年六月一日参議院地方行政委員会議録第四八号八六九頁）。

＊10　第二十条（略）

2　都道府県公安委員会は、都道府県国家地方警察の運営管理を行う。

＊11　第三十一条　都道府県警察長は、都道府県公安委員会の運営管理に服し、警察管区本部長の行政管理に服するものとする。

＊12　法制局「〈法令用語〉行政管理と運営管理」時の法令・昭和二八年上旬号（九〇号）（一九五三年三月）一〇頁。

＊13　桐山隆彦「警察法改正私見」警察研究第二三巻第八号（一九五二年八月）五八・五九頁。

＊14　前掲・桐山論文五九頁。

＊15 前掲・桐山論文五八頁。
＊16 前掲・桐山論文五九頁。
＊17 前掲・桐山論文五九頁。
＊18 前掲・桐山論文五七頁。
＊19 前掲・桐山論文五九・六〇頁。
＊20 前掲・桐山論文六〇頁。
＊21 例えば、警視庁基本規程（昭和二四年三月七日東京都特別区公安委員会規程第二号）。

第四条　公安委員会は、警視庁の管理の方針を確立するものとする。

2　公安委員会は、前項の方針に基く警視庁の運営管理及び行政管理すべてを警視総監に委任する。但し、条例案、規則案の作成、公安委員会規程、同告示の制定、予算案の策定、訴訟及び訴願に関する事項については、警視総監は、公安委員会の承認を経なければならない（傍点筆者）。

＊22 「四六　警察庁と市町村公安委員会（二五・二・四、法務府法意一発第一〇号北海道市長会会長宛法制意見第一局長回答）」加藤陽三監修『警察法質疑応答例規集』（立花書房、一九五一年）八二・八三頁。

「（意見）

(1)市町村公安委員会は、警察法第四三条の規定によつてその区域内における警察を管理する権限を包括的に市町村警察長に委任することはできない。」

＊23 土屋正三「警察制度改正の一構想」警察研究第二四巻第二号（一九五三年二月）三三・三四頁。
＊24 前掲・土屋「一構想」三六頁。
＊25 後藤田正晴『情と理　後藤田正晴回顧録（上）』（講談社、一九九八年）一二四頁参照。
＊26 昭和二六年（一九五一年）一〇月に開催された日本共産党第五回全国協議会では、「日本の解放と民主的変革を平和的手段によって達成し得ると考えるのは間違いである」として、暴力革命唯一論を定式化した「五一年綱領」と「われわれは武装の準備と行動を開始しなければならない」と主張する武装闘争の方針

とを決定した。警察官を攻撃対象として、同年一二月二六日には印藤巡査殺害事件、翌二七年一月二一日には白鳥事件を敢行した。さらに、二月には蒲田事件（集団による派出所襲撃及び警察官に対する集団暴力事件）、四月には武蔵野市署放火未遂事件といった警察施設を攻撃目標とする事件を引き起こしている。また、大衆運動の面では、皇居前メーデー事件が発生、この事件では、二人が死亡し、一二三〇人が検挙された。

＊27 （長官）

第五条　警察庁の長は、警察庁長官とし、国務大臣をもつて充てる。

＊28 （権限）

第二十二条　国家公安監理会は、常にこの法律に規定する長官の権限が公正に行使されているかどうかの監視にあたり、長官に対して、必要と認める勧告助言を行う。

2　長官は、常に所掌事務に関し、国家公安監理会に対して説明を行うものとし、前項の勧告助言を受けたときは、所掌事務の遂行上、これを尊重しなければならない。

＊29 前掲・桐山論文の議論と論理的一貫性を持たせるという意味からは、国家公安監理会に国家公安委員会の国民的性格を継続させるのであれば、資格制限規定は残すべきであったであろう。

＊30 「助言」とは、ある機関に対し他の者がある行為をなすべきことを進言することをいうものとされた。

＊31 「勧告」とは、ある事柄を申し出て、その申出に沿う相手方の処置を勧め、又は促す行為をいうものとされた。

＊32 「目付」とは、「室町時代から江戸時代にあった武家の職名。非違を検察し、これを主君に報告した監察官。江戸時代には、老中に直属して大名を監視する者を大目付、若年寄に直属して旗本などを監察する者を単に目付と称した。」（広辞苑）とされる。

＊33 （組織及び権限）

第三十二条　（略）

2　（略）

3　都道府県公安委員会は、都道府県警察を管理する。但し、警察庁の所掌に属する事項については、その指揮監督を受けるものとする。

＊34　国立国会図書館所蔵『警察制度改革の経過　資料編　続II（上巻）』一一六頁。

＊35　土屋正三「未完成警察法ノォト」警察研究第二四巻第五号（一九五三年五月）二四・二五頁。

＊36　前掲・土屋「ノォト」二五頁。

＊37　前掲＊21参照。

＊38　前掲＊21参照。

＊39　土屋正三「警察のコントロォル（一）」警察研究第二四巻第三号（一九五三年三月）二五・二六頁。

＊40　昭和二九年（一九五四年）三月二日第一九回国会衆議院地方行政委員会議録第二〇号八頁。

＊41　前注同号九頁。

＊42　昭和二九年（一九五四年）四月三〇日第一九回国会衆議院地方行政委員会議録第五四号七頁。

＊43　昭和二九年（一九五四年）五月七日第一九回国会衆議院地方行政委員会議録第五六号一〇頁。

＊44　前注同号六・七頁。

＊45　昭和二九年（一九五四年）五月一〇日第一九回国会衆議院地方行政委員会議録第五八号四頁。

＊46　昭和二九年（一九五四年）五月一一日第一九回国会衆議院地方行政委員会議録第五九号二四頁。

＊47　前掲＊6及び＊7参照。

＊48　（事務の管理及び執行）

第百四十八条　普通地方公共団体の長は、当該普通地方公共団体の事務を管理し及びこれを執行する。

（傍点筆者）

＊49　前掲＊21参照。

＊50　前掲＊22参照。

＊51 田上穣治「都道府県公安委員会の地位」警察学論集第九巻第四号（一九五六年四月）四・五頁。

＊52 行政改革会議中間報告の叩き台とされた機構問題小委員会主査（東北大学法学部教授　藤田宙靖）の座長試案には、以下の記述がある。

「警察のような強力な実働力を抱える組織の最高の意思決定につき、単なる警察問題の専門家のみならず、一般常識を代表する国民からの意見を反映し得る現行のようなシステムを設けることには、今後その運用方法について更に検討されるべき点があることは別として、組織編成上の意義は、これを充分認めることができる。」

＊53 前掲『緊急提言』六頁。

＊54 田中二郎「公安委員会制度の構想（一）」警察研究第一九巻第四号（一九四八年四月）一六頁。

＊55 昭和二九年（一九五四年）二月二六日第一九回国会衆議院地方行政委員会議録第一八号五・六頁。

＊56 前掲＊13参照。

＊57 前掲・桐山論文六〇頁。

＊58 前掲・土屋「ノォト」四一・四二頁。

＊59 前掲＊23参照。

＊60 前掲・土屋「一構想」三五頁。

＊61 平成九年（一九九七年）七月一〇日の国家公安委員会において、「最近、薬物取締りやけん銃押収をめぐる不適正捜査事案、収賄事件等が相次いで発生し、警察に対する国民の信頼を揺るがしていることは、誠に遺憾である。

警察庁におかれては、警察官が『誇り』と『使命感』をもって適正な職務執行に取り組むよう指導教養を徹底するとともに、本当に国民にとって良い警察官が高い評価を受けることができる評価方法を確立するなどにより、この種事案の根絶を期して国民の警察に対する信頼に応えるよう努めていただきたい。」との指示があったと伝えられている。

＊62　前掲『緊急提言』六・七頁及び一八・一九頁。

内閣総理大臣と警察組織——警察制度改革の諸相

【出典】
「内閣総理大臣と警察組織——警察制度改革の諸相」
安藤忠夫、國松孝次、佐藤英彦編『警察の進路〜21世紀の警察を考える〜』第二章
（東京法令出版、二〇〇八年一二月）

はじめに

国家公安委員会は、警察法（昭和二九年法律第一六二号）第四条第一項により内閣総理大臣の所轄の下に置かれ、また、同法第六条第一項により国務大臣をもってその委員長に充てるとされ、かつ、内閣府設置法（平成一一年法律第八九号）第四九条第一項及び第六四条に基づき内閣府の外局として置かれる「準省」たる委員会である。[*1]

比較法的に見れば、国家非常事態のような特殊な局面を除けば、国の警察組織が内閣総理大臣の下に置かれる例は、まれであると言えよう。それにもかかわらず、この骨格は、様々な政府の機構

改革の局面や、その時代ごとのこれとは異なる考え方の存在にもかかわらず、昭和二三年(一九四八年)施行の旧警察法(昭和二二年法律第一九六号)の制定以降、今日まで継続し、あたかも戦後の国の警察機構の在り方として正統性を得たかのようである。

本稿は、戦後、警察法の変遷に係る重要な幾つかの制度改革の局面に焦点を合わせ、歴史的視点から、国の警察組織である国家公安委員会が内閣総理大臣の下に置かれ、また、国務大臣をもってその委員長に充てるとされる経緯を明らかにするとともに、実定法の検討を通じて内閣総理大臣と国家公安委員会との関係を表す「所轄」の意義を探り、さらに、その今日的意義を考察しようとするものである。

一　制度改革の諸相――警察法における内閣総理大臣の権限を中心として

1　旧警察法制定以前――内務省解体と内閣総理大臣直属の機関へ

国の警察機構が内閣総理大臣の所轄の下に置かれるという基本的な構造は、旧警察法においても、また、現行警察法においても共通している。したがって、ここでは終戦直後の内務省解体を始めとする中央省庁の再編の過程において、国の警察組織が内閣総理大臣の所轄の下に置かれるに至った経緯をやや詳しく辿っておくこととする。

(1) 警察力整備拡充の蹉跌

昭和二〇年(一九四五年)七月二六日に発せられたポツダム宣言は、第六条において、「吾等ハ無責任ナル軍国主義カ世界ヨリ駆逐セラルルニ至ル迄ハ平和、安全及正義ノ新秩序カ生シ得サルコトヲ主張スルモノナルヲ以テ日本国国民ヲ欺瞞シ之ヲシテ世界征服ノ挙ニ出ツルノ過誤ヲ犯サシメタル者ノ権力及勢力ハ永久ニ除去セラレサルヘカラス」[*2]として、我が国において、軍国主義を支持した権力及び勢力の永久の除去について言及し、また、同年九月二二日に公表された「降伏後における米国の初期の対日方針」(United States Initial Post Surrender Policy for Japan)は、秘密警察組織の解消(第三部 政治a)[*3]等を要求していた。

したがって、今日、ふり返れば、戦後の警察制度の大改革は、終戦直後から、ある程度予想されていたことと言える。

しかしながら、占領当初、政府、就中内務省当局は、連合国の対日方針の基本原則は、ポツダム宣言で示されていたものの、警察制度改革を含む具体的な占領政策がどのように展開されるかは全く予想のつかない状態であった。[*4]

事実、鈴木貫太郎内閣の後を継いで発足した東久邇宮稔彦王内閣の最大の使命は、国内の混乱を最小限にくいとめ、陸海軍の武装解除、連合軍の進駐受入れ等の終戦処理事務を円滑に実施することと捉えられていた。[*5] 内務省は、陸海軍の解体によって生じた治安維持上の間隙を警察力により補完するために、「警察力整備拡充要綱」[*6]を策定し、同年八月二四日閣議に提出、同日決定された。

さらに、前述の「降伏後における米国の初期の対日方針」の発表後間もない同年九月二九日、山崎巌内務大臣[*7]は、記者会見において、「特高警察は秘密警察のようにみられているが、そうではない。ただ従来のイデオロギーで引張ってゆくような傾向があったのが誤解の因になっている。特高警察が独自の見解でやってきた傾向を改めればよいと思う。[*8]」と述べている。その意味するところは、特別高等警察は秘密警察に当たらずという点を明確にするとともに、思想取締りの緩和には一定の限界があり、例えば国体変革を目的とする共産主義思想を引き続き取り締まるという方針に変化はなく、特高警察の廃止は時期尚早というものであった。しかしながら、山崎の一連の発言は、総司令部を始め内外に少なからぬ波紋を投げかけることとなる。同年一〇月四日、かなりデフォルメされた形で米軍機関誌「スターズ・アンド・ストライプス」に掲載された山崎の談話は、以下のとおりである。

「山崎内務大臣は、思想取締りの秘密警察は現在なお活動を続けており、反皇室宣伝を行う共産主義者は、容赦なく逮捕する。また、政府転覆を企てる者も逮捕を続けると語った。内務大臣は、政治犯人の即時釈放を計画中であると語っているが、共産党員であるものは拘禁を続けると断言している。内務大臣は政府形態の変革、とくに天皇制廃止を主張するものは、すべて共産主義者と考え、治安維持法により逮捕されると語った。また、自分は共産党員以外の者は絶対に逮捕しなかったと語った。内務大臣は、さらに、現在特高警察官は、制私服合わせて三、〇〇〇名いるが、その数は急速に減少される模様であると述べ、しかし内務省の現在の最大の関心事は警察陣の増強であると語った。[*9]」

同日、総司令部から「政治的、公民的及び宗教的自由に対する制限の撤廃に関する覚書」（Removal of Restrictions on Political, Civil, and Religious Liberties）が発せられた。この覚書は、政治的、公民的及び宗教的自由に対する制限並びに人権、国籍、信教ないし政見を理由とする差別を撤廃することを目的とするものであったが、①一切の秘密警察機関及び言論、出版、映画、集会、結社等の検閲ないし監督に関係する一切の機能の停止、②内務大臣以下の特高警察関係全職員の罷免を行うべきことなどを内容とするものであった。東久邇宮内閣は、内務大臣以下全国の警察首脳部が一斉に罷免され、特高警察が廃止されては、内閣として国内の治安の確保に責任が持てないなどの理由から、翌五日総辞職した。

(2) 特別高等警察部門の廃止

内務省においては、この覚書に基づき、翌日の昭和二〇年（一九四五年）一〇月六日を期して全国一斉に特高警察の機能を停止するよう全国地方庁に指示をし、罷免されることとなった警保局長以下の官吏は、同月四日付けで辞表を取りまとめ、内務大臣に提出した。

同月九日、幣原喜重郎内閣が発足し、堀切善次郎が内務大臣に就任した。同月一三日、内務省は、組織規定から特別高等警察に関するものを廃止、さらに、内務省及び地方庁の幹部を含む特高警察関係者約四八〇〇名を休職処分とした。また、既に辞表を提出していた者については、同日直ちにこれが受理された。

また、国防保安法（昭和一六年法律第四九号）、軍機保護法（昭和一二年法律第七二号）等は「国防保安法廃止等に関する件」（昭和二〇年勅令第五六八号）により、治安維持法（大正一四年法律第四六号）、思想犯保護観察法（昭和一一年法律第二九号）等は「治安維持法廃止等の件」（昭和二〇年勅令第五七五号）により、また、治安警察法（明治三三年法律第三六号）等は「治安警察法廃止等の件」（昭和二〇年勅令第六三八号）により廃止され、特別高等警察の作用に係る法令もこれらの相次ぐポツダム勅令により、ことごとく失効し、国体護持、治安維持のための作用法は消滅した。

特別高等警察部門の廃止は、総司令部の指令に基づいて行政機構の改革が断行された最初のものであったが、同部門は大日本帝国憲法体制下において国体護持の中核的役割を果たしてきたと見なされていたところ、国内の治安情勢が不安定な中、これほど急激な改革の指令がなされたことは、警察行政をつかさどる内務省にとって極めて大きな衝撃であった。

(3) ヴァレンタイン・オランダー調査団

さらに、同年一〇月一二日、新任の挨拶のために往訪した幣原内閣総理大臣に対して、連合国総司令長官ダグラス・マッカーサー元帥から伝えられた五大改革指令においても、「国民ヲ秘密ノ審問ノ濫用ニ依リ絶エス恐怖ヲ与フル組織ヲ撤廃スルコト」という表現で圧政的諸制度の撤廃が盛り込まれたことから、警察制度全般にわたる改革は不可避なものと認識されるに至る。

当時、総司令部では、参謀第二部（Ground Intelligence：G2）、民間情報局（Civil Intelligence Section）、公安課（Public Safety Division）が日本の警察制度改革の準備作業に当たっていた。同課長ハリー・E・プリアム大佐は、昭和二一年（一九四六年）三月、警察制度の根本的改革案を作成するため、米本国から二つの調査団、すなわち、元ニューヨーク市警察局長ルイス・J・ヴァレンタインを団長とする都市警察改革企画団及びミシガン州警察部長オスカー・G・オランダーを委員長とするオスカー地方警察企画委員会を招聘した。両調査団は同年五、六月にそれぞれ報告書を公安課に提出。その要旨は、総司令部渉外局から同年六月九日と七月三一日にそれぞれ発表された。

特に、前記オランダー報告は、郡部及び人口五万人未満の都市の警察業務を国家警察としての「国家地方警察（ナショナル・ルーラル・ポリス）」が担当し、その長官は参議院の同意に基づき内閣総理大臣が任命することを提言した。この報告を敷衍して、同年八月に警保局は、同報告書における国家地方警察局長官が内閣総理大臣の下に置かれるという組織図を作成している。[*10] これは、組織上内閣総理大臣が警察に関与するという構想の最も初期のものと言える。しかしながら、この時点においても、内務省担当者においては、内務省の解体、警保局の移管という認識は極めて薄弱であった。当時警察制度改正に携わっていた新井裕氏は、後に座談会において、「ヴァレンタイン調査団を呼んでつくらせたレポートを見ても、何のために日本を見て帰ったのか、全く日本のことと関係のない発想で、アメリカでも書けるようなことを書いているんですね。そういうことでやっておったものですから、こういうことでは困るというので府県警察案というものを立案し、司令部に提出したりしていたのです。[*11]」と述べている点からも当時の内務省内の空気が窺える。

むしろ、警保局移管問題は、戦中、戦後における人権侵害問題を契機として、司法警察と行政警察の分離、司法警察の司法省への統合[*12]という形で、司法省サイドや当時の社会党から表明される程度であった。[*13]

(4) 警察制度改革試案

一方、先の新井氏の発言にもあったとおり、内務省警保局では、昭和二〇年(一九四五年)末から二一年(一九四六年)前半にかけて、前記ヴァレンタイン・オランダーの調査団の作業と並行する形で、また、憲法改正、地方制度改正の動向も踏まえて警察制度改革案の作成準備が進められた。[*14]昭和二一年七月二三日、閣議了解を得た「警察制度改革試案」が公表されたが、ここでは、引き続き、①内務大臣は、警察事務の統轄、地方警察に対する監督及び人事、財政補助相互応援等に関する管理統制を行うこと。②警視庁は、首都の特殊性に鑑み従来どおり内務大臣が直接監督すること。③道府県警察部では公選知事(ただし、知事の身分は官吏とされていた。)の指揮に服するが、警察部長は内務大臣が任免することとされており、内務大臣に警察に対する大きな権限を留保したものであった。

しかしながら、この内務省による試案は、地方への権限の委譲という観点から抜本的な見直しを迫られることになる。すなわち、総司令部は、地方への更なる大幅な権限の委譲を強硬に主張し、いわば、これを反映する形で、同年八月三〇日の地方制度改正のための「東京都制の一部を改正する法律案」の可決の際の附帯決議においては「都及び市町村に対し行政警察権を大幅に委譲すること」が取り上げられた。また、同日、大村清一内務大臣も、警察、教育、保健及び衛生については、原則として地方自治団体に委譲する方向で地方制度の根本的改正を図る必要があることを表明したのである。特に、来るべき地方制度改革においては、知事の官吏から公吏への身分替えが明らかにされていたことから、知事の官吏たることを前提としていた警察制度改革試案は根本からの見直しを迫られることとなったのである。

(5) 警察制度審議会

既に、大村内務大臣が表明していたとおり、地方制度の抜本的改正を図るために昭和二一年（一九四六年）九月二八日に地方制度調査会が発足し、また、同年一〇月一一日、閣議決定により警察制度審議会が設置された。同審議会は、内務大臣の所轄に属し、その諮問に応じて、憲法及び地方制度の改正に伴う警察制度の改正に関し、調査審議を行うこととなった。大村内務大臣から大久保留次郎警察制度審議会委員長に対する諮問事項は警察制度万般にわたるものであったが、中央の警察機構の在り方については、「憲法及び地方制度の改正に伴い実施すべき警察制度改革の根本方針を如何に定むべきか、その要綱を示されたい。」との諮問につき、「中央行政府の警察行政責任機関の機構、権限をどうするか。」という観点から調査審議が進められた。

審議の過程においては、特に司法省側の委員から、警保局の司法省移管が公然と主張された。これは、地方分権に伴い、生命財産の保護、犯罪の予防を含む行政警察事務は地方自治体に委譲し、司法警察事務は警保局とともに司法省に移管しようとするものであった。司法官側から見れば、司法警察の地方への移管は司法警察の政治利用、悪用につながるとし、司法警察を国家に留保し、国家警察を創設しようとするものであった。しかしながら、この主張は、この警察制度改正が各種事務の地方移管に端を発したものであり、警察事務に関しても、その旨を明らかにした先の内務大臣表明にも必ずしも合致しないなどの大きな問題を抱えていた。こうしたことから、この考えは審議会における意見の大勢とはならなかった。[*15]

同年一二月二三日に出された答申において、中央の警察機構に関する部分は、

「四　本来の警察事務は原則として自治体である道府県及び都市に委せ一部を国家に留保すること。」

「七　国家の警察機関として中央に中央警察庁（仮称）及び全国を数地区に分けて各地区に地方警察庁（仮称）を設けること。」

「九　首都の特殊性を考えて東京都の警察執行機関として中央警察庁直轄の警視庁を置くこと。」

とされ、司法、行政警察の分離は認められず、また、中央警察庁の中央省庁における新たな位置付

け、内務省の再編にも触れられることはなかった。[*16]

なお、この際、「警察の実際運営に於て改善すべき重点は何か、及びその改善の方法は如何にすべきか、その要綱を示されたい。」との諮問第二に関し、

「一　中央警察庁及び地方警察庁に民主的に選任された警察委員会（仮称）を設けて、警察運営の円滑化をはかること。」

が答申された。これは、後の公安委員会制度創設との関連で注目されるものである。

しかしながら、総司令部の考えと、この答申及び警保局の考えとには大きな隔たりがあった。当時の議会（第九二回通常議会）における内務大臣の答弁資料には、

「(三)　中央機構について、総司令部は、警察事務執行の不偏性を確立するため、中央機構は内務省から内閣に移し、かつ、その長官は参議院の同意を得て総理大臣が任命し、身分を保障することを主張してきたが、この点は中央各省の機構改正の問題として慎重な研究を要し、急速に結論を出すことは困難であったこと。」

「(四)　答申は首都の特殊性にかんがみ、警視庁は国家警察として存続することとしていたのに対し、総司令部は消極であったこと。」

との記載が見える。

オランダー報告における、国家地方警察（ナショナル・ルーラル・ポリス）の組織の在り方に関する提言、すなわち、警察機構を内閣又は内閣総理大臣の下に置くという考えや自治体警察の設置に

例外を認めずとする考えが、この時点での総司令部の主張にそのまま引き継がれていることが見てとれるであろう。

(6) 日本国憲法施行に伴う警察制度改革に関する件(昭和二二年〔一九四七年〕二月二七日閣議決定)

警察制度審議会の答申に基づき、警保局は直ちに警察法案の作成に着手した。しかしながら、前述のとおり総司令部の考えと警察制度審議会及び警保局の考えとの間には重要な部分で隔たりがあり、昭和二二年(一九四七年)一月に至ってもこの点は未調整のままであった。同月二二日に開催された地方長官会議において、大村内務大臣は、「更に今以てかように改革の確定方針がきまらない以上、五月の憲法実施と同時に、理想的な改革案を実行することは恐らく不可能でありまして、経済的には現在の制度を、新地方制度と適応する限りに於て当分存続するほかないことは明らかであります。」[*17]と述べている。かくして、同年五月三日の憲法改正及び地方制度改正と同時に警察制度改正を実施することは困難視されるに至るのである。

一方、治安面においては、当時、いわゆる二・一スト[*18]の動きがあるなど情勢には楽観を許さないものがあり[*19]、また、地方制度の大改革が行われ、中央政府の権限が地方政府に委譲されるという過渡的状況下において、これを静穏かつ安定裡に行うことが至上命題であった。その間、陸海軍の武装解除がなされている以上、治安の維持に当たるのは唯一警察力のみであり、その組織が政府の指揮監督の下、統一的に活動し得る必要があるとの意見が支配的となった。

同年二月二二日、槇原内務大臣は、警察制度審議会に対し、改正憲法施行に伴う警察制度改革の経過措置を諮問した。

これに対して、警察制度審議会は同日、

「一、道府県に於ける警察行政の単位は、現状のまま道府県の区域によることとすること。

道府県の警察行政は、当分の間公選された道府県知事にこれを委任し、その警察事務に対する指揮監督並びに幹部の任免については、警察行政の全国的統一を保持するため、中央政府において処理すること。」

「二、警視庁は現状のままとすること。」

などを内容とする答申を行った。

この答申を基に、同月二七日の閣議において、ほぼ同一内容の「日本国憲法施行に伴う警察制度改革に関する件」が決定された。

翌二八日、政府は、この閣議決定による警察制度改革案及び増員について、総司令部に対し認可を求めたが、総司令部はこれに対する承認は与えなかった模様である。[*20]

(7) 総司令部公安課による日本警察再組織案

総司令部公安課では、ヴァレンタイン報告、オランダー報告以降も日本の警察制度に関し、組織別、部門別研究が進められ、これらの調査研究を基に日本警察再組織案（Public Safety Division plan for Japanese Police decentralization）が作成された。本文書は、昭和二二年（一九四七年）一月以降二月ころまでに作成され、内務省に非公式に提示された模様である。同案は、ヴァレンタイン報告、オランダー報告を踏襲し、警察事務の範囲を犯罪の捜査等に限定するとともに、最終的には警察組織を人口五万人以上の市の自治体警察とそれ以外の地域の国家地方警察に改組する意図のものであったが、その移行については漸進的な手法をとるべきことを提言している点が特色である。

同案における中央の警察機構の骨格は、以下のようなものであった。

「（十一）この段階は又独立して自己の警察部を運営する市の区域外の村落地域全部を担当するため、日本政府に国家地方警察（National Rural Police）或は公安庁を設置するものである。この庁はまず約三万の制服警察官を以て構成し、有数なる行政、運営及び統制を行うため、一の本部と六又はそれ以上の主要地方支部を以て組織される。公安庁長官は何れの署の管理にも属さず、独立した地位を有する。長官は総理大臣がこれを任命する。」

ここにおいて、国の警察行政機関の主体としては、内務大臣は姿を消し、内閣総理大臣に任命され、独立して職権を行使する公安庁長官が存するのみである。

注目すべきは、内務省の担当者の言である。当時内務省において警察制度改正の任に当たってきた加藤陽三は、「この『日本警察再組織案』が総司令部公安課から出されるについては、私どもは非常に努力した。その内容は、私どもがいうとおりに書いてあった。これに対してはGS（筆者注：Government Section、民政局）の非常な反ばくがあった。同案は日本政府に対して示されたものでなく、内務省に直接よこしたものと思う。私どもは、これを非常に喜んで受けとり、外務省にもっていった。」と述べている。[*21]加藤の言からは、総司令部公安課案は、正に内務省警保局との合作であり、ある程度その意に沿ったものであることが推察される。しかしながら、組織論の中核、すなわち、国の警察組織は、内務省に属さないというものであった。この点について、当時の警察制度改正担当の加藤が必ずしも強い反対の意向を示していないことは興味深い。[*22]彼は、既にこの時点において、警察事務の内務省からの移管を予測、容認していたのであろうか。というのも、同案が内務省に提示されたのは、同年四月三〇日付けの「内務省の分権化に関する件」が提示される二箇月以上も以前であるからである。

(8) 内務省の分権化に関する件

昭和二二年（一九四七年）四月三〇日、連合国総司令部民政局長コートニー・ホイットニー准将は中央終戦連絡事務局（以下「終連」という。）総裁宛の、「内務省の分権化に関する件」の覚書を発出した。

その内容は、大要、①内務省は日本の政府組織で中央集権的統制の中心点であるので同省の改組案を六月一日以前に総司令部に提出するよう要請、②前記改組案については、㋑内務省の機能を中央政府の内部的事務に不可欠なものに限定、㋺地方政府により一般の福祉に適い遂行することのできるものはすべて廃止、㋩中央の他の省、機関と機能的に関連する事務をこれらに移管、といった、事実上、内務省の解体を意味するものであった。

内務省では、この覚書は、占領政策の一環としての我が国の分権化と弱体化を図るため、強大な警察権並びに地方の人事権と財政権を完全に掌握し、戦前の日本に君臨したものと考えられた内務省を寸断して、再び旧体制的反抗が起こらぬよう企図したものと受け取られた。[*23]

翌日、往訪した終連の山田久就政治部長に、総司令部民政局次長チャールズ・L・ケーディス大佐は、新たな組織の在り方について、「特に現在確定的な腹案を持って居る次第ではないので第一義的に日本側で十分考えて貰いたいと思っているが例えば新事態に対応し地方局の廃止、財務関係事項の大蔵省への移管、土木関係事項等を適当な他の省へ移管すること、警察の問題は中央システムの是正に関連し独立の機構を作るか司法省にこれを移すか等種々研究の余地があろうと思う。[*24]」と述べており、その意図は、内務省の徹底的解体であり、警察については、独立の機構とするか又は司法省への移管が選択肢として挙げられていた。

この覚書に対して、同年五月二〇日内務省文書課は、内務省は解体せずに、一部の事務を地方又は他の省に委譲し、組織の面では、警保局を改組して、外局に警察総局を、内局に公安局を設け、地方局を自治局と、国土局を土木局とそれぞれ、改称しようとするという「連合軍最高司令部政治部長書翰『内務省の分権化』に対して採るべき措置」を取りまとめた。

更に、同月二三日、この文書課案を基に、内務省は「連合軍最高司令部政治部長書翰『内務省の分権化』に対する内務省意見」を作成した。意見は、内務省を改組して、第一案の公共省案（内局として、官房のほかに、計画、土木、建築、防災、自治、調査の六局を置き、警保局を外局として公安庁とするもの。）、第二案の総務省案（総理庁の統計局を吸収し、官房のほか、内局として統計、自治、防災、土木、調査の五局を置き、外局として公安庁を置くもの。）が提示されている。文書課案、内務省案のいずれも、警保局は、警察総局又は公安庁という形で外局化されているが、内務省又は内務省の後継機関（公共省であれ、総務省であれ）に属している。一方、総司令部公安課による前述の日本警察再組織案においては、公安庁長官はいずれの署の管理にも属さず、独立した地位を有し、長官は総理大臣がこれを任命するとされており、これとは異なるものであった。

(9) 内務省の機構改革に関する件（昭和二二年［一九四七年］六月二〇日閣議了解案）

昭和二二年（一九四七年）五月二〇日、憲法制定後最初の国会が召集され、同日吉田内閣は総辞職した。同月二三日、国会は、四月の総選挙で第一党になった社会党の中央執行委員長片山哲を総理に指名し、六月一日、社会・民主・国民共同の三党の連立内閣が成立し、内務大臣には木村小左衛門が就任した。

就任の記者会見で木村内務大臣は、

「第一、内務省の改廃は、当面の重要問題として慎重に研究しなければならないが、自分としては地方分権強化のためには、地方自治体の連絡と代弁のための一省を中央に設けなければならぬと思っている。（中略）

第二に治安の確保については、食料、経済危機の打開が第一だ。警察をどうするかは重要な問題だが、これを総理庁へ持って行くなどということは絶対に反対である。地方分権の線に沿って地方警察の強化も必要だが、同時に国家的な治安確保の使命を達成するための国家警察は絶対必要である……（略[*25]）」

と述べ、地方自治をつかさどる省の設置並びに国の治安確保をつかさどる国家警察の必要性及び同分野の総理庁への移管反対を表明した。これは当時の内務省の意向に沿ったものであったことが容易に推認される。

同月四日、行政調査部[*26]では、これまでの総司令部及び内務省との折衝を経て、「内務省の機構改革に関し問題となるべき事項」を取りまとめた。同文書の中心的課題は主として、地方局の改組に関するものであったが、内務省全体の機構改革については、内務省側から提示されていた、先の総務省案と公共省案、それに民政省案（内務省と厚生省を合併したもの。）を含め、七案が提示された。このうち、内務省提出以外の第二案と第三案のみが警察部門の内務省又はその後継組織からの移管を示唆するものであった。

すなわち、

第二案は、「地方局の事務を内閣及大蔵省に移管し、警保局及調査局の事務はこれを内閣に移管し国土局の事務は復興院等と併せ建設省を設置する案」、

第三案は、「地方局の事務を内閣及大蔵省に移管し、警保局及調査局を以て治安省を新設し、国

土局の事務は復興院等の事務と併せ建設省を新設する案」[*27]の二つである。

なお、行政調査部作成に係る同文書においては、内務省から提示された三つの案（国の警察組織については、いずれも内務省の後継組織の外局として存続させるというもの。）については、その全部において、地方局が自治局の名称で従前の内務省的な機関に所属させられていたことから、司令部の覚書において許容されるかについて疑問を呈している。

同月一三日、行政調査部は、ケーディス大佐等と内務省の機構改革問題に関する会談を行った。この際の、同大佐の警察に関する発言は、「警察については decentralize の方針で行きたく行政調査部の recommendation を希望する。」[*28]「警察については decentralize することが必要で名前は兎も角警察中央機関としては或る省の局とするか総理大臣の下の独立機関とするかの二方法があるであろう」[*29]というものであった。この時点で、内務省解体の後の警察に関する組織の在り方についての総司令部の考えは明示されていたと言っても良い。すなわち、内務省以外の省の局又は総理大臣の下の独立機関である。そして、この点は、その後も大きな変更が見られない。

行政調査部は、さらに内務省と協議した上、同月二〇日の閣議了解案「内務省の機構改革に関する件」を策定した。同案は、自治局こそ姿を消しているが、内務省の後継機関である民政省に、国の警察組織については、外局として公安庁を置くというものであった。

一方、別表第三の五には、「警察及消防については別途措置する」とあり、また、同閣議了解案についての齋藤国務大臣・内閣行政調査部総裁の説明要旨[*30]においても、「最後に警察については、その中央機構そのものよりも国全般に亘る警察機能を如何に地方分権化するかと云うことが問題であり、この問題は対司令部関係に於て極めて複雑な経過を辿って居りこれが解決は今少しく後日に譲らねばならぬことを司令部側も了承している。」として、警察行政の地方分権化が大きな課題となっていることを示唆している。

一方、中央機構における、警察事務の内閣総理大臣の下への移管については、「現在の内務省の機構中国土局を除いた各局を総理庁に移管せんとする案がある。本案については現在の内務省地方局の如きはその性質上総理庁に置くを適当と認められるが、治安関係について直接の責任大臣がなくなる点、総理の手許の機関が多くなり過ぎる点等に難点がある。」として難色を示している。

そして、最後の結論において、「本案は司令部覚書に対しては第一段の回答に過ぎぬものであるが、既に時日も相当経過した上議会の再開も迫ったので、差当りの暫定案としてこの案を提示せんとする所以である。」として、本案の暫定性、そして変更の可能性を強くにじませていた。

この了解案に基づく同日の閣議の審議で注目されるのは、鈴木司法大臣が「司法警察権の検察庁移管を是非此の際断行して欲しい。」と述べ、司法警察の司法省移管を引き続き主張している点、木村内務大臣が「警察のことは全部別途措置と云うことになっているのだから、此の際は本案でやって貰い度。」と述べ、警察組織は内務省内に存置することを是とした本案を強く肯定している点である。

⑽ 内務省の機構改革に関する件（昭和二二年［一九四七年］六月二七日閣議了解案）

翌日の昭和二二年（一九四七年）六月二一日、朝日、読売、時事通信等の報道機関は一斉に前記⑼の閣議了解案を報道した。この閣議了解案に対する総司令部の反発は激烈なものがあった。同日、ケーディス大佐は、滝川内閣官房次長、前田行政調査部総務部長、林内務省地方局長に出頭を命じ、報じられた閣議了解の内容はこれまで総司令部と行政調査部とが話し合ってきた内容と全く矛盾し、総司令部の要求を忠実に履行していないこと、そして、同月二六日までに新しい案を提出することを要求した。この会談におけるケーディス大佐の警察制度関連の発言は、以下のとおりである。

「自分達は内務省の改組には、地方財政の大蔵省移管、国土局の分離、警察の分権化、地方団体委員会の設立、地方選挙に対する監督の廃止等の必要なことを明かにした筈であるが、一として実現されていない。

（中略）このような有様では指令を出すより外に方法がない。以前の陸海軍省の廃止のとき等と同様である。[*31]」

「内務省の分権化は世界の与論を満足させねばならぬ。日本警察の歴史はゲシュタッポやゲーペーウーにも劣らぬ暗黒の歴史である。日本の国民を内務省殊に警察権に依る束縛から解放せねばならぬ。今迄内務省の役人はいつも中央政府の意見に従わぬものを警察の力で抑えて来た。今大切なことは中央政府の組織から秘密の軍隊、煽動者等に利用される因子となるものを除くことである。[*32]」

「日本に於ては未だに言論、集会、思想、出版等の国民の自由が警察から圧迫されている。警察の分権化こそ急務である。勿論警察制度改正に当り或る種の権能が国家的に扱われるべきことは承知している。国家的な法律の執行、鑑識の問題其の他関税、鉄道警察の如きは之である。然し他の法律の執行の如きはこれに反する証明の無い限り府県及例えば人口五万以上の都市が自治的に行えぬと云うことは考えられぬ。此のことは昨日鈴木内務次官にも話したことで例えば警視庁が都知事の下につけぬと云う理由を見出し得ない。[*33]」

「警察に付いて警察審議会の答申案は新憲法の精神に合っていない、口先丈のものである。もとより我々も一ぺんに分権が実行されなくてはならぬとは云わぬ、段階をつけていい。しかし提案される案は最終的且充分なものでなければならぬ。（中略）世界の与論が日本を警察国家と考えている間は講話条約も締結されぬであろう。[*34]」

いずれも、警察審議会の答申を始め、これまで内務省側から提起された改革案を受け入れられないものとして、より徹底した国家警察の解体と分権化を求めるものであった。そして、このやりとりは、ケーディス大佐がここで言及した改革案以上に急進的なマッカーサー書簡の発出を予感させるところの、戦前の国家警察とその総本山たる内務省に対する敵意に満ちたものであった。この会談を契機に、内務省幹部も内務省解体はやむなしとの判断に傾くこととなる。会談に出席していた、林地方局長は、当時を大要以下のように回想している。

「行政調査部の前田克己総務部長が『君はわからなかったかも知れないがね』と林に囁いた。

『僕がね、日本では内閣というものがあって、内務大臣もその一人として加わっている、内務行政の責任者は内務大臣だから、閣議はこの大臣の意思を尊重しなければならないのだ、とケーディス大佐に言ったのだ。すると彼は、自殺する省の大臣に相談する必要はない、と言ったよ』

この言葉を聞くと、林は『むこう（GHQ）はどうにもこうにも内務省を潰す気だ。それまでは絶対に承知しないという段階に来ているな』と感じた。重い心を抱いて省にかえると、木村内相と鈴木幹雄次官に『もうここで方針をきめましょう』と進言した。[*35、36]」

これにより、同月二〇日閣議了解案における民政省案は白紙撤回となり、総司令部が自ら関与する形で内務省解体案が作成された。行政調査部が中心に起案した「内務省の機構改革に関する件」（昭和二二年［一九四七年］六月二七日閣議了解案）においては、総理庁の外局として、①自治委員会及び自治委員会事務局、②建設院、③公安庁を置くというものとなった。公安庁には、内務省の警保局と調査局が置かれることとなっていた。

この時点で、国の警察機構は、内務省の消滅とともに、内閣総理大臣の下に置かれる道を歩み始めたのである。

閣議了解における齋藤国務大臣・行政調査部総裁説明は、この機構改革について、「かくして現在の内務省は挙げて総理庁へ移る結果と相成った次第である。如何に権限の委譲を行う共、尚内務省には相当の事務が残るので何とかして一つの省として残し度いと思い種々工夫したが、良案なく此処に歴史ある内務省の幕を閉づるの結論に立ち至ったのは誠に感慨に耐えぬ次第である。[*37]」と総括している。しかし、内務省の存廃は、行政組織法上の「事務」に係る理論の問題ではなく、日米をめぐる冷厳な国際政治の問題であったのである。

閣議了解を得ると、政府は直ちに総司令部に回答した。同月二八日、総司令部はこの回答に同意し、ホイットニー准将はその旨署名した。ここに「内務省の分権化に関する件」の覚書に対する日本側回答は、総司令部の同意を得るに至ったのである。

同年七月八日、総司令部は、片山内閣によって発表された内務省の解体について、新聞発表を行った。この中で、彼らなりの見方で内務省を以下のように断罪している。

「内務省は数十年間にわたって警察権を握り、地方官吏の任命権を持ち、地方議会の決定に承認、または否認の権力を持つことによって、政府の行政官庁が政府の意思を日本の団体政治の上に強行するという武器となっていた。それは軍国主義者たちが完全な独裁政治をつくり上げ同時に外見上は民主主義の原理を宣伝する中間の媒介になっていた。（中略）国民の資力は内務省と警察権をにぎる日本政府の少数のものがこれらの権力を用いて侵略戦争へ動員したのである。政府の諸部門のうち内務省ほど日本国民を隷属と服従にはめこんだものはなく、これにより政府の少数のものが日本を文明に反する悲惨な戦争に導いて行くことができたのである。[*38]」

⑾ 日本警察改革案（昭和二二年［一九四七年］八月二六日）

内務省の解体による国の警察組織の在り方を如何にするかという問題とともに、総司令部においては、警察組織を昭和二二年（一九四七年）四月一七日に成立した地方自治法（昭和二二年法律第六七号）と新憲法に合致させるための作業が急務であると認識されていた。[*39]

ホイットニー准将は、同年七月一日、官房長官西尾末広宛に「司法手続及び警察に関する計画」を提出するよう覚書を発出した。当時の民政局の関心は、法の執行機関を含めた法務部の再編成、統治機構内におけるそれらの地位、及び如何なる再編成が行われる場合でも地方自治の諸原則を保全することにあったとされるが、[*40] この動きは、内務省解体後の警察制度再編に向け、公安課に対抗するための民政局の布石としての意味合いが濃かった。[*41]

この要請を受けて、片山内閣は、同月一五日、閣内に司法警察制度改革委員会を設置した。委員には、木村内務大臣、鈴木司法大臣、一松厚生大臣、西尾官房長官及び齋藤国務大臣が充てられたが、この委員会には、総司令部内の民政局と公安課の対立がそのまま持ち込まれた。[*42]

すなわち、司法省が民政局の方針に呼応して、中央警察の権限を著しく制限し、警察の司法省移管等を内容とする文書を提出したり、これに対して公安課サイドが巻き返しを図ったりするなどの動きがあったのである。

その後、鈴木司法大臣は、同年八月二六日に「日本警察改革案」（Plan for the Reform of Police in Japan）[*43] を総司令部に提出するに至るのである。

本案の特色は、

①国家警察中央本部を内閣直属の公安庁に置く。

②人口二〇万人以上の市には独立の市警察を設置する。

③市警察の区域外の地区は国家警察が担当する。

④東京都については、国家警察機関たる警視庁を置く。

⑤市警察と国家警察は相互共助関係とするが、警衛警備、広域的な職権行使、国家的犯罪については国家警察が市警察の管轄区域内においても職権を行使でき、必要な場合は市警察を指揮できる。

といった点であり、都市警察は人口二〇万人以上の一三都市に限定するとしている点や警視庁は国家警察としている点で内務省寄りの案となっている。しかしながら、これは総司令部内において相対的に保守的であるとされた公安課においてすら容認し難いものであり、後日、同課より、

①五万人以上の人口を有する都市に独立の都市警察を設ける。

②東京都にも都市警察を置き、首都の特殊性を考慮して、国家警察中央本部と、東京都警察長官室との間に特に厳密な連絡を保持する。

といった修正提案が提起されている。

⑿ 片山書簡（昭和二二年〔一九四七年〕九月三日）

司法警察制度改革委員会においては、民政局とこれを後押しする司法省、公安課とこれを支える内務省の立場の相違が委員会の場においても顕在化し、片山内閣は、両者の中間をとった折衷的改革案を作成し、昭和二二年（一九四七年）九月三日マッカーサー元帥宛に書簡を発出し、裁定を求めた。[*44]

このことについては、内務省の警察関係者にも一切相談がなく、当時片山内閣の官房次長を兼ねていた曽禰益終連長官等が起草して提出したものであって、提出後もその内容は全く極秘とされていた。[*45]

提案には、

①国家警察と都市警察を併存させる。国家警察と都市警察とを分離するに当たり、まず、人口二〇万人以上の数都市から都市警察を創設し、逐次人口五万人の小都市にまでも拡張することとする。

②国家警察は中央本部として公安庁を有し、地方本部を約八の地点に設け得るものとする。公安庁は総理大臣以外の責任大臣の下に置くことが適当と認められる。

との内容が盛り込まれた。公安庁を内閣総理大臣直属としなかった理由については、「公安庁は総理庁に置く案と司法省の管轄とする案とが考えられる。警察を極端なる政党政治の弊害より守り、且つ中央に於て強大なる政治勢力たらしめない為には前者を可とする見方もあるが、国家警察を設ける以上は公安庁を漠然と総理庁に置き、国会に対し責任を有する所管大臣を設けないことは、却って官僚勢力の温存となって面白くないとの見方もある。」とされた。この点は、前記(9)において述べた六月二〇日の「内務省の機構改革に関する件」における齋藤国務大臣・行政調査部総裁の発言とも軌を一にしている。

(13) マッカーサー書簡（昭和二二年〔一九四七年〕九月一六日）

片山内閣総理大臣の書簡による要請に応じて、マッカーサー元帥は警察制度改革をめぐる総司令部内の公安課と民政局との意見の対立に終止符を打ち、同総理大臣宛の書簡でその意向を明らかにした。

同書簡においては、警察制度改革に関する基本的方針が示され、旧警察法の原案とも言うべき警察改組案も添付されていた。この裁定は、基本的に地方分権化を即時断行すべしという民政局案を支持したものと評価されている。

書簡の裁定事項は多岐にわたるが、本稿に関連する部分を挙げれば、

①都市及び町に自治体警察を、その長は当該自治体の委員会によって任免されるべきこと。

②中央における適当な機関は、内閣に直属する公安委員会を設け、その委員には「キャリアー」の警察官又は官吏たらざりし五名の委員で構成されるものであること。この委員は総理大臣が議会の同意を得て任命し、一定年数の期間在職するものとすること。

③国家非常事態に際しては、国家公安委員会の勧告に基づき、内閣総理大臣が国家地方警察に対し指揮権を行使する途は開かれるべきであること。

などである。

この案は、当時の警察当局にとって、人口五〇〇〇人規模の市町村にまで警察組織を細分すること、警視庁を都の警察とすることなど全く不満とする点が多かった。内務省は、昭和二二年（一九四七年）一〇月七日には、「警察再組織案に関する日本政府の希望事項[*46]」を総司令部に提出した。ここでは、①自治体警察を設置すべき市及び町の範囲につき、市及び人口二万人以上の町に設置することにとどめたい旨（この場合、二一〇市、一二二町、合計三三二市、町及び四六の府県と総計三七八警察部に分割する結果となる。）、②首都の警察執行の中心である警視総監の任命について中央の公安委員会の同意を受けさせるとともに国の利害に係る重要な事務についてはその警察運営に中央の公安委員会も関与し得るものとされたい旨、③経済統制に関する取締りについては、地方自治体警察に対して中央より指揮すること及び国家地方警察隊が地方自治体警察の管轄区域においても必要な権限行使をし得ることを認められたい旨が主たる要望事項であった。総司令部は、この要望を一顧だにせず、結局、総司令部原案の線で旧警察法の立案が進められた。警察法案は、第一次案から第三次案を経て、同年一一月一〇日の閣議において、警察法の政府原案の決定をみた。書簡発出から二箇月に満たない、異例の速さであった。

旧警察法の起草に当たった内務省企画課の上原誠一郎は、当時の想いを以下のように述懐している。

「その書簡（筆者注：マッカーサー書簡）の冒頭に、私どものまったく知らない日本警察改革計画がマッカーサー元帥に提出されていたこと（筆者注：片山書簡を指す。）と、それに対するマッカーサー元帥の意見に基づいて警察制度改革の大綱がすでにおおむね決定されているのを知って、一同、愕然とした。[*47]」

「このマッカーサー書簡を繰返し読みながら、私どもは、その偏見と無理解とにたびたび深い嘆きの声をあげ、ドラウト（草案）を取上げては、何と頭の悪い連中だろうと舌打ちしたのであった。[*48]」

「私どもは、しかし、気を取直してドラウト（草案）と取組み、日本の再建の基礎となる治安の回復のこと、将来の再建のことを思うと、民主化の徹底という名目の下に、明らかに日本警察の寸断、弱体化をねらっている意図が露骨にうかがわれ、断腸の思いだった。私どもの筆は重くたどたどしかった。[*49]」

ここには、内外の諸情勢の大きな壁に阻まれ、自らの理想とは全くかけ離れた形で警察の制度設計に当たる者の苦衷が赤裸々に明かされている。渾身の力を込めて、重くたどたどしい筆を運びつつ、彼らは驚異的な速さで旧警察法案を閣議決定に至らしめた。

旧警察法では、「内閣総理大臣の所轄の下に、国家公安委員会及び警察官の定員三万人を超えない国家地方警察隊を置く。その経費は、国庫の負担とする。」（第四条）とともに、「国家公安委員会の権限に属する事項に関する事務を処理せしめるため、国家公安委員会に、その事務部局として国家地方警察本部を置く。」（第一一条）と規定された。

当時の企画立案担当者の内心が奈辺にあったかは格別、戦後における内閣総理大臣と国の警察行政機関との始原的関係がここに定まったのである。

2 政令改正諮問のための委員会報告書「行政制度の改革に関する答申」（昭和二六年［一九五一年］八月一四日）

昭和二六年（一九五一年）四月一一日、マッカーサー元帥は、トルーマン大統領により突如解任された。代わって最高司令官に着任したマシュー・B・リッジウエイ将軍は、同年五月一日、「日本が国内問題処理の全権を回復する日にそなえるため、現在の占領政策すなわち日本政府の責任遂行能力に比例しつつ占領軍当局の管理を緩和してゆくという現在の政策は今後ますます推し進められるであろう」とした上で、「日本政府は、過去の経験と現在の状態とが必要とし、好ましいとするような修正を、現行手続によって行うために、総司令部指令の実施に当たって公布した現行法令を再審査する権限を与えられた」と述べた。

吉田内閣総理大臣は、この声明に呼応する形で、「首相の非公式諮問機関として民間人を中心とする懇談会」（政令諮問委員会）を立ち上げ、行政機構改革に着手した。

政令諮問委員会は、行政委員会制度は能動的行政事務において責任の明確化を欠き、能率的な事務処理の目的を達し難いとして、国家公安委員会等の各種行政委員会を廃止するとともに、府省の統合に関し、「国家地方警察、人口一五万未満の市町村の自治体警察、特別審査局、出入国管理庁、警察予備隊、海上保安庁（警備部門）を統合し、保安体制の確立とその責任の明確化を目的として保安省を設けること。」を明らかにした。ここでは、治安機構の一元化構想が提案され、国の警察機構は、他の治安機構と統合された上で内閣総理大臣の所轄から外れることとされた。

しかしながら、政令諮問委員会の答申を行政機構改革案に取りまとめる作業は遅延を重ね、その内容も政府・与党内で検討を経るに従って現状維持的なものへ変容した。結局、第一三回国会には、治安機構の抜本的再編案は提出されず、内閣総理大臣の権限強化が盛り込まれた警察法の一部改正法案が提出されることとなるのである。[*50]

3　旧警察法下における内閣総理大臣の権限強化

旧警察法下において、警察事務は本来的には市町村の事務であると整理され、警察の地方分権が徹底され、市及び町村（人口五〇〇〇人以上の市街的町村）は警察を維持し、「法律及び秩序の執行の責に任ずる」こととされた。この結果、一六〇五という多数に上る自治体警察が生まれたが、それらは、国からは完全に独立してその管内の治安維持に当たり、その自治体の費用で賄われ、国家非常事態の場合を除き、運営面でも組織の維持等の面でも一切の国の指揮監督を受けないというものであった。[*51]国家公安委員会は中央政府に属する警察の機関ではあるが、単に「国家地方警察」の機関であるのにとどまって、「自治体警察」の機関である市町村公安委員会に対して何らの指揮命令権を有しない、のみならず、国家地方警察の機関である都道府県公安委員会による警察の運営管理に対しても、指揮命令を行うものではない、とされていた。すなわち、旧警察法下においては、昭和二七年（一九五二年）の一部改正までは、地方警察に対する運営管理に係る国の関与は国家非常事態における場合以外は否定されていたのである。

一方、当時の治安情勢は、「革命前夜」[*52]とも称される騒然としたものであった。昭和二六年（一九五一年）一〇月に開催された日本共産党第五回全国協議会では、「日本の解放と民主的変革を平和的手段によって達成し得ると考えるのは間違いである」として、暴力革命唯一論を定式化した「五一年綱領」と「われわれは武装の準備と行動を開始しなければならない」と主張する武装闘争の方針とが決定された。警察官を攻撃対象として、同年一二月二六日には印藤巡査殺害事件、翌二七年一月二一日には白鳥事件が敢行された。さらに、二月には蒲田事件（集団による派出所襲撃及び警察官に対する集団暴力事件）、四月には武蔵野市署放火未遂事件といった警察施設を攻撃目標とする事件が引き起こされた。また、大衆運動の面では、皇居前メーデー事件が発生し、この事件では、二人が死亡し、一二三〇人が検挙された。

こうした厳しい治安情勢を背景として、旧警察法による過度の地方分権に起因する警察の弱体や非効率性が指摘されたのである。[*53]

昭和二七年（一九五二年）第一三回国会に提出された警察法の一部を改正する法律案の提案理由

説明においては、「国内治安については、政府がその最終の責任者であることは、今更申し上げるまでもありません。従って、この際、警察行政に関する内閣の責任を明らかにすることは、治安の確保の上に特に重要」であるとされたのである。

この改正案は、第一に、国家地方警察本部長官は、内閣総理大臣が国家公安委員会の意見を聞いてこれを任免することとする。第二に、特別区の警察は、その特殊性に鑑み、特に政府と密接な関係を保持させる必要があるので、その警察長（警視総監）は内閣総理大臣が、特別区公安委員会の意見を聞いて、これを任免し、また、特別区の警察に要する経費の一部は予算の範囲内において、国が負担することができることとする。第三に、内閣総理大臣は、特に必要があると認めるときは、国家公安委員会の意見を聞いて、都道府県公安委員会又は市町村公安委員会に対し、公安維持上必要な事項について、指示することができることとし、この場合における内閣総理大臣の指示に関する事務を、国家地方警察本部に処理させることとするものであった。

なお、第一と第二の改正案については、伏線があった。

吉田茂氏は、『回想十年』（第二巻・新潮社、一二九頁以下参照）の中で、「そもそも警察行政というものは、行政の中でも最も大切なものの一つであって、内閣は当然これに責任を負うべきものである。従ってまたそれに相応した権限もあるべきものと思う。私は当時、新しい警察制度の下でも、そうした建前になっているものと思い込んでいた。ところが、その後になって、前にも触れた通り、いろいろな事件に直面するに連れて、警察に対しては、責任はともかく、何の指揮権、命令権も政府にないことが分かってきた。」と述べている。

こうした不満が具体的な形となって現れたのが、吉田内閣による、昭和二四年（一九四九年）七月の「政府との意思の疎通を欠く」ことなどを理由とした斎藤国家地方警察本部長官の更迭要求であった。

当時の国家公安委員会は、これに対して、「斎藤は社会党内閣の末期に、社会党内閣が国会の同意を得て任命した国家公安委員会によって任命され、当委員会は政党より完全に中立を保ち、斎藤長官も政治的には全く中正に職務を執行している。政府の代わるたびに長官を代えることは警察の中正を失わせるおそれがある。斎藤は警察経歴に乏しいといっても、戦後の新しい民主警察を育成するものとしては、旧警察の経歴を尊重することがかえってよろしくない結果を見るおそれすらある。旧時代の警察経歴の短いことをもって不適格と断ずることは不可である。政府、警察の連絡は当公安委員会が当たるべきだと考える。当公安委員会は斎藤の行っていた連絡で十分だと考える。この際、斎藤を罷免すべき理由はない。」と反論し、政府の斎藤長官更迭要求は頓挫した。

この改正案の第一及び第二は、吉田の要求を法制的に解決せんとするものであったが、与党自由党から、任免権は、従前のとおりそれぞれの公安委員会にあることにして、内閣総理大臣は意見を述べるという消極的権限を持つことに修正する案が提出される。

その理由とするところは、警察行政の民主的運営を保障するために設けられた公安委員会の重大な権限を取り上げて、これを内閣総理大臣の手に移すことは、現行の警察法の精神に合致しないのみならず、厳正公平たるべき警察権の運営に政党的関与のおそれを生じ、かつての選挙干渉のごとき心配もあるとされたほか、この改正案に盛り込まれた内閣総理大臣の指示権を適当に運用すれば、大体において政府は治安維持上の責任ある措置を講じ得るというものであった。[*54]

また、国家地方警察本部長官及び警視総監の任免権を公安委員会から内閣総理大臣へ変更するとの改正案は、公安委員会側からも異議申立てがあった。当時国家公安委員会委員で、国会において意見を聴取された青木均一氏[*55]は、「過去におきましては……議会を制肘するものがあった。にもかかわらず、それでもなおかつ議会の腐敗というようなことに対して、一部の者の不満を買いまして、軍部ファッショを起こしたにがい経験を持っております。しかも政党政治においては、選挙が非常に大きな問題でありまして、そうすると多数党が警察の長官の人事権を持ち、多数党の政府が警察の長官の人事権を持つということは、その警察の長官を通じまして、一切の警察署長の人事権を持ちますから、そうしますと、かりにそういう心配がなくても、非常に公正なことをしておりましても、反対党から見ましては、選挙に有利な形をした警察署長の取締り権までとってしまって、どうして反対党がこれに対して言論戦をもって公正な争いができようというような不満を抱かせまして、そうして言論にたよるより、何らかほかのものにたよらなければならぬというような考えをもし抱かせるようなことがありましたならば、まことに残念なことでございます。[*56]」と述べ、任免権者の変更について、選挙干渉の可能性及び警察権の強大化により民主的政治過程が保障されないことに伴う暴力主義的政治傾向の拡大への懸念から反対を表明した。

結局、与党からの修正案が可決され、国家地方警察本部長官は、国家公安委員会が、内閣総理大臣の意見を聞き任免すること、また、特別区の長（警視総監）は、特別区公安委員会が、内閣総理大臣の意見を聞き任免することとなった。

また、第三の「内閣総理大臣の指示」については、

「第六十一条の二　内閣総理大臣は、特に必要があると認めるときは、国家公安委員会の意見を聴いて、都道府県公安委員会又は市町村公安委員会に対し、公安維持上必要な事項について、指示することができる。」との規定が追加された。

提案理由説明中に「政府と警察との関係は、国家非常事態の際に、全警察が例外的に内閣総理大臣の指揮の下に置かれることとなっているのであります。国内治安については、政府がその最終の責任者でありますことは、今更申し上げるまでもありません。」とあるように、新たに規定された「内閣総理大臣の指示」においては、国家非常事態との関連が強く意識されていたことが窺える。

この規定に基づく「内閣総理大臣の指示」の発動要件は、「警察法第六一條の二の規定に基く内閣総理大臣の指示に関する事務処理規程」（昭和二七年総理府訓令第三号。[*57] 以下「事務処理規程」という。）に次のように規定された。

「第二条　指示は、左の各号に掲げる場合につき、これを行うものとする。

一　大規模な災害が発生し、このため当該地方の民心に不安のある場合

二　地方の静穏を害する虞のある騒乱が生じ、又は生ずべき危険のある場合

三　国家的重大事案又は国内全般に関係若しくは影響のある治安上重大な事案に係る場合」

当該指示の発動の前提として、事務処理規程第三条第二項において、災害、騒乱若しくは事案が生じ又は生ずべき危険があるときは国家地方警察本部長官による内閣総理大臣への報告が義務付けられ、また、当該指示は、「内閣総理大臣の指示に関する事務処理細則」（昭和二七年［一九五二年］八月一五日付け国家地方警察訓令第三九号）[*58]第四条の規定により、文書によって伝達することが定められていた。

一方、当該指示は、主として警備運営上の必要に基づく場合には個別具体的な指示が予定されているが、犯罪捜査に関する指示については、例えば他の警察の援助を要求すべき旨を指示するなど捜査態勢を整えさせるために必要な場合等に関するものであり、捜査の個々の内容に係る指示は予定されていないとの公定解釈[*59]が採られていた。

前述のとおり旧警察法においても、第七章で現行警察法の緊急事態の特別措置に該当する国家非常事態の特別措置が規定されていたが、旧警察法の国家非常事態については、現行警察法第七一条のように緊急事態に関し「大規模な災害又は騒乱その他の」という例示が付されていなかったことから、当該第六一条の二の指示がなされる場合と国家非常事態が発動される場合との関係は文理上は必ずしも明らかではなかったと言える。

しかしながら、前記公定解釈によれば、旧警察法第六一条の二は、国家非常事態に立ち至っていない場合においても、特に必要があるときには、都道府県公安委員会又は市町村公安委員会に対して公安維持上必要な指示を発する途を設けて内閣総理大臣が治安に対する最終責任をとり得る態勢を明らかにすることを目的としたものとされていたので、事務処理規程第二条に基づく内閣総理大臣の指示の要件と国家非常事態発動の要件の差は、いわば当該事態の重大さ、深刻さの度合いによるものであり、事案の質的な相違に基づくものではないものと認識されていたようである。

4 昭和二八年警察法案

昭和二七年（一九五二年）一一月二四日、吉田内閣総理大臣は、参議院における施政方針演説において、

「戦後急激に改革せられた現行警察制度及び治安関係諸法令についても、現下の我が国の国情に適合しないと思われる点について検討を加え、能率的且つ民主的な治安機構の運営を保障しうるよう是正を図りたいのであります。」

と述べ、警察法の改正に意欲を示した。

昭和二八年（一九五三年）二月一七日に閣議決定された「警察制度改正要綱[*60]」は、①総理府の外局として治安警察行政をつかさどる警察庁（仮称）を置く。②警察庁に長官を置き、国務大臣をもって充て、その権限は国家の治安事務を中心とする法律により列挙された事項とする。③内閣総理大臣の所轄の下に国家公安委員会に代わる国家公安監理会を置く。国家公安監理会は、長官の行う

事務の監視助言の機関とする。④国家地方警察及び市町村自治警察は廃止し、都道府県単位の地方警察を置く。都道府県に公安委員会を置き、公安委員会は行政管理及び運営管理をつかさどる。⑤都道府県警察の職員のうち、警視以上の者は国家公務員としその他は地方公務員とすることなどを骨子としていた。

同要綱は、戦後の地方制度改正そして旧警察法を経た後においてもなお、制度論のモチーフとして、昭和二一年（一九四六年）七月二三日閣議了解の「警察制度改革試案」、そして、同年一二月二三日の警察制度審議会答申といった内務省警保局主導の警察制度改革案との連続性を色濃く想起させるものと言えよう。

政府は、昭和二八年（一九五三年）二月二四日、この「警察制度改革要綱」を基に警察法の全部改正法案を閣議決定。同月二六日、同法案を第一五回国会に提出した。国会においては、衆参両議院の本会議において提案理由説明がなされ、衆議院地方行政委員会においては、同年三月二日から一三日までの間数回の審議を行い、翌一四日には法務委員会との連合審査会を開いたが、同日衆議院が解散となったことから、警察法案は審議未了で廃案となった。

同法案において、吉田内閣は、警察庁長官の国務大臣化及び国家公安委員会の諮問機関化を目指した。

すなわち、警察庁に長官を置き、国務大臣をもって充てるとし、さらに、国家公安委員会に代えて国家公安監理会を置き、国家公安監理会は、警察庁長官（閣僚）の行う事務の監視助言機関とし、警察庁次長、警視総監の任免に対する意見表明等を行うこととしたのである。

当時の青木国家公安委員会委員長（前記3の青木均一氏）は、これに対して、国会の場において、「今日わが国の民主主義を完全に発達させるためには、議会政治を完全に伸ばさなければならぬとわれわれは考えておりますが、その議員の選出についてはできるだけ公正で、中正でなければいかぬ。国民もそういう信頼感を持つ形でなければいけない。そうなりますと取締りの一番直接の衝に当りますす警察というものは、やはり中正の形において置かれた方がいいのではないか。……私はただいまの警察法を改正しまして、直接の責任の衝を政府がとるために、実際は政府の警察になるような形に組みかえることは、はなはだ好ましくない。むしろ公安委員会の制度におきまして運営した方がよろしいのではないか、かように私は考えておるのであります。[*61]」などと述べて、同法案に反対した。

同法案が提起するところは、多岐にわたるが、国家・中央レベルの警察行政機関については、管理機関と実施機関の区別を採用せず、独任制の警察官庁たる警察庁長官（国務大臣）を置き（法案第五条第一項[*62]）、国家公安委員会に代わって置かれた国家公安監理会は監視、勧告、助言の機関として特化することとされた（法案第二二条第一項、第二項[*63]）。勧告助言は、いずれも相手方を拘束するものではなく、従前の国家公安委員会に比して、警察運営に対する関与の度合いは著しく縮減した。

また、内閣総理大臣の権限については、警察庁長官が国務大臣となったことから、警察庁次長（一般職の長）並びに警視総監及び道府県警察本部長の任免権は閣僚である警察庁長官に留保され、内閣総理大臣の権限ではなくなっている。この点は、憲法第六八条に基づき、内閣総理大臣は、国務大臣を任命し、任意に国務大臣を罷免することができることから、内閣総理大臣は閣僚たる警察庁長官を通じて、これらの警察組織の最高幹部の人事についても影響力を行使し得るものと考えられたのであろうか。

5　現行警察法制定時における議論

昭和二八年（一九五三年）二月二六日の衆議院予算委員会における吉田内閣総理大臣の「バカヤロー」発言に対する懲罰動議が鳩山派の離反により可決され、さらに、内閣不信任案が可決されるに及んで、吉田内閣総理大臣は衆議院を解散した。この「バカヤロー解散」により、昭和二八年警察法案は審議未了、廃案となった。

総選挙後少数与党となった第五次吉田内閣の下で、政府は、第一九回国会での成立を目指して新たな法案作成の準備に入る。

一方、地方制度全般についての改正意見を検討しつつあった地方制度調査会（昭和二七年［一九五二年］一二月内閣総理大臣の諮問機関として設置）においては、「当面答申を要すべき事項」の一つとして警察事務の配分の問題をとり上げ、昭和二九年から実施する必要のある緊急の事項として検討を加え、昭和二八年一〇月、内閣総理大臣に対し、

①国家地方警察及び市町村自治体警察の廃止並びに府県及び大都市単位の公安委員会の管理下に

ある自治体警察の設置
②警察相互の連絡調整及び教育、鑑識、通信等の施設の維持管理に当たる中央機関の設置
③公安委員会委員の資格の緩和
④国家的事件等に関する国の府県及び大都市警察に対する指揮監督権の設定
⑤府県及び大都市自治体警察職員の身分、待遇に関する特別取扱い
⑥警察職員の給与及び定数の基準の法定化
⑦警察費のうち一定率の国による負担

等を内容とする答申を行った。この答申は、地方制度調査会の性格からして、事務配分の見地から行われたものであり、警察制度全般に及ぶものではなく、中央機構等には触れていないのであるが、公的審議機関による警察制度の改正に関する答申として重要な意義を有するものであり、警察法案作成に当たって大いに参考にされたとされている。[*64]

また、昭和二九年（一九五四年）一月七日の与党自由党行政改革特別委員会において、従前の昭和二八年警察法案の考えを改め、国家公安委員会を存続させることとする一方、その委員長は国務大臣とし、新たに置かれる警察庁は、長官を一般職の職員をもって充てるとした上で、都道府県以下の警察機構は昭和二八年警察法案の考え方を踏襲することとしたのである。同月一四日に「警察制度改正要綱[*65]」が閣議決定された。

同要綱には、①内閣総理大臣の所轄の下に国家公安委員会を置き、委員長及び五人の委員をもっ

て組織する。委員長は、国務大臣をもって充てる。②国家公安委員会は、国の治安事務を中心とする特定の警察事務につき警察庁を管理する。③警察庁に長官を置き、一般職の官吏とし、内閣総理大臣が国家公安委員会の意見を聞いて任免する。④都道府県に都道府県警察を置き、国家地方警察及び市町村自治体警察は、廃止する。⑤都道府県知事の所轄の下に都道府県公安委員会を置き、都道府県公安委員会は、都道府県警察を管理する。⑥都の警察長（警視総監）は、内閣総理大臣が国家公安委員会の意見を聞いて任免する。⑦道府県の警察長（警察本部長）は、長官が国家公安委員会の意見を聞いて任免する。都道府県警察の警視正以上の警察官（都道府県の警察長を除く。）もまた同様とする。

といった点を骨子としていた。

同要綱に基づき起案された警察法案は、同年二月九日に閣議決定され、同月一五日第一九回国会に提出された。

現行警察法制定をめぐる議論は、極めて多岐にわたるが、本稿の対象である内閣総理大臣の権限についても、重要な論点の一つであった。

特に、これは昭和二七年（一九五二年）の旧警察法の一部改正の際にも議論となり、最終的に政府原案が国会において修正を加えられた点であるが、新警察法案が、提出の時点において、警察庁長官（筆者注：旧警察法の際は国家地方警察本部長官）及び警視総監の任免権者を内閣総理大臣としていたという点が、警察庁長官が道府県警察本部長及び都道府県警察の警視正以上の職員の任免権を有することとされていたという点と相まって、内閣総理大臣に対する権力の過度の集中であるとの批判を受けたのである。

同種の議論は、本警察法案の審議中誠に多々展開されたが、例えば、昭和二九年（一九五四年）二月一六日の衆議院本会議で質問に立った日本社会党西村力弥議員は、以下のように述べている。

「内閣の責任と権力の帰属という問題についてでございます。民主主義社会において、権力の配置は互いに牽制し、均衡を保つようにあらなければならないことは、さきにもちょっと触れたのでございますが、吉田総理はワン・マンと呼ばれているのであって、今やあらゆる権力をその手中に収めて、絶大なる独裁的権力の権化となりつつあるのであります。直接侵略に対抗する自衛隊を統帥し、秘密思想スパイである公安調査庁を握り、今や警察庁長官及び警視総監の任命、国家公安委員長に国務大臣を充てることによって全警察権を掌握せんとし、教育の中立性保持に名をかりて教育を吉田政府の欲する方向に規制し、また行政府首班として全官僚を押え、思うこととならざるはない権力者の地位に鎮座ましまさんとしておるのでございます。臣茂は今や元首茂になったのかと疑われるのでございます。[*66]」

しかしながら、こうした議論はただ単に野党からのみ出てきたわけではなかった。同日、同じく衆議院の本会議で質問に立った与党日本自由党中村梅吉議員は、以下のように述べている。

「何と言いましても、人事権というものは目に見えない、物を言わないところの威力を持つものであるということは議論の余地はございません。この人事権を完全に内閣総理大臣が持ち、あるいは警察本部長以外の警視正以上に対しては中央の警察庁長官がその人事権を握るということになりまするならば、これは、たとい形はどう弁解されようとも、本質は総理大臣なり警察庁長官の威令が地方にまで行われる結果になるということは争えない事実であると私どもは思うのでございます。[*67]」

さらに、翌一七日の参議院の本会議で質問に立った与党改進党一松定吉議員は、以下のように述べている。

「私は一体この法案は国家警察再現になるんだ。私は結果から見ればそうなるということを考えるのであります。(拍手)なぜそうなるか。総理大臣が国家公安委員を任命するについて両議院の同意を得て任命する。これは民主的でありましょう。又そうであるけれども、(中略)上は国務大臣から下は警察署長に至るまで、終始一貫していわゆる総理大臣の任免権というものがずっと続いておるのではないかと、こういうことです。(拍手)続いておるということは、即ち結果から見れば、昔の内務省警保局長がベル一本押せば、全国の警察官が起ち上ったと同じ結果になるではないか。そうすると、これは警察国家再現ということになったと言われてもいたし方ない[*68]」

といったものである。

少数与党である自由党は、日本自由党及び改進党の与党内部からの政府原案の修正圧力にさらされることとなる。第一に前記の任免権、第二に五大市を有する府県の特例、第三に都の公安委員会、第四に公安委員の資格要件の緩和について修正が加えられた。

特に、第一の任免権の部分については、警察庁長官の任免は国家公安委員会が内閣総理大臣の承認を得て行うこととし、警視総監の任免は、国家公安委員会が都公安委員会の同意を得、内閣総理大臣の承認を得て行うこととし、さらに、警察本部長その他の都道府県の警視正以上の警察官の任免は国家公安委員会が都道府県公安委員会の同意を得て行うことに改めることとしたのである。かくして、警察分野における内閣総理大臣の人事面での権限の強化は、現行警察法の制定時においても、再びこれを減殺する形で修正が加えられることとなったのである。

6 臨時行政調査会

昭和三七年（一九六二年）二月に発足し、昭和三九年九月に「行政改革に関する意見（総論・各論）」を提出した臨時行政調査会（第一次臨調）の議論の過程において、警察機構の再編、国家公安委員会の組織の位置付けが論議された。

第一専門部会第一班の中間報告においては、法務省の入国警備事務、海上保安庁、特に警備救難部の事務、厚生省の麻薬取締り中、不正規麻薬の取締り事務及び国鉄公安本部の事務を警察庁の事務に統合することが考えられるとされた。

また、専門部会最終報告概要（昭和三九年［一九六四年］二月）において、国家公安委員会については、「主任の大臣として国務大臣を長としている府省を第一次行政機関」とし、「国務大臣を長とする総理府外局を準第一次行政機関とすれば、」このうち、「第一次行政機関とすることの考えられるものには、……国家公安委員会があげられる。」とされた。

しかしながら、「国家公安委員会とその独立の可否」については、結局「現在の国家公安委員会は、行政委員会制をとることによる短所といわれる諸点はある程度匡正されており、かつ、警察行政の政治的中立性の維持、公正なる運営の確保という要請からも、現行の委員会制が望ましい。本委員会を第一次行政機関として独立させる考え方も存するが、むしろ自治公安省又は内政省(仮称)の外局(行政委員会)と思われる。その場合、自治公安大臣または内政大臣が委員長をかねるのが適当である。」とされ、国家公安委員会の第一次行政機関としての独立性は否定された。自治公安省構想において、国の警察組織の主任の大臣は内閣総理大臣ではなくなることとなるが、同構想については、「内務省復活」との観点からの根強い批判が存在した。[*69]

自治公安省構想に対して、当時、警察庁は、内部部局の権限が委員会の独立性、政治的中立性を脅かすおそれがあることを理由に反対を表明。部内的には、国家公安委員会自体の第一次行政機関化への方途が模索された。

しかしながら、これらの専門部会で取り上げられた諸点は、最終報告では「行政改革に関する意見」には盛られなかった。

7 行政改革会議における議論と中央省庁等改革

平成九年（一九九七年）一二月三日、行政改革会議は、国の警察組織に関して、内閣府の外局として、「……国家公安委員会を置く。」「現行の国家公安委員会を継続する。国家公安委員会委員長（国務大臣）は、他の国務大臣の兼務とする。」などとする最終報告を取りまとめ、従前の警察機構を基本的に維持することを明らかにし、それに続く中央省庁等改革においてもこの結論が維持された。

一方、行政改革会議の議論の過程では、国の治安警察機構を内閣府に外局としておかれる大臣委員会すなわち国家公安委員会ではなく、これを他の治安保安機構と統合する、また、治安保安機構の統合を前提にこれを省とすべきとする議論も存在したところであり、「現状維持」に至る経緯と理由とを明らかにしておくことは、国の警察組織と内閣総理大臣との関係を理解する上でも意味のあることと考える。

(1) 座長試案

行政改革会議においては、各省庁ヒアリングを経て、中間報告に向けて、各委員からの意見が平成九年（一九九七年）八月上旬までに提出、公表された。多くの委員の意見は、保安機構の統合という面では幾つかのヴァリエーションを包含していたが、主任の大臣たる内閣総理大臣との関係においては、現行どおり、内閣府又はそれに相当する機関の外局として国家公安委員会を置き、委員長を国務大臣とするものであった。しかしながら、一部の委員からは、他の保安機構と統合の上、「警察保安省とする。[*70]」といった意見や「国民生活の保障・向上に資するため安全省を設け、外局として国家公安委員会・警察庁を置き、国家公安委員長は安全省大臣の兼任とする。[*71]」といった意見も表明された。

各委員の意見を踏まえて作成された、機構問題小委員会主査（藤田宙靖東北大学法学部教授〔当時〕）の座長試案における警察関連部分は以下のとおりである。

ア　国家公安委員会の存続の必要性とその在り方

国家公安委員会の組織上の位置付けについては、

「『治安』の機能についても、機能論としては独立性を認め得るが、その組織上の位置付けについては、そのコントロールの在り方を巡り、問題が残る。最大の問題は、国家公安委員会という行政委員会をそのトップに置く組織の在り方をどう考えるか、ということであるが、警察のような強力な実働力を抱える組織の最高の意思決定につき、単なる警察問題の専門家のみならず、一般常識を代表する国民からの意見を反映し得る現行のようなシステムを設けることには、今後その運用方法について更に検討さるべき点があることは別として、組織編成上の意義は、これを充分認めることができる。

なお、国家公安委員会の組織上の位置付けの問題については、……現行どおり総理府の外局とするのが、最も合理的であると考えられる。」

とされた。
イ　治安・保安関係行政機構の一元化
治安・保安関係行政機構の一元化については、

「海上保安、麻薬取り締まり、等の業務は、組織のスリム化、業務の統一化の見地から、警察業務に統合されてよいものと思われる。

地方自治省の組織的位置付けについての帰趨によっては……、消防の警察への統合……も考え得る。

水際に関わる行政（出入国管理、税関等）については、『治安』の側面をも持つことは事実であるが、それぞれ以外の本来の機能を有するものであり、『治安』のみを理由に一組織に統合することは、困難である。水際に係る治安維持の問題は、警察をコアーとする横串機構によって対処されるべきものと考える。外国人犯罪の問題についても、これと同様である。」

とされた。

大臣委員会たる国家公安委員会を、内閣総理大臣を主任の大臣とする総理府（仮称）に置き、国家公安委員会の下に、警察、海上保安及び麻薬取締りを置くというこの座長試案の骨格は、行政改革会議において、中間報告、更には最終報告直前の集中審議まで維持されることとなる。

(2) 集中審議

中間報告を前に、行政改革会議では、座長試案を叩き台として、平成九年(一九九七年)八月一八日から二一日までの四日間の集中審議が行われた。

警察組織については、三日目の同月二〇日に審議が行われた。討議の過程で、海上保安及び麻薬取締りを警察行政に統合することについては各委員の間でおおむねコンセンサスが得られたものの、消防をこれに加える場合には防災を含めて国民安全省の下に治安・保安関係機構を統合すべし、との有力説が提起され、結局、委員の間で結論が出ず、藤田主査より、①国家公安委員会はその組織と事務局を見直した上で存続させる、②海上保安庁、麻薬取締りについては警察と別組織として改組した国家公安委員会及びその事務局の下に置く、③安全省をつくるか否かにおいては、省庁数や内閣府の組織の大きさなど、全体像を見た上で後刻判断する、との整理がなされて、三日目の審議を終えた。

四日目の同月二一日の審議において、国民安全省を設置することとすると、現在警察法第六章の緊急事態の特別措置で規定されている内閣総理大臣の警察に対する統制に係る規定を改正する必要が生ずるとの指摘があり、国民安全省は設置せず、国家公安委員会及び事務局を改組し、警察、海上保安、麻薬取締りを所管させるべきとの意見が出され、了承された。

(3) 中間報告

平成九年(一九九七年)九月三日に公表された中間報告においては、基本的に集中審議の藤田主査取りまとめによる結論が維持された。

中間報告における警察組織関連部分は、以下のとおりである。

①「内閣府については、内閣総理大臣を主任の大臣とし、内閣官房長官がその事務を整理し、監督する。」(中間報告一〇頁)

②「『内閣府』(仮称)の外局として置かれる機関は、大臣を長とする庁(防衛庁)及び大臣を長とする委員会(国家公安委員会)とする。」(中間報告一〇頁)

③「国家公安委員会については、従来の警察事務のほか、海上保安、麻薬取締に関する機能をも担うこととなるため、これに対応して委員会及び事務局を改組し、それぞれの実施組織を設置する。」(中間報告一〇頁)というものであった。*72

(4) 最終報告に至るまでの議論の経緯

平成九年(一九九七年)一一月一七日の討議においては、中間報告及びそれ以降の議論を踏まえ、国家公安委員会が警察、海上保安、麻薬取締りに関する組織を管理することとし、それに伴い所要の機構、権限の見直しを図るなどとする、中間報告を発展させた形の叩き台を基に議論が行われた。

議論の過程では、国家公安委員会の改組を明記すべきである、内閣総理大臣や国家公安委員会委員長の指揮命令権を整理しておく必要がある、との意見が出され、「国家公安委員会の機能等」に同委員会を改組することを念のため再明記することを前提として原案が了承された。

また、国家公安委員会の名称も維持されることとなった（同月二〇日の討議）。

ア　与党行政改革協議会

同月二一日の行政改革会議集中審議最終日においては、与党行政改革協議会も断続的に開催され、行政改革に係る重要案件に関し、与党内の意見集約、調整が行われた。

与党行政改革協議会における協議の結果、最終的に海上保安庁を国家公安委員会の下に置くべきでないとの結論が出された。

イ　行政改革会議における結論

同月二二日未明、与党行政改革協議会の結論を受け、政府・与党協議の結果につき、会長である橋本龍太郎内閣総理大臣より、「行革会議では、国家公安委員会の下に警察庁、海上保安庁、麻薬取締を置き、専任大臣を置くとしていたが、与党協議によって海上保安庁は国土交通省に置くこととされた。これは、海上保安庁の主たる機能が海洋汚染防止や人命救助にあるにもかかわらず、国家公安委員会の下に置くのは不自然との理由によるものである。本件は、本来、行革会議に諮るべき課題ではある。なお、海上保安庁を戻すこととなったので、麻薬取締も労働福祉省に戻すこととし、国家公安委員会には専任大臣を置かず、兼任とすることとした。」（平成九年［一九九七年］一一月二二日の議事概要）との説明がなされた。

これに対し、海上保安庁の取扱いについては、既に行政改革会議として国家公安委員会の下に置くということで決定していた事項であり、変更する手続が必要であるとの意見が出され、最終報告に係る決定を変更することで了承された。

また、国家公安委員会には専任の大臣は置かないが、主任大臣を置くことは当然であり、国家公安委員会委員長といずれの国務大臣とを兼務とさせるかは、時の内閣総理大臣の人事権に委ねられる旨の見解が示された。

(5) 最終報告

平成九年（一九九七年）一二月三日に公表された最終報告における、警察関連部分は以下のとおりである。

①内閣府は、「内閣に置かれる機関とし、内閣総理大臣を長として、……内閣総理大臣を主任の大臣とする外局に係る事務を行う機関とする。」（最終報告一七頁）

②内閣府の外局として、「……国家公安委員会……を置く。」（最終報告一八頁）

③国家公安委員会については、「現行の国家公安委員会を継続する。国家公安委員会委員長（国務大臣）は、他の国務大臣の兼務とする。」（最終報告二二頁）

④外局のうち準省（仮称）については、「省に準ずる組織とし、内閣総理大臣を主任の大臣とするが、それぞれの組織に長たる国務大臣を置く。」「政策立案機能及び実施機能を併せもち、そ

の傘下に、必要に応じ、省と同様に、実施庁等の組織を置くことができる。」（最終報告五〇頁）

⑤府・省別の外局の整理として、準省（仮称）は、「内閣府に置かれる防衛庁、国家公安委員会」とされた。（最終報告五三頁）

⑥国家行政組織法（当時）第八条の三に規定する「特別の機関」のうち、警察庁は、「行政委員会の下で、実質はその内部部局である機関」として分類される。（最終報告七〇・七一頁）

行政改革会議最終報告を受け、翌一二月四日、政府はこれを最大限に尊重することを閣議決定した。

最終報告において、国の警察行政機関については、現行の制度をほぼ継続することとされたが、主として中央省庁等改革に伴う他の府省との組織規範の在り方について、整合性を図るという観点から、「中央省庁等改革のための国の行政組織関係法律の整備等に関する法律」（平成一一年法律第一〇二号）において、国家公安委員会の任務及び所掌事務等を新たに定めることなどを内容とする警察法の一部改正が行われた。

二　内閣総理大臣と警察組織との行政組織法上の関係

1　緒論

警察法第四条第一項は、「内閣総理大臣の所轄の下に、国家公安委員会を置く。」と規定している。警察法の解説において、「所轄」とは、「その管理下にある行政機関との間の関係を表す場合において、特に当該機関の独立性が強くて主任の大臣との関係が最も薄い場合に用いられるもので、多くは独立性の強い行政委員会のような場合、その行政委員会の所属する主任の大臣との関係を示す程度の意味を表すのに用いられている。すなわち、所轄の内容は、指揮命令権のない監督というべく、指揮監督よりは更に弱いつながりを示すものである。[*73]」とされている。

しかしながら、「所轄」とは、「内閣総理大臣および各省大臣がそれぞれ行政事務を分担管理することについて、その管轄下にある行政機関との間の関係を表す意味で用いられる[*74]」に過ぎないのであって、この文言から直ちに実定法の内閣総理大臣と国家公安委員会及びその管理の下にある警察庁との関係一般についての解釈原理が導き出されるわけではないのではなかろうか。この点は、現行警察法制定時に、警察庁長官や警視総監の任免権を内閣総理大臣から国家公安委員会に変更するという重大な権限関係の修正があったにもかかわらず、内閣総理大臣と国の警察組織との関係を表す「所轄」という文言は何らの変更を加えられていない点からも窺うことができる。

したがって、両者の関係を明らかにするためには、行政組織法上の両者の関係を検討することが重要となる。

2 警察法

警察法上の内閣総理大臣の権限は、国家公安委員会の委員の任免等（警察法第七条第一項、第二項及び第三項並びに第九条第二項、第三項及び第四項）、警察庁長官及び警視総監の任免の承認（同法第一六条第一項、第四九条第一項）、緊急事態の特別措置に関する権限（同法第六章）等が挙げられる。

(1) 国家公安委員会委員の任免

国家公安委員会の委員は、国家公安委員会が内閣総理大臣の所轄の下に置かれていることから、内閣総理大臣が任命することとされている（同法第七条第一項）。また、委員の任命には、両議院の同意を得ることが必要であるが、これは、委員の選任に当たって、国民の代表たる国会を関与させることにより、民主的なコントロールを確保する趣旨とされている。[*75]

(2) 警察庁長官及び警視総監の任免の承認

警察庁長官の任免は、国家公安委員会が、内閣総理大臣の承認を得て行う（同法第一六条第一項）。この任免の方式は、政府の治安責任の明確化と警察の民主的運営の保障という二つの要請をともに満たすものとされている。

警視総監は、国家公安委員会が都公安委員会の同意を得た上任免することとされている（同法第四九条第一項）。警視総監は、首都警察運営の長であり、首都の治安維持の任に当たる者で、その職務権限は、道府県警察本部長と同じものであるが、首都警察が占める国家的重要性に鑑み、その任免については、他の道府県警察本部長と異なる特別の規定が設けられている。国家公安委員会が任命権者であることと都公安委員会の同意を要する点は、道府県警察本部長の任免の場合と同様であるが、任免に際し内閣総理大臣の承認を得ることが要件とされたのは、警察庁長官の任免の場合と同様政府の責任の明確化のためであって、すなわち、首都警察の事務は首都の特別な性格から政府の治安責任にも関係するところが多いので、その任免に対する承認権により政府の責任を明確化する趣旨であるとされている。[*76]

(3) 緊急事態の特別措置に係る権限

現行警察法においては、警察の執行に係る権限の行使の大宗は都道府県警察が与り、国は、警察庁の所掌事務に関し警察庁長官が指揮監督をすることなどによりその警察運営に関与することが基本となっている。しかしながら、国の公安に係る緊急事態の際には、国家社会全体の安全と存立に関する問題として、国がその事態の収拾について直接の責任を負うことは蓋し当然であり、同法第六章の規定はその点を明らかにするものである。なお、同章に規定される内閣総理大臣の権限は、内閣の長としての権限ではなく、内閣府の長としての権限であると解されている。[*77]
緊急事態の特別措置は、緊急事態の布告による警察組織の非常の指揮系統への切替えとこれに伴う所要の特別措置が定められているが、警察に係る権限の行使の内容に変更を加えるものではない。しかしながら、かかる事態に際し、警察権限の変更が全く必要ないのかという点については議論も存しよう。

ア　緊急事態の布告

緊急事態の布告の要件としては、第一に、大規模な水害、火災、震災等の災害、内乱、騒乱等の事犯又は武力攻撃予測事態等の非常事案の発生により治安が混乱する状態が発生していることが必要である。第二に、内閣総理大臣が、平時において警察法が用意する仕組み、すなわち、都道府県警察による運営と管理、都道府県警察相互の援助、警察庁の指揮監督等の措置によっては、事態の収拾を図り、治安を確保することが困難であり、一時的に警察の指揮系統を変更して政府の統制下に直接警察を指揮して事態の収拾を図ることが、特に必要であると認めることである。第三に、国家公安委員会の勧告に基づくことである。

この勧告は、布告の要件であるが、布告を法的に拘束するものではないとされるが、[*78]少なくとも勧告を尊重することは必要なのではないか。

イ　警察の統制

警察法第七二条に基づき、内閣総理大臣は、緊急事態の布告が発せられたときは、同法第六章の定めるところに従い、一時的に警察を統制する。

「警察を統制する」とは、その緊急事態を収拾するために必要な限度で、警察組織を警察庁長官を介して自らの指揮監督下に置くことを意味する。「警察を統制する」ことにより、内閣総理大臣が、緊急事態を処理するため必要な警察の事務の遂行について、直接に警察庁長官を指揮監督し、布告区域については、警察庁長官が直接に警察本部長を指揮命令する立場に立つこととなる。この間において、国家公安委員会と布告区域における都道府県公安委員会の管理権限は、その限りにおいて機能を停止するのである。

ウ 国会の承認及び布告の廃止

同法第七四条は、内閣総理大臣は、緊急事態の布告を発した場合には、これを発した日から二〇日以内に国会に付議して、その承認を求めなければならないこととするとともに、国会が閉会中の場合又は衆議院が解散されている場合には、その後最初に召集される国会において速やかにその承認を求めなければならないこととしている。

エ 国家公安委員会の助言義務

国家公安委員会は、緊急事態の布告を発する必要があると認めるときは、その旨を内閣総理大臣に勧告し（同法第七一条第一項）、これに基づき布告が発せられるのであるが、一度布告が発せられると、内閣総理大臣によって警察の統制が行われ、国家公安委員会の管理の権限は、その限りにおいて排除される。しかしながら、国の警察行政機関として、内閣総理大臣の同法第六章に規定する職権の行使についても、常に必要な助言をしなければならないものとされている。この助言についても、できる限り尊重されるべきものと考える。[*79]

3　内閣府設置法

内閣総理大臣は、各省大臣と同様に内閣府の長として行政事務を分担管理する大臣である一方、当該内閣総理大臣は、内閣の首長たる内閣総理大臣としての地位にあるから、内閣府の所掌事務は各省の所掌事務とは異なり、内閣の首長であり、かつ、行政各部を指揮監督（憲法第七二条）する内閣総理大臣にふさわしいものでなければならない。

内閣府は、①内閣の重要政策に関する内閣の補助、②内閣総理大臣が分担管理する事務の遂行という二つの任務を持つ機関として内閣府設置法により設置（同法第二条、第三条）され、それらの任務を達成するため、内閣法（昭和二二年法律第五号）第一二条第四項に基づき内閣に置かれる機関である。

かつての総理府設置法（昭和二四年法律第一二七号）においては、外局の所掌事務及び権限については、それぞれの外局の設置法の定めるところによるとして、これらの定めに委ねていた（総理府設置法第一八条、第一九条）。この点は、国家公安委員会についても、他の外局と同様であり、国家公安委員会の任務及び権限に関しては、総理府設置法には現れず、専ら警察法によってのみ定められていた。

一方、内閣府設置法においては、中央省庁等改革基本法（平成一〇年法律第一〇三号。以下「基本法」という。）第二条の「国の行政組織並びに事務及び事業の運営を簡素かつ効率的なものとするとともに、その総合性、機動性及び透明性の向上を図」るという趣旨を踏まえ、内閣府設置法において内閣府の「任務及びこれを達成するため必要となる明確な範囲の所掌事務を定める」（同法第一条）こととされたことから、総理府設置法とは異なり、内閣府設置法において国務大臣を長とする外局をも包括して内閣府に第一次的に配分された任務及び所掌事務を明らかにすることとされた。

すなわち、国家公安委員会に関しては、内閣府の任務規定（同法第三条第二項）に「国の治安の確保」[*80]が、所掌事務規定（同法第四条第三項第五七号［制定当時。現行第五九号。以下同じ。］）に「警察法（昭和二十九年法律第百六十二号）第五条第二項及び第三項に規定する事務」（制定当時）の文言が盛り込まれることとなったのである。

すなわち、「国の治安の確保」を、正にその責に任じられた外局たる国家公安委員会を置く内閣府の任務として規定することにより、内閣府の形式的な任務の幅を明らかにするとともに、国家公安委員会を実質的に「国の治安の確保」の責に任じ、さらに「国の治安の確保」に関する政府の責任を明確化したものである。また、警察法第六章において、内閣総理大臣は、緊急事態に際し、治安維持のため特に必要があると認められるときには、一時的に警察行政機関を統制し、国の責任において警察権を行使することとなるところ、この場合における内閣総理大臣は内閣府の長としての内閣総理大臣であり、当該事務も「国の治安の確保」という内閣府の任務に含まれるものと解される。

一方、「国の治安の確保」に見合う内閣府の所掌事務は、内閣府設置法第四条第三項第五七号に規定する「警察法（昭和二十九年法律第百六十二号）第五条第二項及び第三項に規定する事務」（制定当時）である。この所掌事務の規定は、中央省庁等改革関連法律における本省と外局との関係を表す規定例からすると、国家公安委員会が「国の治安の確保」に関する企画事務と実施事務の双方を担当し、内閣府本府が実質的にはこれらの事務を担当しない場合の規定振りと解される。[*81]

すなわち、内閣府設置法は国家公安委員会に係る任務及び所掌事務を規定しているものの、当該任務及び所掌事務は外局を含めた内閣府の所掌事務のいわば形式的な幅を規定したにとどまり、当該任務及び所掌事務に係る企画立案及び実施事務のいずれをも外局たる国家公安委員会に属せしめる趣旨であることが分かる。なお、内閣府設置法第四条第三項各号に掲げられた「事務をつかさどる」とは、警察法第五条第一項の「国の公安に係る警察運営をつかさどり」のような強い関与の程度を示すものではなく、当該事務を所掌するというほどの意味にとどまる。

しかも、国家公安委員会は、その長に国務大臣を充てる「準省」であり、内閣官房長官による事務統括及び服務統督の対象外とされており（基本法第一〇条第八項、内閣府設置法第八条第一項）、通常の政策庁[*82]（例えば総務省に置かれる消防庁、経済産業省に置かれる中小企業庁）と本省との関係よりも内閣府本府との関係で独立性の度合いは高いものと言わなければならない。したがって、国家公安委員会と内閣府及びその主任の大臣たる内閣総理大臣との関係は、国家公安委員会の設置を定めた警察法によって規律されることとなるものと解される。

また、内閣総理大臣は、内閣府の外局たる国家公安委員会の主任の大臣として、法律若しくは政令の制定、改正又は廃止を必要と認めるときは、案をそなえて、閣議を求め（内閣府設置法第七条第二項）、法律若しくは政令を施行するため、又は法律若しくは政令の特別の委任に基づいて、内閣府令を発し（同条第三項）、その他毎会計年度における予算の作成に関して有する権限（財政法［昭和二二年法律第三四号］第一七条第二項、第二〇条第二項）を行使する。

4　内閣法

日本国憲法の下で、内閣総理大臣は、内閣の首長である。すなわち、憲法は、第六五条において「行政権は、内閣に属する。」と規定する一方、第六六条第一項において「内閣は、法律の定めるところにより、その首長たる内閣総理大臣及びその他の国務大臣でこれを組織する。」として、大日本帝国憲法下におけるように「同輩中の首席」といった地位ではなく、明確かつ重要な位置付けを与えている。また、第六八条第一項において、「内閣総理大臣は、国務大臣を任命」し、同条第二項において、「任意に国務大臣を罷免することができる。」とし、内閣総理大臣の国務大臣に対する人事権に基づく圧倒的優越性が規定されている。

内閣法第三条は、「各大臣は、別に法律の定めるところにより、主任の大臣として、行政事務を分担管理する。」と規定し、内閣法制局を始めこれまでの通説的見解（狭義説）は、行政権の行使は専ら各省大臣の分担管理するところに委ねられており、憲法第七三条各号に列挙された事務を除くほかは、合議体としての内閣は、原則として各省大臣が分担管理する行政権を「統轄」する権限のみを有するとしてきた。しかしながら、こうした「強い分担管理原則」については、この点が過度に強調されれば、①内閣は各省大臣がそれぞれ独立した基盤を持って集まる場に過ぎないことになり、内閣が有権者の負託を背負っているという議院内閣制の原則が希薄化する、②官僚主導の省庁の代理人たる各省大臣により構成される「官僚内閣制」につながるといった批判が加えられている。*83

前記の狭義説に対して、内閣は、憲法上、本来行政権の行使について一般的権限を与えられており、これを各省大臣にどの範囲で、また、如何なる形で行使させるかは立法政策の問題であるとの説（広義説）が近年有力に主張されている。*84 この解釈によれば、「分担管理原則」は、あくまで、内閣法第三条の法律レベルにおける規律に過ぎず、憲法上内閣の権限を制約するものではないこととなる。そして、広義説によれば、同条第一項でいう「分担管理」事務とは、単にある行政分野についてては必ずそれを担当する主任の大臣が必要であるというだけの意味に過ぎないこととなる。

さらに、前述の行政改革会議機構問題小委員会主査であった藤田宙靖最高裁判所判事は、「この点、平成一一年の中央省庁再編立法においては、どちらかといえば、この後者（広義説）の立場が強く現れているものと言えよう。何故ならば、……、内閣府設置法は、内閣に置かれた機関としての内閣府に、従来の意味での内閣補助事務のみならず、『分担管理』の対象となる『一般行政事務』をも行わせることとしているからであって、これは、内閣の権限についての右のような広義説を採らない限り、理論的には少なくとも極めて困難であると思われるからである。[*85]」と分析され、これら一連の立法により、「分担管理原則」に関する従前の狭義説に基づく解釈が立法的に変容を余儀なくされることを示唆されている。

内閣総理大臣は、内閣の首長であるが、その有する権限は、内閣が有する権限とは同一ではない。内閣総理大臣は、前述の閣僚の任免権のほか、憲法第七二条において、「内閣を代表して議案を国会に提出し、一般国務及び外交関係について国会に報告し、並びに行政各部を指揮監督する。」と規定され、当該条文のみからは、内閣総理大臣が府省を指示して行政事務を実施する権能が与えられているかのようであるが、実際の仕組みはそれとは異なる。すなわち、内閣法第四条第一項は、「内閣がその職権を行うのは、閣議によるものとする」とされ、また、同法第六条は、憲法に定める内閣総理大臣による行政各部の指揮監督についても、「内閣総理大臣は、閣議にかけて決定した方針に基いて、行政各部を指揮監督する」こととなっている。

他方、例えば緊急を要する事態の発生に際して、内閣総理大臣が行政各部に対し一定の指示を行うに当たって、いちいち閣議を経なければならないというのでは、的確な行政運営が確保されるとは言えない。また、内閣における意思決定過程の実態からも大きく乖離している。特に、近年のように内閣総理大臣のリーダーシップが内外から求められる局面が多くなればなるほど、その遊離ははなはだしくなると言わねばならない。そうした点を勘案して、従来、基本的には狭義説の枠組みに立ちながらも、実質的にはそこに一定の柔軟性を持たせるための措置が考案されてきた。

例えば、最高裁のロッキード丸紅ルート事件判決[*86]においては、「閣議にかけて決定した方針が存在しない場合においても、内閣総理大臣の右のような地位及び権限に照らすと、流動的で多様な行政需要に遅滞なく対応するため、内閣総理大臣は、少なくとも、内閣の明示の意思に反しない限り、行政各部に対し、随時、その所掌事務について一定の方向で処理するよう指導、助言等の指示を与える権限を有する」とされている。

また、政府の公定解釈においても、「閣議にかけた方針に基づき」というのは、個別の案件ごとにいちいち閣議が必要ということではなく、生じ得る事態についてあらかじめ一般的な方針を定めておくことで良いとする考え方が示されている。[*87]

内閣の機能強化・分担管理原則の行き過ぎの是正を試みた行政改革会議最終報告とそれに続く中央省庁等改革においても、内閣法第六条の改正には着手されなかったが、内閣総理大臣の内閣における「首長」としての地位の強調は、例えば、第二条第一項に「内閣は、国会の指名に基づいて任命された首長たる内閣総理大臣及び内閣総理大臣により任命された国務大臣をもってこれを組織する。」との憲法第六六条第一項と同旨の規定がおかれるとともに、第四条第二項において「首長」としての立場で、内閣総理大臣は、内閣の重要政策に関する基本的な方針その他の案件を発議することができる旨が明らかにされることによって行われた。

内閣を構成する閣僚たる国家公安委員会委員長の警察法上の他の警察行政機関に対する関与に係

る権限は、極めて限定的であるということができるが、同法第六条第二項の規定に基づき、国家公安委員会の会務を総理し、国家公安委員会を代表することとされており、少なくとも前記の内閣総理大臣の閣議決定に基づくことのない指導、助言、指示を国家公安委員会に対して伝達する権能は有するものと解されるのではないか。なお、国家公安委員会の意思決定が、当該指導、助言、指示に拘束されることのないことは事理の当然である。

5 まとめ

以上述べてきたとおり、内閣総理大臣の国の警察行政機関に対する関与の在り方は、両者の関係を規律する法律により区区であり、特に、緊急事態における警察行政機関に対する内閣総理大臣の直接的な統制等の在り様を見るとき、従前の通説のように、両者の関係を表す「所轄」を「指揮命令権のない監督というべく、指揮監督よりは更に弱いつながりを示すものである。」と一概に断じ得るかについては、一考を要するのではないか。むしろ、「所轄」とは、前述のとおり、「内閣総理大臣および各省大臣がそれぞれ行政事務を分担管理するについて、その管轄下にある行政機関との間の関係を表す意味で用いられる」に過ぎないのであって、「つながりの弱さ」は国家公安委員会が行政委員会であるとの制度的側面から説明されるべきものなのであろう。

いずれにせよ、「所轄」の文言から、直ちに実定法の内閣総理大臣と国家公安委員会及びその管理の下にある警察庁との関係一般についての解釈原理が導き出されるわけではないと言っても差し支えないように思われる。

終わりに

戦後の新たな警察制度構築に向けた総司令部と内務省当局との間の交渉は、戦前・戦中と統治機構に君臨した内務省自体の解体と大日本帝国憲法下における国体護持の支柱と考えられた国家警察の徹底した分権化を目指す総司令部、そして、この内務省自体を換骨奪胎し、現行憲法に適合する形で存続させ、さらに、警察機構についても引き続きその影響下に置こうとする内務省当局との熾烈な折衝の過程ということができる。当時の内務省当局は、持てるあらゆる行政的手法を駆使しながら、総司令部に対し組織の存亡をかけた必死の抵抗を繰り広げたのである。

この交渉の帰趨は、連合国による占領が開始された段階で既に決定されていたとも言い得るが、マッカーサー書簡により裁定され、また、旧警察法により具現化された新たな警察の在り様は、当時の内務省警保局の予想をはるかに上回る徹底した分権化、民主化を図るものであった。しかしながら、現実を無視した理念先行の改革は、結局、我が国の風土、そして、治安の現場に根づくことはなかった。

政令諮問委員会の治安保安機構の統合に向けた取組や昭和二七年（一九五二年）の内閣総理大臣の指示権創設は、警察機構やその他の保安機構を現実の治安情勢に適合させるための修正の取組と評価することができるであろう。

また、占領下に制定された旧警察法と比較した場合、警察機構を都道府県単位とし、国の警察機構の都道府県警察に対する関与を強めた昭和二八年警察法案、さらには現行警察法には、日本国憲法の制定、地方制度の抜本的改革という我が国の在り方に係る大改革を経た後においてもなお、制度論のモチーフとして、昭和二一年（一九四六年）七月二三日閣議了解の「警察制度改革試案」、そして、同年一二月二三日の警察制度審議会答申といった内務省警保局主導の警察制度改革案との連続性を色濃く想起させるものがある。ここに、内務省という所属する組織は消滅しても、行政制度の連続性の中で、在るべき警察制度を追求し続けた者達の執念を感じるのは筆者だけであろうか。

当初、総司令部は、警察機構の政治的不偏性という観点から、警察組織を内閣総理大臣の下に置くことを主張し、その制度の基本的骨格は、現行警察法においても維持されている。一方、治安に対する政治責任の明確化という大義名分の下、昭和二七年旧警察法改正、昭和二八年警察法案、そして、現行警察法の政府提出原案の実に三度にわたり、内閣総理大臣の警察行政機関の長に対する人事上の権限を強化するための改正が企図された。しかしながら、これらの改正の試みがいずれも、戦前の国家警察による過度の「政治化」への反省と内閣総理大臣への権限の集中の排除という論拠により、左右両翼の政治勢力の反対に遭い潰えたことは、当時の警察行政に対する国民感情を窺い知る上で興味深い。

現行警察法下における警察の中央機構に対する改革提言は、第一次臨調を最後として、地方行政をいわば切り口とし、内務省類似の組織として、国の警察組織と地方行政の管理部門とを統合するという考えはむしろ少数となり、その意味で、「内務省の復活」は、過去のものとなりつつあると言えるのではないか。むしろ、近年においては、内閣の危機管理機能を強化するという観点から、警察、海上保安、麻薬取締り、そして入国管理といった治安保安機構を統合するという考え方が大きな趨勢であり、こうした傾向は、行政改革会議における議論においても明らかになっている。また、中央省庁等改革において、国家公安委員会が内閣府の外局として位置付けられることとなった経緯においても、その論拠として緊急事態における内閣総理大臣と国の警察組織との関係が挙げられたことにも注目すべきであろう。

一方、内閣の危機管理機能が強調されればされるほど、また、行政改革会議の中間報告のように、仮に国家公安委員会の下に治安保安機構が統合されるような方向となれば、合議制である行政委員会一般に内在する問題としての国家公安委員会の意思決定における迅速性の限界や国家公安委員会と内閣の首長たる内閣総理大臣との意思疎通の在り方等が問題とされる局面も生じてこよう。

警察機構は、その宿命として、一定の歴史的連続性を保ちつつも、国家・社会の絶えざる変化の波に常に直面し続けるのである。

【注】

＊1 拙稿「中央省庁等改革と警察組織」警察学論集第五二巻第一〇号（一九九九年一〇月）二八頁（本書一九

九頁）。
＊2　外務省編『日本外交年表並主要文書　下巻』（一九六六年）。
＊3　「日本ハ陸海空軍、秘密警察組織又ハ何等ノ民間航空ヲ保有スルコトナシ。日本ノ地上、航空、並ニ海軍兵力ハ武装ヲ解除セラレ且ツ解体シ、日本大本営、参謀本部、軍令部及凡テノ秘密警察組織ハ解消セシメラルベシ」田中二郎「警察制度の回顧と展望（一）」警察研究第一七巻第五号（一九四六年）五頁。
＊4　自治大学校『戦後自治史Ⅸ（警察および消防制度の改革）』（一九六七年）一三頁参照。
＊5　前注同七頁参照。
＊6　前注同七・八頁。
＊7　山崎　巌（やまざき　いわお　明治二七年［一八九四年］九月一六日〜昭和四三年［一九六八年］六月二六日）大正八年（一九一九年）東京帝国大学法学部独法科卒業。内務省入省。土木局長、警保局長等を経て、昭和一五年警視総監に就任。総監時代企画院事件等を捜査。東條内閣で内務次官。終戦後、昭和二〇年東久邇宮稔彦王内閣で内務大臣。同年、公職追放。昭和二七年追放解除。
＊8　前掲『自治史Ⅸ』一三頁参照。
＊9　草柳大蔵『日本解体　内務官僚の知られざる八六九日』（ぎょうせい、一九八五年）二二頁。
＊10　前掲『自治史Ⅸ』三五・三六頁参照。
＊11　田中二郎ほか「現行警察法制定二十年の回顧と展望（座談会）」警察研究第四五巻第七号（一九七四年）一六〜一七頁。
＊12　「司法警察事務の大部分は、行政警察官吏である庁府県の警察官及び巡査の手によって遂行されていたのである。（中略）
右に述べたような現行刑事訴訟法上の犯罪捜査機構については、長い間一つの改革意見が行われて来た。それは、司法警察と行政警察を分離すべしという意見である。即ち司法警察と行政警察とは、法制上は截然と区別されているが、更にその趣旨を徹底せしめて、司法警察官と行政警察官とを区別し、司法警察官

は職務上のみならず身分上も司法大臣の下におくべしというのである。」宮下明義「司法警察制度論」警察研究第一九巻第一〇号（一九四八年）二三頁。

＊13　小倉裕児「一九四七年警察制度改革と内務省、司法省」関東学院大学『経済系』第一八五集（一九九五年）七二頁。

＊14　内務省企画課員上原誠一郎の述懐「私ども企画課は二年間、あらゆる警察制度を勉強してきた。たとえば、アメリカの警察については、その重大な欠陥や不経済性は、G2（参謀第II部）の専門家よりも全般的にはわれわれの方がよく知っていた――彼らは自分の市や州のことしか知らなかった。フランス警察は芦田君が特別に詳しく、フィリピン警察――アメリカが最近つくらせたものとして、私どもはこのフィリピン警察を大いに注目したのである――に関しては、秋山君が神田のあちこちの本屋を歩き廻って資料をあつめ、フィリピン警察に関しては、おそらく当時世界一の権威者になっていた。」前掲・草柳『日本解体』二七・二八頁。

＊15　前掲・小倉「内務省、司法省」七四頁。

＊16　内務省警保局編『警察制度審議会議事速記録』（一九四七年）三四七・三四八頁には以下のようなやりとりがある。ここでは、警察制度審議会が国の警察機構をどの省に属さしめるかという点については、敢えて触れなかったということが理解できる。むしろ、それは現状維持の含意を強く有するものであった。

「前田委員　意見でなく、御尋ねいたしたいのでございますが、只今の中央警察庁というのは、現在の内務省の警保局の機能というものが吸収されるものと考えてよろしゅうございますか。

山本主査　中央警察庁と申しますのは、仮の名前でありますが、この所属は内務省とも司法省とも意識しておりません。要するに中央の機関ということにだけ部会は考えております。（中略）

山本主査　治安省の問題は、たしかこれは山口委員だったと思いますが、何々省という名称に必ずしも拘泥するものでなく、ただ部会といたしましては、中央にそういう機関を置くということだけでありまして、名称とか機構の大小の問題には触れておらんのであります。」

＊17　前掲『自治史Ⅸ』八七頁参照。
＊18　中村隆英『昭和史Ⅱ』（東洋経済新報社、一九九三年）四〇九頁には、以下の記述がある。
「それまで労働争議に関しては直接関与しないとしていた占領軍は、このとき態度を改め、ゼネスト中止を指令した。共闘委員会議長伊井弥四郎がゼネスト中止指令を放送して、『一歩後退二歩前進、われわれは団結しなければならない』と絶叫したのはこのときのことである。それまで総司令部側がストライキは好ましくないという意見を非公式に伝えていたにもかかわらず、徳田らは最終的にはゼネストを行い、人民戦線内閣を組閣しうると考えていたのである。総司令部のニューディーラー左派と日本の左翼政党とのハネムーンがこのとき終わったということができるかもしれない。」
＊19　前掲・田中ほか「二十年の回顧と展望（座談会）」一二頁には以下のやりとりが見られる。
「田中　当時の治安状況はどうでしたか。

加藤（陽三）（略）一番心配しましたのは昭和二二年の二・一ゼネストのときで、あのとき警保局で課長連中が集まって相談したが、どうにもならぬということでした。それでGHQに話を持ち込んで、とうとうマッカーサーが乗り出して、伊井弥四郎氏を呼び出してやってくれたのですが、それがなかったらゼネストは成功したかもしれませんね。」
＊20　新井裕氏談「この提案は承認を得られなかった。総司令部からは、何とも言ってこなかった。」前掲『自治史Ⅸ』九四頁。
＊21　前掲『自治史Ⅸ』一〇五頁。
＊22　昭和四九年（一九七四年）に掲載された座談会で、同じく加藤は、「司令部では、G－2（GHQ情報担当部門）のパブリック・セーフティー・ディビジョンが直接警察を所管しておりましたが（中略）、これらといろいろわたり合った。なかなか了解してくれない。
大まかなことを申しますと、そのうちに向こうからこういうふうに警察制度を改正しろという指示があったように私は覚えております。この指示に対して私どもは非常に反対でして、これでは日本の警察につ

いて責任が持てないというふうなことで、また司令部に対して非常に働きかけた。」前掲・田中ほか「二十年の回顧と展望（座談会）」六・七頁。

この発言では、当初の指示が総司令部公安課による日本警察再組織案なのか、働きかけた結果同案となったのかは必ずしも明らかでない。

＊23 自治大学校『戦後自治史Ⅷ（内務省の解体）』（一九六六年）三〇頁参照。

＊24 前掲『自治史Ⅷ』四三頁。

＊25 前注同八一頁。

＊26 行政機構の改革に関する事務は、行政調査部臨時設置制（昭和二一年勅令第四九〇号）第一条の規定及び「行政機構及び公務員制度並びにその運営の根本的改革に関する件」（昭和二一年［一九四六年］九月六日閣議決定）により、行政調査部において取り扱っていた。

＊27 前掲『自治史Ⅷ』八三頁。

＊28 前注同八六頁。

＊29 前注同八六・八七頁。

＊30 前注同九二・九三頁。

＊31 前注同九九頁。

＊32 前注同九九・一〇〇頁。

＊33 前注同一〇〇頁。

＊34 前注同。

＊35 前注同一〇六頁参照。

＊36 前掲・草柳『日本解体』二二二頁。

＊37 前掲『自治史Ⅷ』一〇三頁。

＊38 前注同一〇四・一〇五頁。

＊39「日本警察制度の再編成（連合軍総司令部民政局報告書）」前掲『自治史Ⅷ』附録三二一頁。

＊40 前注同。

＊41 前掲・小倉「内務省、司法省」七八頁はこの動きを以下のように分析している。

「改革の柱としているのは警察の司法省移管とともに都道府県（大都市を含む）レベルへの徹底的分権化であった。このプランが司法省とともに社会党のこれまでの主張を巧みに取り入れたものであることは明らかであった。警察移管は司法省の年来の主張であり、都道府県レベルへの分権化は社会党の主張に沿うものであった。GSは司法省、社会党の動向を利用しながら、公安課に対抗しようとしたのであった。」

＊42 古川純「警察改革――民政局（GS）と公安課（PSD／CIS）の対立を中心に」『法学セミナー増刊現代の警察』（日本評論社、一九八〇年）一九三頁。

＊43 前掲『自治史Ⅸ』一一八・一一九頁。

＊44 前注同一二一・一二二頁には、以下のような曽禰益氏の談話（昭和三九年［一九六四年］二月二〇日　於参議院議員会館）が掲載されている。この問題に関する当時の状況を知る上で興味深い。

「総司令部内においてG2（ウィロビー）とGS（ホイットニー）とはことごとに対立していた。（中略）

警察制度問題については、鈴木義男法相はGSの信任が厚く、私（曽禰氏）もGSとよく連絡していた。これに対して内務省側は、プリアム（筆者注：G2）と同業のよしみで意気投合したのかよく出入りしていた。そのようなわけで、いつまでたっても警察法案がまとまらない。そこで、荒療治だが、片山首相からマッカーサーに直訴するに限ると思った。日本政府としてはなさけない話であるが、木村内相と鈴木法相とがむこうの部内のことでけんかをしてもはじまらない。また『グズ哲』と異名をとった片山首相ではとても事が決まらないから手紙を出して直訴することにした。問題の手紙は、私（曽禰氏）が起草した。」

＊45 前注同一一一頁。
＊46 前注同一六〇～一六二頁。
＊47 前掲・草柳『日本解体』二九頁。
＊48 前注同三〇頁。
＊49 前注同三二頁。
＊50 伊藤正次『日本型行政委員会制度の形成』（東京大学出版会、二〇〇三年）二三七頁。
＊51 末井誠史・島根悟「旧警察法下の警察」『講座　日本の警察　第一巻』（一九九三年）四三・四四頁参照。
＊52 ○後藤田正晴『情と理　後藤田正晴回顧録（上）』（講談社、一九九八年）一二四頁には、以下の記述がみられる。

「当時の治安状況は、まさに革命の前夜であったと言えると思います。昭和二六年ないし二七年というのは、集団暴力やゲリラ活動によって治安機関や税務署などが襲撃の対象にされたんです。そして、放火あるいは殺傷あるいは拳銃奪取、こういう暴力的破壊活動が各地で頻発する状況だったんです。

その背景は何かと言えば、昭和二六年に共産党の『五一年綱領』というものが出された。これは『日本共産党の当面の要求』という題ですが、われわれの仲間では『スターリン綱領』と言われていました。ひとつは、アメリカ帝国主義への隷属から日本を解放する。そして、民族解放民主政府の樹立を目指す、その革命の方式と移行形態として軍事革命方針を取るべきだ、これが『五一年綱領』です。これが背景にあって、国家権力の第一線である警察機関や徴税機関が集中して攻撃の対象になったわけです。」

○正村公宏『戦後史（上）』（筑摩書房、一九八五年）三四八・三四九頁には、以下の記述がみられる。

「平和条約調印直前の一九五一年八月二一日、共産党中央委員会は『日本共産党の当面の要求―新しい綱領』と題する方針書を決定した。これは、一九五一年一〇月一七日、第五回全国協議会（五全協）で採択された。半非合法状態を理由に党大会開催は見送られ、各級機関の代表からなる全国協議会で基本方針の決定が行われたのである。

新綱領は、アメリカは講和後も日本の占領を継続し、その永続的支配を目ざしていると述べ、吉田政府はアメリカの対日支配の支柱であると規定した。当面する革命はアメリカの支配を打破する『民族解放民主革命』であるとされた。新綱領は、『新しい民族解放民主政府が、妨害なしに、平和的な方法で、自然に生まれると考えるのは、重大な誤りだ』と述べ、武装闘争を含む実力闘争の必要を強調した。共産党は、同時にひそかに軍事方針を決定し、軍事組織の編成にとりかかった。」

＊53 牧原出「内閣・官房・原局（二）」法学第六〇巻第三号（一九九六年）二七頁参照。

＊54 第一三回国会衆議院地方行政委員会議録第六六号一頁。

＊55 青木均一（あおききんいち、明治三一年［一八九八年］二月一四日〜昭和五一年［一九七六年］八月二七日）は実業家。旧制京城中学校を経て、大正一一年（一九二二年）東京高等商業学校（現一橋大学）卒。東京毛織、日本陶管取締役等を経て、昭和一三年から三三年まで品川白煉瓦社長、昭和二四年持株会社整理委員会委員、昭和二五年から三〇年まで国家公安委員会委員、昭和二七年から二九年まで国家公安委員会委員長。

＊56 第一三回国会衆議院地方行政委員会議録第六四号一三・一四頁。

＊57 警察庁長官官房総務課編『警察制度改革の経過　資料編　続Ⅱ（上巻）』（一九六〇年）八九頁参照。

＊58 前掲『制度改革の経過』九一頁参照。

＊59 前注同九三頁「警察法第六一条の二に基く内閣総理大臣の指示について（通達）」（昭和二七年［一九五二年］八月一五日付け国警本部発総第一九六号）参照。

＊60 前注同一〇三・一〇四頁以下。

＊61 第一五回国会衆議院地方行政委員会議録第二六号七・八頁。

＊62（長官）

第五条　警察庁の長は、警察庁長官とし、国務大臣をもつて充てる。

＊63（権限）

第二十二条　国家公安監理会は、常にこの法律に規定する長官の権限が公正に行使されているかどうかの監視にあたり、長官に対して、必要と認める勧告助言を行う。

2　長官は、常に所掌事務に関し、国家公安監理会に対して説明を行うものとし、前項の勧告助言を受けたときは、所掌事務の遂行上、これを尊重しなければならない。

＊64　警察制度研究会『現代行政全集二三　警察』（ぎょうせい、一九八五年）六四頁。

＊65　前掲『制度改革の経過』二一七〜二一九頁。

＊66　第一九回国会衆議院本会議録第一〇号六・七頁。

＊67　前注同一四頁。

＊68　第一九回国会参議院本会議録第一〇号一七・一八頁。

＊69　昭和三八年（一九六三年）三月二七日付け朝日新聞社説は、中間報告段階で明らかになった、この自治公安省（内政省）構想につき、「同報告の考えによれば、国家公安委員会は現在の総理府の外局である地位を離れて、あらたに自治省と合して内政省を構成したらどうか、というのである。この場合、国家公安委員会を内政省の外局とし、現在の行政委員会の性格をそのまま残すようにすれば、内務省復活のおそれを少なくできるといっているが、警察行政を旧内務省系列のなかにさしこむことが、果たして世論を納得させるかどうか疑問なきを得ない。」と論じている。

＊70　諸井虔委員意見（拙稿「行政改革会議最終報告と警察組織（上）」警察学論集第五一巻第二号〔一九九八年〕一三〇頁参照）。

＊71　渡邉恒雄委員意見（前同参照）。

＊72　治安・保安関係機構統合問題の経緯、顛末については、拙稿「行政改革会議最終報告と警察組織（下）」警察学論集第五一巻第三号（一九九八年）一二一頁以下参照。

＊73　前掲『全集二三　警察』九四頁。

＊74　佐藤幸治、藤田宙靖ほか『コンサイス法律学用語辞典』（三省堂、二〇〇三年）八四六頁。

＊75　警察制度研究会『全訂版　警察法解説』（東京法令出版、二〇〇四年）一一八頁。
＊76　前注同三一五・三一六頁。
＊77　前注同四一五頁。
＊78　前注同四一八頁。
＊79　前注同四二九頁同旨。なお、緊急事態の布告に当たっての国家公安委員会による勧告については、内閣総理大臣は尊重義務を負わないかのような記載（前同四一八頁）であるが、第七一条の勧告と第七五条の助言について、なぜ尊重義務に差異が生じるのかについては、理由が示されていない。また、田上穣治『警察法（増補版）』（有斐閣、一九七八年）二三二頁は、「緊急事態を布告する内閣総理大臣は、総理府の主任大臣であって、布告は国家公安委員会の勧告がなければ無効である。けれども布告を発するときは、内閣の政治的責任を生ずるから、委員会の勧告があっても布告を発するか否かは内閣総理大臣の裁量によ る。」とされるが、一方で布告の権限を総理府（当時）の主任の大臣の権限と解しながら、内閣の政治責任を裁量性の理由とすることは、理解に苦しむ。
＊80　昭和二八年警察法案第六条第一項は、国務大臣を長とする警察庁の任務として、「警察庁は、国の治安確保の責に任じ、及び警察行政における調整を図ること」を規定していた。
＊81　中央省庁等改革関連法律（当時）においては、特定の行政分野について本省が企画事務を担当し、当該外局が実施事務を担当する場合には、本省の事務と当該外局の事務とを分けて規定することなく、一体的に所掌事務が規定されているからである。
　例えば、総務省設置法（平成一一年法律第九一号）の本省の所掌事務で郵政事業の企画について、同法第四条第七九号（当時）において、

「郵政事業として国が一体的に経営する次に掲げる事業及び業務に関すること。
　イ　郵便事業
　ロ　郵便貯金事業、郵便為替事業及び郵便振替事業

ハ　簡易生命保険事業

ニ　（略）」（当時）

との規定が置かれ、郵政事業庁設置法（平成一一年法律第九二号）第四条第一号（当時）において、「郵政事業（総務省設置法［平成十一年法律第九十一号］第四条第七十九号に規定する郵政事業をいう。以下同じ。）の実施に関すること。」が規定されていた。

こうした規定と内閣府本府と国家公安委員会との関係を規定した内閣府設置法の規定とを比較すればその違いはおのずから明らかであり、国家公安委員会の所掌事務については、内閣府の所掌事務上、これと重複する形で書き下した所掌事務規定は見当たらず、当該事務は警察法の条項を引用するのみである。

＊82　政策庁は、行政改革会議最終報告五一頁で以下のとおり定義されている。

「ア）省の傘下に置かれる庁は、実施庁とすることを原則とするが、政策立案機能を担う現行の外局のうち、次の諸条件をすべて満たすものについては、例外的に主に政策立案を行う外局（政策庁）として存置する。

（中略）

イ）政策庁について、実施事務を分離することが非効率であると考えられる場合には、実施機能を併せ担うこととするが、実施事務の効率的な運営について十分配慮することとする。」

＊83　飯尾潤『日本の統治構造─官僚内閣制から議院内閣制へ』（中公新書、二〇〇七年）二九頁。

＊84　藤田宙靖『行政組織法』（有斐閣、二〇〇五年）一二四・一二五頁。

＊85　前注同一二五頁。

＊86　平成七年（一九九五年）二月二二日最高裁大法廷判決刑集第四九巻第二号一頁。

＊87　大森法制局長官答弁（平成八年［一九九六年］六月一一日衆議院内閣委員会議録第八号一三頁）。

5章

情報と行政

解題

警察活動と科学技術は、警察在職中、常に私の中心的関心事項であった。特に、人間の知覚、五官に直接影響を及ぼす情報、その対象が裁判官であれ、交通主体であれ、これを統御する技術はより一層大きな興味の対象であった。

一九八〇年代、免田事件、財田川事件、島田事件、松山事件といった再審無罪判決が相次いで下され、自白偏重捜査が批判に曝された。一方、捜査機関の内部では、捜査手法を改善することにより、如何に自白の任意性、信用性を確保するかが大きな課題となっていた。当時、捜査の過程で被疑者に犯行現場等において犯行の模様を再現させ、これを検証する過程をビデオテープに収録したものが公判廷に提出され、自白の任意性、信用性を立証するためなどに証拠調べ請求される事例が散見された。「いわゆる犯行再現ビデオについて」(一九八八年一二月)は、「犯行再現ビデオ」という被疑者の自白に接着した新たな証拠方法を論じたものである。補論(一九九二年)は、死体なき殺人事件として有名な古美術店「無盡蔵」殺人事件の控訴審判決(東京高判昭六二・五・一九)の判例評釈である。本件では、被告の自白の任意性、信用性が激しく争われたが、本判決は、「犯行再現ビデオ」を証拠として取り調べ、その内容から当該「犯行再現ビデオ」は任意性、信用性に欠けることはなく、犯行事実認定の用に供することができるとした。「犯行再現ビデオ」は、いわば捜査段階の被告人が裁判官の視覚及び聴覚に直接訴えかけるものであることから、その証拠方法の性格、立証趣旨の如何を問わず、かなり高い証明力が認められたのである。時は経過し、二〇一九年六月より取調べの全過程の録音・録画の義務付けが始まり、「犯行再現ビデオ」自体は、既に歴史的な意義しか有しない証拠方法となった。一方において、ビデオの高い証明力及び感銘力、そして裁判官による直接証拠調べへの要請が取調べの全過程の録音・録画の義務付けに繋がったとも言えるのである。

「交通の規制と交通情報提供事業」(二〇〇二年七月)は、道路交通法の改正に伴う交通情報提供事業の在り方を取り上げつつ、交通の規制と交通情報の関係について論じている。

交通の規制は、古典的理解によれば、道路交通に現在する危険ないしそのおそれを除去、予防するために、その都度、個別、具体的に命令強制を中心とする措置が講じられるということになるが、こうした理解と現実との乖離は著しく、交通の規制の大宗は、個別的な行政処分や行政強制といった手法はごくまれであり、一般処分の外形的表示たる膨大な数の道路標識・道路標示と交通管制センターを中央装置とし、路上等の車両感知器、信号機、可変式標識、交通情報板等を端末装置とする巨大なネットワークを構成する交通管制のシステムにより担われている。

その意味で、交通の規制は、取締りという強制力を実効性確保の最終的なよりどころとしつつも、希少財である道路空間の最適利用に向けて行われる交通管理者と交通主体との間の交通規制情報を含む交通情報、データその他の情報の生成、収集及び伝達の永久運動の過程と捉える方がより実態に近いと言えよう。近年、あらゆる交通主体がもたらす膨大な交通情報は、ビッグデータという形で集積、処理することが可能である。今後、ＡＩ等を活用し、地域の交通流の最適化を形成しつつ、個々の交通主体に最適な移動経路、移動手段を提供することが可能となる日が来ることであろう。

いわゆる犯行再現ビデオについて

【出典】
「いわゆる犯行再現ビデオについて」
警察学論集第四一巻第一二号（立花書房、一九八八年一二月）

はじめに

ビデオテープは、被写体の連続した動態を忠実に再現するという機能を有しており、写真以上に迫真性を持っていることから、近年警察の捜査においても現場における証拠収集、検証又は鑑定結果の保全等を目的として徐々に利用されるようになってきている。

特に、近年、被疑者に犯行現場等において犯罪を再現させ、これを検証する過程をビデオテープに収録したものが公判廷に提出されるに至り、一部のマスコミでは、こうした捜査手法を「自白を強要」するとともに、「演技をも強制」し、「事実審理前裁判官に予見」をあたえ、「えん罪生む危険」があるものとして取り上げ[*1]、これに対する一般の関心も高くなりつつある。

既に、この「犯行再現ビデオ」の問題については、刑事弁護側からの問題提起という形で検討はなされてはいるが、[*2] 捜査側からこれについて論じたものは少なかったように思われる。

本稿は、犯行再現検証（実況見分）の特質、ビデオテープの証拠能力、「犯行再現ビデオ」の本質及び「犯行再現ビデオ」と裁判の順に、従来の警察の捜査手法との連続性という観点から「犯行再現ビデオ」の性格を明らかにしようとするものである。

一　犯行再現検証（実況見分）の特質

検証は、物又は人の身体の存在、性質、作用を検証官の五官、すなわち視覚、聴覚、嗅覚、味覚及び触覚の働きにより、認識することをいうものとされている。警察官が行う検証としては、承諾に基づくように任意的に行う場合並びに刑事訴訟法（昭和二三年法律第一三一号。以下「刑訴法」という。）第二二〇条により逮捕の現場で行う場合及び許可状の発付を得て行う場合のように強制処分として行う場合とがある。

最初の任意の検証は実況見分という言葉で呼ばれているが、その実質において、強制的な検証と同一のものであることはいうまでもない。[*3]

警察が実施する検証又は実況見分（以下「検証（実況見分）」という。）は、前述の法的な根拠に基づく分類のほかに、その実施態様、実施目的等からも分類することが可能である。すなわち、犯罪の認知後比較的早い時期に犯行現場及びそこに存在する遺留品等の状況について行うもの、捜査の初期から中期にかけて被疑者の供述等に基づいて凶器、贓物《ぞうぶつ》（筆者注：財産犯によって不法に領得された財物のこと。）その他の証拠物等を発見した場合にその場所において行うもの、捜査の後期において犯行現場又は模擬現場等において被疑者に犯行時の状況を再現させ、犯行の位置、被疑者の身体の状況等について行うものなど多岐にわたるものを挙げることができる。そして、これらの検証（実況見分）は、それぞれ異なる立証趣旨から行われるものであるから、一つの事件の捜査において数通の検証（実況見分）調書が検察官に送致されることもまれではない。[*4]

最後に挙げた、犯行現場又は模擬現場等において被疑者に犯行時の状況を再現させて、犯行の位置、被疑者の身体の状況を認識するために行う検証（実況見分）は、第一線では一般に「同行見分」、「犯行再現検証（実況見分）」等と呼ばれているが（以下「犯行再現検証（実況見分）」という。）、警察の捜査においては殺人、強盗等の凶悪事件の捜査等を中心として比較的古くから実施されてきた。

この背景には、刑訴法第二二二条第六項が「……司法警察職員は、第二百十八条の規定により……検証をするについて必要があるときは、被疑者をこれに立ち会わせることができる。」と規定していること、犯罪捜査規範（昭和三二年国家公安委員会規則第二号。以下「犯捜規範」という。）第一〇四条第一項が「犯罪の現場その他の場所、身体又は物について事実発見のため必要があるときは、実況見分を行わなければならない。」と規定し、また、同規範第一五五条が「犯罪の現場その他の場所、身体または物の検証については、……必要な処分をすることができる。」と規定し、刑訴法第二一八条第一項後段の身体検査以外にも人の身体に対する検証（実況見分）という概念を認めてきたこと、この捜査手法が被疑者の行為と犯行現場等との関連性を立証する上で非常に有力であり、訴追側もこれを積極的に評価してきたこと、これらの証拠が公判廷において検察官側の証拠資料として十分な機能を果たしてきたことなどの諸事情があったものと考えられる。[*5]

犯行再現検証（実況見分）調書の目的の欄には、「犯行現場の模様を明らかにし、犯行の手段、方法を認定し、証拠保全するため」とか、「被疑者に対し、本件……事件の犯行手段方法を再現させ、証拠を保全するため」といった形で記載されるのが通例であるが、より具体的に言うと、その目的は、犯行時における被疑者及び被害者等の位置関係、犯行時の被疑者の姿勢、犯行時における被疑者の動作の方向等を捜査官の五官の作用により明らかにすることである。

また、犯行再現検証（実況見分）の実施時期であるが、同検証は被疑者の自供を裏付けるという性格のものであるから、理論的にいっても被疑者の自供を得て供述調書を作成した後に実施されねばならない。さらに、これは犯行時の細かな事実関係、行為が当該状況下において実在し、可能であったか否かを被疑者の動作等により明らかにするものであるから、被疑者の記憶が曖昧なうちは実施する意味がなく、犯罪組成物件、犯罪供用物件等の重要な物的証拠も発見され、当該被疑事実の概要が明らかとなった段階で行われるのが通例である。実務では一般に犯行再現検証（実況見分）は、被疑者勾留の後半、公訴の提起前に実施されているようであるが、この運用は捜査活動の合目的的要請にもかなうものであり、妥当なものであると考えられる。

ここで指摘しておかなければならないのは、犯行再現検証（実況見分）は、それを実施する過程で他の検証（実況見分）と若干異なる特質を有するということである。

前述のとおり、検証（実況見分）は、物又は人の身体の存在、性質、作用を検証（実況見分）官（以下単に「検証官」という。）の五官、すなわち視覚、聴覚、嗅覚、味覚、触覚の働きにより、認識することをいうものとされている。したがって、例えば、犯罪発生直後の現場検証における遺留品、血痕等のようにそもそもその場所にあることを検証官自らが知覚できる場合においては、検証官は何人の助けも借りることなく検証（実況見分）を実施することが可能である。

しかしながら、犯行再現検証（実況見分）において検証官が認識しなければならないのは、犯行時における被疑者と被害者等との位置、犯行時における被疑者の姿勢、犯行時における被疑者の動作の方向であり、これらの事項は検証官が第六感を働かせればともかく、如何に鋭い五官を働かせようともその働きのみでこれを認識・知覚することはできない。そこで、犯行再現検証（実況見分）においては、これを円滑に進めていくために被疑者の指示説明が極めて重要な意義を有することとなるのである。

ここで問題となるのは、当該検証（実況見分）の実施過程でなされる被疑者の指示説明と供述との関係であるが、実際にこれは極めて微妙である。特に、犯行時の細かい状況を動作により再現するところの犯行再現検証（実況見分）においては、検証官は、被疑者に対して指示説明に付随した、より細かな説明を求めるのが実情であり、この被疑者の説明が自発的に供述にわたることもしばしば見られるところである。そして、こうした検証（実況見分）実施過程における被疑者の供述と指示説明との併存及び混淆を犯行再現検証（実況見分）過程の特質として指摘することができるのである。

捜査官が犯行再現過程を認識し、その結果を書面として記録し、証拠上明らかにするものが検証（実況見分）調書であるが、まず、検証（実況見分）調書により証明されるべき事柄が何であるかを明らかにしておく必要がある。

この書面は、刑訴法第三二一条第三項により一般の供述証拠よりも高い証拠能力を与えられているが、検証（実況見分）の結果及びこの理解を便ならしめる写真、図面等を明らかにするものに過ぎない。また、立会人の指示説明も検証（実況見分）の動機、手段として意味を有するものである限り検証（実況見分）の結果の記載部分と一体のものとして同項により証拠能力を有するものであるが（最判昭三六・五・二六刑集一五巻五号八九三頁・判時二六六号三一頁）[*6]、この場合においても検証（実況見分）調書により、指示説明された内容の真実性が明らかにされるわけではなく、当該指示説明により検証したということが明らかになるに過ぎない。[*7] したがって、検証（実況見分）調書に供述にわたる指示説明を如何に詳細に書きこもうとも、当該書面の証拠能力及び証拠価値に何等積極的効果をもたらすことにはならない。

前述のとおり、犯行再現検証（実況見分）においては、他の検証（実況見分）に比べて指示説明の過程に被疑者の供述が混在しやすく、また、被疑者の姿勢、動作の方向等を指示説明の形式で書くことについて技術的に非常に困難が伴う。そこで、その結果を記録した検証（実況見分）調書にもその作成の過程で指示説明のなかに供述にわたる部分が混在しやすいといわれている。[*8]

しかしながら、留意しなければならないのは、供述にわたる記載がなされている検証（実況見分）調書は当該供述記載部分についてはその内容が証拠能力を有しないだけではなく、それが公判廷において検察官から証拠として請求された場合において、弁護側から「当該検証（実況見分）調書には指示説明に必要な限度を越えた被疑者の供述が記載されているから、同調書にはもはや刑訴法第三二一条第三項の証拠能力はない。」として証拠請求に異議をとなえられる可能性があるということである。この場合に、検察官はこれを証拠として提出することを断念するか、当該供述部分を除いて証拠調べの請求を行うこととなるが、これでは、警察の捜査段階で検証（実況見分）調書を苦労して作成する意義がなくなってしまう。

そこで、犯行再現検証（実況見分）の際にも公判廷における証拠調べを見据えた「緻密な捜査」を推進するのであるならば、調書の作成については、犯捜規範第一〇五条第一項の「実況見分調書は、客観的に記載するように努め、被疑者、被害者その他の関係者に対し説明を求めた場合においても、その指示説明の範囲をこえて記載することのないように注意しなければならない。[*9]」という留意事項を特に遵守することが必要となってくる。

一方、前述のような犯行再現検証（実況見分）の特質からいって、被疑者の犯行再現の指示説明の過程で犯行の手段方法等に関し秘密の暴露的な供述があるなど、当該検証（実況見分）の結果とともに、その際の被疑者の供述を証拠保全しておいた方が事件の立証上好ましいと判断されることも多いものと考えられるが、この場合には、犯捜規範第一〇五条第二項が規定する「被疑者、被害者その他の関係者の指示説明の範囲をこえて、特にその供述を実況見分調書に記載する必要がある場合には、刑訴法第百九十八条第三項から第五項までおよび同法第二百二十三条第二項の規定によらなければならない。この場合において、被疑者の供述に関しては、あらかじめ、自己の意思に反して供述をする必要がない旨を告げ、かつ、その点を調書に明らかにしておかなければならない。」という検証（実況見分）調書に被疑者の署名押印を求めて供述を直接録取する手続によるか[*10]、当該供述について改めて、検証（実況見分）現場で供述録取書を作成するか、いずれかの措置をとる必要があろう。

なお、このような措置をとる必要が生じるのは、一部の論者が指摘するように、警察が行う犯行再現検証（実況見分）現場において取調べにより強要された自白が繰り返されるという理由によるのではなく、前述のような犯行再現検証（実況見分）の内在的性格から生ずるものと考えられる。事実、こうした必要性は、捜査官が実施する検証（実況見分）においてのみ認められるものではなく、裁判所が行う検証においても認められるものであり、裁判実務からは、検証において立会人の指示説明と供述が併存することを前提として、「検証の実際からすると、立会人の指示説明の内容を証拠としないと検証の効用が乏しい場合が少なくない。というのは、客観的な物または場所の状態が証拠価値をもつことは少ないので、供述証拠に補われて初めてそれらは証拠価値を発揮することが多いのである。それゆえ、このような場合は立会人を同時に証人として採用しておき、検証と並行して検証現場で公判期日外の証人尋問を行ったほうが効果的である……。ただ、検証現場は、証人に対する詳細な尋問や供述の録取に適さないことがあるので、現場では、証人の指示説明を中心に概略の尋問をすませ、近隣に場所を用意して証人尋問を続けるなどの工夫が必要である。」（石井一正『刑事実務証拠法』〔判例タイムズ社、一九八八年〕二四六頁）という指摘もなされている。

二　ビデオテープの証拠能力

「犯行再現ビデオ」は、犯行再現検証（実況見分）の過程で捜査機関が、ビデオカメラにより被疑者が犯行を再現する模様を撮影することによって得られた証拠であるが、ここではまずビデオテープの証拠としての一般的性格を明らかにすることとする。

ビデオテープは、一本の磁気テープに映像信号と音声信号とを記録するものであり、テープに記録された映像と音声とは、ビデオデッキ（映像記録再生装置）によって、同時に再生され、視聴できる。

ビデオテープは、それ自体から直接には、映像・音声を知覚し得ない点では、録音テープと同様であり、特に音声収録部分は録音テープと同様の性質を有する。一方、ビデオテープの再生された映像は一コマ一コマの画像として捉えることができるものであり、その本質は写真と異なるものではない。

このような理由から、ビデオテープの収録、伝達の過程及びその証拠能力は、写真と録音テープの複合した性質を有するものであり、両者の問題に還元して考えることができるものとされている。[*11]そこで、写真及び録音テープの記録、伝達の過程及びその証拠能力についての従来の判例、学説について概観した後、映画フィルムとともに、ビデオテープの収録、伝達の過程及び証拠としての性格を論ずることとする。

1 写　真

写真は、天候、撮影角度、距離、カメラの種類、性能その他の諸条件の下で、光学的・化学的原理を応用して被写体に対する瞬時の映像を捉えこれを化学的処理によって可視的に再現保存した映像であって、その映像の被写外界に対するあるがままの視覚的把握性すなわち被写外界に対する忠実性及び映像保存の確実性はあまねく承認されている。[*12]

写真の証拠能力については、機械的作用を用いた人の事物の報告であるという点に着目して人の供述と同視すべきものとして、その撮影、伝達の過程を伝聞過程と解するか、あるいは、写真の機械的記録性に着目して写真が人の供述の要素を含まない面を強調してこれを非伝聞過程と解するかによって、供述証拠[*13]とするものと、非供述証拠[*14]とするものとに分かれている。

裁判例の中には、「写真を証拠とするには、撮影者を公判期日に証人として尋問し、その真正に撮影されたものであることを供述したときにこれが証拠能力を付与される」と判示しつつ、「作成者不明の場合、若しくは作成者を公判期日に尋問することができない特別の事情がある場合においても、他の証拠によりその写真が何時、何処で、如何なる情景を撮影したものであるかが証明されたときはなおこれを証拠とすることができる。」（福岡高判昭三九・五・四判タ一六四号一二〇頁）[*15]としていずれの立場をとるのかが明らかでないものも存するが、大きく分けると、「現場写真は特定の日時、特定の場所で行なわれた特定の事件が表現されているのであって、かかる作成過程、表現内容にてらすと、現場写真は撮影者により観察された事件の再現、報告という側面を持っており、……現場写真の供述証拠的性格は否定し得」ず、「現場写真自体を独立して証拠化するにはその同意が得られない以上撮影者に尋問を行うことが必要であ」（京都地決昭五一・三・一判時八二九号一一二頁）るとして写真の撮影、伝達の過程を伝聞過程と解するものと、「写真……の決定的主要部分は、光学的、化学的原理による機械的、化学的過程であって、この点人の供述の生成過程が、知覚、記憶、構成、叙述から成り立っているのとは本質的に異る。従って現場写真そのものは、科学的、機械的証拠として刑事訴訟手続においては非供述証拠として取扱うのが相当であり、自由な証明により事件との関連性が認められる限り、証拠能力が付与されるもの」（東京地判昭五二・九・一三刑裁月報九巻九号六八一頁）[*16]としてこれを非伝聞過程と解するものに分かれていた。

最高裁は、新宿騒乱事件の上告審において、「犯行の状況等を撮影したいわゆる現場写真は、非供述証拠に属し、当該写真自体又はその他の証拠により事件との関連性を認めうる限り証拠能力を具備するものであって、これを証拠として採用するためには、必ずしも撮影者らに現場写真の作成過程ないし事件との関連性を証言させることを要するものではない」（最決昭五九・一二・二一刑集三八巻一二号三〇七一頁・判時一一四一号六二頁・判タ五四六号一〇七頁）として写真が非供述証拠である旨を明らかにしたが、その論理的帰結として撮影、伝達の過程を非伝聞過程と解しているものと理解されよう。

2 録音テープ

録音テープについても、全く同じ議論が存する。すなわち、その録音、伝達の過程について、録音の操作、編集上の作為性を指摘してこれを人の報告過程における誤りと同様に考え、伝聞過程と解するもの[*17]とその機械的記録性のゆえに非伝聞過程と解するもの[*18]とに分かれており、この相違により証拠能力についても見解が分かれている。

録音テープの録音、伝達過程について論じた裁判例は、写真に比べて少ないが、「捜査が開始されたと認められる状況のもとで作成されたこと、録音した者が警察官であり、将来本件犯行の立証に供されるかもしれないことを予想しうる立場にあったこと、録音の結果は録音ないし編集の立場や方法が異なることによって異なる印象を与えること、録音の内容が、直接本件犯行の成否に関するものであること等に照し、単なる証拠物と解するよりも、広い意味の報告文書的性格を有するものとして『検証の結果を記載した書面』に準ずる取扱いをする方が妥当である」（東京地決昭三五・一二・一四法律時報資料版八号二八頁所収[*19]）として伝聞過程であると解するものと、福岡高判昭三四・一〇・一七のように、「右録音テープは本件犯行現場である道路上において本件犯行時における被告人の発言を中心に録音されたものであり、録音された発言の内容の真偽とは無関係にその録音内容自体を証拠としているのであるから、右録音テープの成立関係が証拠により認められるかぎり、被告人の署名押印を欠き且つその成立につき被告人の同意がなくてもその証拠能力を失うものではない」とし、その録音、伝達の過程が非伝聞過程であるという立場に立って判示したと解されるものが存在する。後者の上告審である最決昭三五・三・二四刑集一四巻四号四六二頁は、「所論録音についての原判決の説示は結局当裁判所もこれを正当と認める。」として二審の結論を肯定したが、本件は一審において録音者に証人尋問を加えた上で証拠を採用した事案であるところから[*20]、最高裁が録音テープにつき、いずれの立場をとるものなのかは必ずしも明らかではない。

3　映画フィルム及びビデオテープ

映画フィルム及びビデオテープの証拠能力の問題は、前述のとおり写真と録音テープの問題に還元して考えることができるが、これらの記録、伝達過程を伝聞過程と解するか、非伝聞過程と解するかについて争いがあるところから、映画フィルム及びビデオテープについてもその撮影、収録、伝達の過程を伝聞過程と解するか、非伝聞過程と解するかについても争いがある。

裁判例の中にも、テレビフィルムに関するものであるが、「その〔テレビフィルム〕作成過程を全体としてみれば、撮影者により観察された事象の再現、報告という性質を有し、必ず撮影者の価値判断にもとづく被写体の選択および撮影条件の設定ならびに編集者の取捨選択にもとづく編集等の過程を伴ない、光学的化学的過程の高度の科学的正確性にもとづく事実再現の正確性もこれらの撮影編集過程の如何に依存し、撮影条件の如何により、あるいは撮影編集者の主観的意図の介在等により、事実を正確に再現し得なくなる危険の存在することが明らかである。かようにテレビフィルムの作成過程は、それに含まれる光学的化学的過程の高度の正確性にもかかわらず、一面において目撃証人の供述と極めて類似した性質を有し、撮影者編集者に対する反対尋問による吟味の必要性を否定することができない。」(大阪地決昭四八・四・一六刑裁月報五巻四号八六三頁・判時七一〇号一一二頁)[*21]としてその収録、伝達の過程を伝聞過程と解するものと、「而して写真は、科学的正確さをもって被写体を写すもので、人の記憶を報告する報告文書より正確で反対尋問を加えることは意味がないから証拠物であり、ビデオテープは、被写体の連続した動作等を写したものであるから、その性質は写真同様証拠物であ」(東京地決昭四五・九・一一刑裁月報二巻九号九七〇頁)[*22]るとして非伝聞過程と解するものに分かれているが、近年はやや後者のほうが有力であろうか。

三 「犯行再現ビデオ」の本質

「犯行再現ビデオ」とは、犯行再現検証（実況見分）に際し、被疑者が犯行を再現する模様を捜査機関がビデオカメラにより撮影し、ビデオテープに録画したものと定義付けてよいものと考えられるが、「犯行再現ビデオ」においては、犯行再現検証（実況見分）過程について指摘した特質が証拠上より一層直接的な形で現れると言える。

犯行再現検証（実況見分）の実施過程においては指示説明と供述の併存及び混淆が不可避であることは既に述べたが、検証（実況見分）調書作成に当たっては検証官が被疑者の多様な指示説明及び供述の中から検証（実況見分）調書に記載可能な指示説明に当たる部分を選び出して、これを調書に記載することが可能であるのに対し、「犯行再現ビデオ」の撮影に当たっては、ビデオテープの媒体としての特殊性から撮影者が被疑者の指示説明及び供述を整理抽出するということは不可能であり、被疑者が指示説明し、供述したことがそのままビデオに収録されることとなる。

また、一で述べたとおり、犯行再現検証（実況見分）は被疑者の供述調書作成後において実施されることから、被疑者の指示説明の中に、供述調書で述べたことがそのまま繰り返されることも多いものと考えられる。そして、こうした指示説明及び供述は被疑者の身振り、手振りと一体化した形で犯行再現検証（実況見分）の過程において犯行の再現として認識されるのである。「犯行再現ビデオ」の作成に当たっては、ここで被疑者による犯行再現の模様をビデオカメラで撮影することとなるわけであるが、撮影行為自体は、検証官の視覚、聴覚に代えてビデオの音声、映像記録装置を利用するというところから、外形的には検証（実況見分）という作用に類似しているにもかかわらず、その結果として得られたビデオテープは供述的要素を多分に含むこととなるから被疑者の自白に極めて近いものとなってしまうのである。

こうしたことから、実務においても、撮影実施の過程を被疑者の供述を録取する過程にいわば引き付けた運用がなされ、これに準じた手続がとられるとともに、「犯行再現ビデオ」を検証（実況見分）調書と別途送致するなどして、「犯行再現ビデオ」を犯行再現検証（実況見分）調書と一体のものとして捉えるのではなく、これとは切り離した独立の証拠として取り扱う方向に動いているように思われる。

例えば、都道府県警察によっては犯行再現検証（実況見分）の実施担当官及び「犯行再現ビデオ」の撮影者のための留意事項を定めており、その中には、

①検証官は、質問に漏れがないよう、質問事項を整理しておく。

②被疑者に対し、供述拒否権及び犯行再現実施拒否権を告知しておく。

③検証（実況見分）のすべては、ビデオテープに収録されるので、質問事項や被疑者の供述内容がよく分かるようにマイクを使って実施する。

④区切りのよい時点で被疑者に対し供述に誤りや考え違いはないか再考の機会を求める。

といった措置要領が見られるが、これは、検証（実況見分）における指示説明をこえた供述、というよりは、むしろ動作、指示説明と渾然一体となった被疑者の「供述」内容を全体として供述証拠として取り扱おうとする試みにほかならない。

以上のことから、「犯行再現ビデオ」の証拠能力に対する一般的な考え方としては、ビデオテープに収録された内容は全体として自白に準じるものとして刑訴法第三二二条第一項の規定が類推適用され、その要件に合致すれば、証拠能力を有するものと考えられよう。

この場合において、刑訴法第三二二条第一項が前提とする刑訴法第一九八条第四項及び第五項の読み聞け、被疑者の署名押印を求めるべきか否かについて、二で述べたようにビデオテープの収録、伝達過程を伝聞過程とみるか、非伝聞過程とみるかにより見解の対立がある。

両説を理論的に考えると、前者は、収録、伝達の過程を供述過程と同視し、供述にわたる指示説明を含む「犯行再現ビデオ」を供述録取書と同様の二重伝聞と捉えることから、読み聞け、署名押印を必要とすると解するのに対して、後者はビデオの収録、伝達過程の伝聞性を問題とするものではないことから、供述書と同様に一種の伝聞として供述人の供述たることが認められる限り署名押印を必要としないこととなる。

しかしながら、非供述証拠説に立っても、供述にわたる指示説明を含む「犯行再現ビデオ」の実質はやはり供述録取書に対比されるものと考えるべきであろう。供述録取書における読み聞け、署名押印は、供述内容の正確性を担保するために供述者自身が録取された供述内容を了知してそれを訂正、補充する機会を持ち、自己の供述が正確に収録されていることを確認するためのものであり、さらにそれを証拠とすることを供述者が承認したものであると考えると、「犯行再現ビデオ」撮影の際においても原則として、読み聞け、署名押印に代わるべき措置をとっておくことが望ましいものと言えよう。したがって、「犯行再現ビデオ」を収録するに際しては、犯行再現が終了した段階においてビデオテープの中で被疑者に対して犯行再現に誤りや追加がないかを再考させる機会を与え、誤りがない場合においてもその旨を明らかにさせるなどの措置をとることが検討されるべきであろう。

なお、「犯行再現ビデオ」が被疑者の供述調書の任意性及び信用性並びに検証（実況見分）が真正になされたことなどを立証するために証拠請求される場合には、これらの事項は訴訟法上の事実であるところから、いわゆる自由な証明で足り、前述の証拠能力の点は問題とならないことを付言しておく。

四 「犯行再現ビデオ」と裁判

警察の捜査において犯行再現検証（実況見分）が比較的古くから実施されてきたのに対し、犯行の全部又は一部を被疑者に再現させてこの模様をビデオテープに収録するという手法がとられるようになったのは、比較的近年になってからのことである。昭和四〇年代には、昭和四六年（一九七一年）に発生した「日石・土田邸」事件の捜査において被疑者に爆弾模型の製造実演を行わせこれを録画したビデオテープが公判廷に提出されて証拠調べされた。また、昭和四九年に発生した松戸市のＯＬ殺人事件（「首都圏連続女性殺人事件」）において被疑者が検証（実況見分）の過程で犯行状況を再現する模様がビデオテープに収録された。しかしながら、こうした実施例は未だ大規模な捜査本部事件に限られていた。

一般の刑事事件において、ビデオテープが犯行再現検証（実況見分）の過程を収録するために利用されるようになったのは、むしろビデオカメラ、ビデオデッキ等が捜査資器材として第一線に普及し始めた、昭和五〇年代に入ってからであった。程なく、こうした形で収録されたビデオテープは単に警察部内の捜査資料にとどまらず、検察官に送致され、公判廷においても、被告人の供述の任意性、信用性の立証のためなどに証拠調べ請求されるようになっていく。

ここでは、最近の刑事事件で「犯行再現ビデオ」が裁判において証拠として調べられ、何らかの判断が示された八事件（以下①から⑧までの記号で引用する。）について、表中において被疑事実の概要、捜査上の問題点、犯行再現の態様、被疑者との打合せ・承諾の有無、裁判における主たる争点、同意・不同意の別、証拠方法・立証趣旨及び「犯行再現ビデオ」に係る判旨等を明らかにした。

「犯行再現ビデオ」と裁判

裁判所 裁判年月日等	事件名	罪名	被疑事実の概要 （被疑者が複数いる場合は、便宜上X、Yで表した）	捜査上の問題点
①東京高判昭57・8・4	小田原市内浜町旅館女主人殺人事件	窃盗、住居侵入、強盗殺人	昭和五五年一〇月二四日、神奈川県小田原市内のK旅館に宿泊していた被疑者が、旅館経営者A女の居室に侵入して、現金五〇〇円を窃取し、さらに金員を物色中同女に発見されたことから、逮捕を免れ、かつ証拠を隠滅するために同女を殺害することを決意し、同女の首を絞めて窒息死させ、その直後同室において同女の所有に係る現金五〇〇円を窃取したものである。	1　被害金額が少額で裏付けが取りにくい。 2　物色の跡があまり見られなかった。
②横浜地判昭60・2・8 刑裁月報一七巻二号一一頁	バー「パーム」内における昏睡強盗事件	昏睡強盗	神奈川県横浜市所在のバー「パーム」の経営者X及び同店従業員Y等が共謀の上、昭和五九年七日一日、同店において、客に対してウオッカ、レモン、オレンジ、炭酸等を混合した「ダンガン」と称するカクテルを飲ませて昏睡させ、金員を強取しようと企て、来店したSに上記の酒を飲ませその反抗を抑圧し、その機会に同人の着衣のポケットから同人所有に係る現金を抜き取り、もって、同人を昏睡せしめてその財物を窃取したものである。	「ダンガン」と称するカクテル（ウオッカを主にしてこれにオレンジジュースや炭酸飲料を混ぜたもの）の
③東京地判昭60・3・13 判時一一五四号三頁	「無盡蔵」店主殺人事件	殺人、有印私文書偽造、同行使、詐欺	昭和五七年二月二四日、被疑者は稼働先であった、東京都豊島区内の古美術商店「無盡蔵」において、同店主を殺害しようと決意し、鉄棒で、同人の頭部を殴打して殺害し、さらに、店主の死体をじゅうたん等で梱包した上、神奈川県川崎市の京浜運河の海中に投棄して、これを遺棄したものである。	1　被害者の死体が発見されなかった。 2　犯行現場が破壊された。 3　凶器が発見されなかっ
④東京高判昭62・5・19 判時一二三九号二二頁	同　上	同　上	同　上	同　上

		効果が明らかでない。	た。	
犯行再現の態様	実況見分に際し、犯行現場において、被疑者が自ら犯行を再現した。	実況見分に際し、模擬現場（警察署道場内）において被疑者が犯行（カクテルを作る。）を再現し、警察官が飲食し、酩酊した状況を明らかにした。	検証に際し、被疑者が模擬現場（警察署講堂）で自ら犯行を再現した。	同　上
被疑者との打合せ、承諾の有無	事前の打合せなし。撮影前、口頭で被疑者にビデオ撮影する旨告げて本人の承諾を得て撮影した。	事前の打合せなし。撮影前、口頭で被疑者にビデオ撮影する旨告げて本人の承諾を得て撮影した。	応答要領につき、実施直前に検証官の問に応じて犯行時の状況を説明しながら実施するように指示した。 口頭による承諾	同　上
裁判における主たる争点	被害者の居室へ行った目的、経路、殺害の動機、殺意を持った時期、金員の窃取等の諸点に事実の誤認がある。住居侵入、強盗殺人及び窃盗ではなく、殺人と窃盗未遂である。 1　被害者の居室へ行ったことには同意がある。 2　金員は窃取していない。	1　被害者は、当時それほど酩酊しておらず、「昏睡」の状態に陥っていない。 2　昏睡強盗の故意がない。	1　被害者は犯行日とされたとき以降も生存していた。 2　当時「無盡蔵」店内に存在した物に付着した血液は、同店外で偶然、別個に付着した。 3　自白の任意性、信用性がない。スポーツの後遺症で尾骶骨が曲がっており、長時間の着座に苦痛を覚え、特に一二月六日、七日は下痢症状で体力、気力とも弱まっていたところへ、連日長時間の取調べを受けた。 4　アリバイの存在	1　被害者は犯行日とされた日以降も生存していたことが多数の者により確認されている。 2　被告人には被害者を殺害する動機がない。 3　死体の放置、投棄に関する供述について信用性がない。 4　供述の重要部分に変遷がある。 5　血痕に関する証拠は有罪認定の資料にならない。 6　原審がアリバイを否定したのは誤り。

同意・不同意	証拠方法・立証趣旨	「犯行再現ビデオ」に係る判旨
同　意	自白調書の任意性、信用性の補強	当審において取り調べたビデオテープによれば、実況見分の際の被告人の指示説明内容も被告人の自白と全く同じものであって、被告人はよどみなく自然に現場における自己の行動を再現しながら説明しており、同行した警察官等からも被告人に何ら示唆、誘導がなされておらず、その迫真性には動かし難いものが認められる。
同　意		（［前掲のビデオテープ及び昭和五九年八月二三日付け実況見分調書］によると、被害者Sの供述に現れた当時の飲酒状況を前提として、これとほぼ同一の条件のもとで、三名の警察官が「ダンガン」を飲んだところ、一名はコップ二杯分飲んだあと急激に吐き、苦しみながら意識不明の状態に陥り、残りの二名はコップ三杯分を飲んだあとまもなく足腰をとられて横たわり、次第に意識朦朧に近い状態に陥ったことが認められる。これが「ダンガン」の中身を理解した者による実験であることを考慮すれば、右結果は、「ダンガン」の人体に対する効果、影響がかなり強烈であることの有力な証左というべきである。尤も、右実験結果にも現れているように、「ダンガン」
同意。テープ類を一部ではなく、全部を法廷で公開することを条件＊23	自白調書の信用性の補強	前記ビデオテープは、四七分間（うち五分間休憩）にわたり、捜査官から全くと言ってよいほどに示唆を与えられることなく、被告人が実に手際よく、よどみなく、犯行を再現する状況を録画したものであって、その間被告人は、ほとんどとまどったり、思いあぐねたりすることなく、時に仮想被害者の倒れた位置について自発的に訂正したり、自問自答するなどしながら犯行時の自己の行動を再現して見せているものである。しかも、被告人がそれまで供述してきたところ、特にその特異な死体梱包の手順とそれによる死体の状況とが、被告人の手により、誠に自然に、その自白通りに素速く、手際よく再現されていったという点は、被告人の自白が単なる想像によ
		押収中のビデオテープ一巻は、……被告人が警察官を被害者に見立てるなどして、犯行、死体の梱包、現場の犯跡隠蔽等の状況を再現してみせたのを録画したものであるが、被告人は、多数の捜査官の見守る中で、自ら積極的に、てきぱきと手際よく行動し、しかも、記憶の不確かな点についてはその旨を述べたり、従前の供述を訂正するなどしており、この被告人の犯行等の再現が捜査官の強制や圧迫のもとで行われたと疑う余地のないのはもとより、それが実際の経験に基づく記憶を体現したものであることを窺わせるに十分である。 結局、……ビデオテープの任意性に問題とすべきところがあるとは思われない。

裁判所裁判年月日等	事件名	罪名	被疑事実の概要（被疑者が複数いる場合は、便宜上X、Yで表した）	
⑤東京地判昭60・7・3 判時一一六七号三頁	杉並看護学生殺害事件	住居侵入、強姦致死、殺人、死体損壊	昭和五八年九月六日深夜、覗きの目的で東京都杉並区内のアパートの鉄柱を昇り、二階のベランダに侵入した被疑者が、同所において、就寝中のM女を認めて劣情を催し、M女方室内に故な	
⑥浦和地判昭60・9・26	宮代町道仏地内における殺人放火事件	住居侵入、強盗殺人、現住建造物放火	被疑者X、Y両名は、金銭に困窮したことから共謀の上、Xの顔見知りのU方に侵入し、金品を窃取しようと企て、 1 昭和五五年三月二一日、深夜、U方に侵入し、室	の人体に対する作用ないし効果、影響にはかなり個人差が存し、これが比較的少ないと思われる麻酔薬、睡眠薬を服用させる場合にくらべると、人を昏酔させる手段として確実性に劣る点があることは否めないけれども、これをもって定型性を欠くものということはできないところである。）
⑦浦和地判昭60・10・8	朝霞市内宝石店主殺人・死体遺棄事件	殺人、死体遺棄	昭和五七年九月二三日、被疑者X、Yは、Xの夫である被害者の目を忍んで情交関係を結んでいたところ、被害者の存在が邪魔になったことから、これを殺害することを共謀し、Yが被	るのではなく、具体的経験に裏打ちされたものであることを窺わせるものである。
⑧千葉地判昭62・1・26	野田市における少女殺人事件	強制わいせつ致死、殺人	被疑者は、自宅付近を通って通学している被害者A女に対してわいせつ行為をしようと企て、昭和五四年九月一一日、下校途中のA女を自宅近くの竹林内に連行し、さらに付近の古井戸内	更に、……ビデオテープの内容は、同時期に録取された被告人の捜査官に対する自白調書のそれとほぼ同旨であるところ、右自白調書の内容が信用性のあるものであることは前示のとおりであるから、……ビデオテープについても同様であると考えられる。以上のとおりであって、ビデオテープはいずれも任意性、信用性に欠けるところがなく、犯行事実認定の用に供することができるものというべきである。

	捜査上の問題点
く侵入し、同女を強姦するため暴行を加えたところ、同女に抵抗されたことから、殺意をもって同女の頸部を絞め続け、同女を窒息死させた上、強姦し、さらに同死体の陰部を損壊したものである。	1 凶器が自白に基づいて押収されなかった。 2 剥離された陰部、サンダルが発見されなかった。
内を物色中、Uの母であるIに察知されたことから、X、Yが共同してIをビニール紐で絞殺し、さらに、その後帰宅したUに気付かれたことから、同人もX、Yが共同して絞殺し、現金、預金通帳等が入っていた手提金庫を強取し、 2 その後、証拠隠滅を図る目的で、被害者方玄関に置いてあったポリ容器入灯油を両名で交互に家屋内各所に撒き散らした上、Yが勝手場のガスレンジに点火し、同勝手場にあったフライパンにサラダオイルを入れて過熱させ、同過熱によってフライパンのサラダオイルを発火させ、勝手場、壁板、調理台等に燃え移らせ、現に人が居住する家屋の一部を焼燬したものである。	1 栃木県警が強盗事件で捜査を行った後、埼玉県警に身柄を移して捜査を行った。
害者の左胸部、頸部等をアイスピックで突き刺して昏倒させた上、スコップで殴打して被害者を脳損傷により死亡させて殺害し、さらに、死体を埼玉県大宮市所在の治水橋上から投棄して、遺棄したものである。	1 死体を搬送した自動車から血痕が検出されなかった。 2 凶器、自動車の鍵等が
に同女を抱え落し、同所でわいせつ行為をしようと試みたが、抵抗されたため、同女を殺害することを決意し、口腔内に同女の下着を押し込み、一三歳以下の婦女に対してわいせつ行為をなすとともに、同所においてA女を窒息死させたものである。	被疑者が中等度の精神遅滞者であった。

	犯行再現の態様	被疑者との打合せ、承諾の有無	裁判における主たる争点
	検証に際し、被疑者が犯行現場で自ら犯行を再現した。	不明。 被疑者に承諾書を書かせている。	1　被害者を強姦したことはあるが、それ以上の殺人、死体損壊の行為は行っておらず、同行為は被告人の逃走後何者かが被害者方に侵入して行ったものである。 2　被告人には、アリバイがある。 3　被告人は、本件発生当時サンダルではなく、運動靴を履いていた。 4　捜査段階における自白調書等の任意性、信用性がない。
2　被害物件である手提金庫が発見されなかった。 3　物色の跡があまりみられなかった。	検証に際し、犯行現場において、被疑者が自ら犯行を再現した。 無音声	事前の打合せなし。 撮影前に被疑者にビデオで撮影する旨説明し、被疑者の承諾の内容を調書に録取した。	1　被告人X、Yの供述は、強制、誘導的尋問によるものであり、任意性がない。 2　X、Yの捜査段階の供述調書は、その内容が相互に異なっており、客観的事実とも一致していないばかりか、捜査の過程で変遷しており、信用性がない。 3　X、Yには、犯行時アリバイがある。
自白による投棄場所付近から発見されなかった。	検証に際し、被疑者が模擬現場（警察署中庭）で自ら犯行を再現した。	事前の打合せなし。 撮影前に被疑者にビデオで撮影する旨説明し、被疑者の承諾の内容を調書に録取した。	1　自白の内容は、自分が目撃した本件の真相を基本にして作ったストーリーであって、いかにも捜査官を信じ込ませるように構成してあり、敢て起訴させた上、公判廷で否認することにより、捜査機関の権威と面目を失墜させることを意図したものである。 2　捜査段階における自白の信用性がない。 ア　攻撃態様と着衣・損傷との符合性 イ　物証が自白に基づき発見されていない。
	検証に際し、被疑者が犯行現場で自ら犯行を再現した。	事前の打合せなし。 被疑者の承諾については不明。 本人の姉を立ち会わせて客観性を担保した。	1　被告人の知能程度に重度の問題があることから、本来その供述の任意性には重大な疑問があるばかりでなく、本件自白供述は捜査官の誘導ないし暗示に基づくものであり任意性がない。 2　被告人の自白は矛盾したり、変遷したりしているばかりでなく、不自然な点も多いので信用性がない。

	同意・不同意	証拠方法・立証趣旨	「犯行再現ビデオ」に係る判旨
	刑訴法第三二二条第一項に準じた扱いにすべきであるとした。*24	刑訴法第三二一条第三項及び第三二二条第一項の準用により*26	被告人が本件犯行現場で指示説明した状況を収録したビデオテープ二巻が証拠として提出され、当裁判所は、これらの証拠に任意性は十分認められるものと判断し、これらの証拠を取り調べたところである。……［自白調書］に準じるものについては、十分任意性があって、証拠能力が認められるところであるが、果たして自白と評価するに価するものか疑問であるうえ、被告人が適当に虚偽の供述、説明を織り交ぜ、これらが自白調書等の中で渾然一体となっているとの疑念を払拭できないので、右自白調書等を敢て判示罪となるべき事実の認定証拠に
	同意	検証調書に準じるものとして	Xの捜査段階における供述調書等の信用性について 右自白の真実性は、六月八日被害者方の検証においてXが自ら犯行を再現し、その模様を撮影したビデオテープによっても裏付けられており、具体的経験に基づく信用性の高いものであることが認められる。 Yの捜査段階における供述調書等の任意性について ［五］月二二日の検察官の取調べ及び同月二三日の警察官の取調べにおいて否認したが、同月二八日警察官の取調べの際自白に戻り、六月六日警察官の被害者方の検証に立ち会い、自ら犯行を再現していること、当日検察官に対しても自白す
ウ　秋ケ瀬橋上の犯行が合理的でない。	不明	不明	自白の経過とその概要の認定の部分 ⒁一〇月二三日 被告人Yは、朝霞警察署中庭において「マークⅡ」を使用して「第二駐車場」での犯行状況を説明し、ビデオカセットテープ一巻に納められた。
	不同意*25	自白の任意性の補強	……被告人の犯行再現の状況を収録したビデオテープに徴すれば、……犯行現場では、長時間にわたって、相当広範囲な地域における複雑かつ極めて特異な犯行態様等をほぼ再現しているのであって、中等度の精神遅滞者［原文ママ］である被告人に捜査官が犯行の手段・方法・手順をあらかじめ教え込んで再現させることは到底不可能と考えられることなどの諸点に照らして考察してみると、被告人の自白の任意性に疑いをさしはさむ余地はないものといわなければならない。

	使用するまでもないと判断し、一括してこれを使用しないこととした。	るに至り、その後は、自白を継続していること……が認められる。 Yの捜査段階における供述調書等の信用性について 右自白の真実性は六月六日被害者方の検証において被告人Yが犯行を再現し、その状況を撮影したビデオテープによっても裏付けられ、自己の体験に基づく信用性の高いものであることが認められる。		

以上の①から⑧までの事件を概観すると、幾つかの特徴点を指摘することができる。

第一に、犯罪組成物件、犯行供用物件等犯罪事実を立証する上で極めて重要な証拠が発見されていない事件が多いということである。③・④では凶器である鉄製ボルトと被害者の死体が、⑤では被害者死体から切り取った身体の一部及び被疑者が犯行時に履いていたとされるサンダルが、⑥では被害物件である手提金庫が、⑦では凶器であるアイスピックが警察の懸命の捜査にもかかわらず発見されるに至っていない。こうした事件においては、物的証拠が欠如していることにより明らかにされにくい構成要件事実、因果の流れ等は主として供述証拠により立証されることとなるが、被疑者の再現行為の「自然さ」、「よどみなさ」により当該供述の信用性を補強しようとしていることが窺える。

第二に、犯行形態が特殊である場合や、複雑である場合において、当該被疑者に係る行為の固有性を立証するために、「犯行再現ビデオ」が使用される場合が多いということである。①では現金の窃取と殺害の時期が主として被疑者の供述により明らかにされていたところ、この場合において当該供述に一致する動作が最も自然であることを立証するために「犯行再現ビデオ」が利用されている。②では「ダンガン」の人体に対する効用が他の証拠では必ずしも明らかでなかったところ、「犯行再現ビデオ」によりこの点が明らかにされている。③・④においては、被疑者が古物商の店員をしており、大きな荷物等の梱包には慣れていたところ、被疑者が特殊な手順の死体梱包を手際よく行う様が「犯行再現ビデオ」により明らかにされている。⑧においても、知能程度に問題がある被疑者が複雑、特異な犯行をよどみなく再現したことにより、行為の被疑者に係る固有性が明らかになっている。

第三に、公判廷において自白の任意性が争われることがあらかじめ予想される場合においては、捜査段階の自白の任意性の補強のために「犯行再現ビデオ」が作成される場合があるということである。⑧の事件において作成された「犯行再現ビデオ」は、被疑者の知能程度に問題があったことから、こうした観点からの捜査上の考慮も強く働いたものと思われる。

第四に「犯行再現ビデオ」に対する裁判所の評価であるが、証拠方法の性格、立証趣旨の如何を問わず、①、②、③・④、⑥及び⑧において引用してある判旨にみられるとおり、かなり高い証明力を認めている。

「犯行再現ビデオ」は一般に公判廷において再生される形で証拠調べされているが、捜査段階の被疑者が裁判官の視覚、聴覚に直接訴えかけるものであることから、その心証形成にかなり大きな影響を与えているものと推定される。

終わりに

前述のとおり「犯行再現ビデオ」は証拠として裁判においてかなり高い評価を受けているが、それにもかかわらず実際に証拠調べ請求される割合が低いのは、通常の事件においてはそれ以外の証拠により事件が十分に立証されているという事情がある。しかしながら、「犯行再現ビデオ」を作成した方が事件をより効果的に立証できるにもかかわらず捜査機関がこの捜査手法に十分に習熟していないために実施していないという事情も存在するように思われる。

一方、刑事弁護の一部には「犯行再現ビデオ」は犯行再現の実施の過程で任意性に問題がある、「犯行再現ビデオ」は司直が犯罪を再現させるものであり倫理的に許されない、ビデオテープは警察により編集されているとする批判が根強く存在するところである。

倫理的な問題は別としても、警察としてはこうした批判にも十分に応える形で「犯行再現ビデオ」作成に際しての留意事項等を定め、被疑者の人権の保護を図りつつ、刑事警察充実強化対策要綱で定められた「緻密な捜査」の推進という観点からこの捜査手法の効果的活用を図っていく必要があるものと考えられる。

【注】

＊1　一九八八年二月二八日付け毎日新聞（大阪本社発行）。

＊2　五十嵐二葉『『ビデオ時代』の刑事裁判と自白」法律時報第五七巻第三号七七頁、五十嵐二葉ほか座談会「刑事裁判とビデオ」自由と正義第三八巻第二号八三頁。

＊3　一部には、捜査機関が任意処分として行う検証の結果を記載したいわゆる実況見分調書が刑訴法第三二一条第三項の「検証の結果を記載した書面」に含まれないとする考えがあるが（平野龍一『刑事訴訟法』［有斐閣、一九五八年］二一六頁）、これは実況見分調書の本質を考慮しない形式的な議論であり（桐山隆彦『警察官のための刑事訴訟法解説』［警察図書出版、一九六六年］二〇八頁）、最高裁も「刑訴法三二一条三項所定の書面には捜査機関が任意処分として行う検証の結果を記載したいわゆる実況見分調書も包含するもの」（最判昭三五・九・八刑集一四巻一一号一四三七頁・判時二四九号一二頁）としており、本稿は判例の考え方に従って検証調書と実況見分調書の証拠能力を同一のものとして取り扱っている。

なお、犯行再現を検証許可状に基づいて実施したとしても、検証における「必要な処分」として被疑者に犯行再現に必要な動作を強制できるものでないことは言うまでもないところである。犯行再現が検証の過程で行われるにせよ、実況見分の過程で行われるにせよ、いずれの場合においても被疑者の動作に任意性が強く求められることには差がないものと理解されるから、検証許可状によるか、実況見分によるかは、犯行再現の場所が屋外であるか、屋内であるか、その管理主体は誰か、どの程度厳密な手続を履践することが必要であるかという点を総合的に勘案して決すべきこととなろう。

＊4　片岡聰「立会人の指示説明と実況見分調書の証拠能力」捜査研究第二四五号八二頁参照。

＊5　真野栄一「証拠法から見た実況見分調書の諸問題」警察学論集第一八巻第五号一九七頁は、「全体的に見

て、司法警察員作成の実況見分調書は、検察官側の証拠として、十分な機能を果しているものと考えられる。」としている。

＊6　中山善房「検証立会人の供述」『刑事訴訟法判例百選（第五版）』（有斐閣、一九八六年）一八九頁は、「立会人の指示説明は、実況見分の動機・手段に過ぎ」ないとしている。

＊7　松浦秀壽、喜多村治雄「検証における指示説明」刑事実務ノート第一巻六八頁参照。

＊8　前掲・片岡・捜査研究第二四五号八四頁参照。

＊9　実況見分調書作成上の留意事項であるが犯捜規範第一五七条により検証調書の作成にも準用されている。

＊10　警察庁刑事局『逐条解説犯罪捜査規範』一二九頁参照。実際に、この手続が採られるのは、まれであるといわれている。

＊11　臼井滋夫『証拠』（立花書房、一九八二年）二二八頁、龍岡資晃「証拠収集と立証の新展開(2)――フォトコピー・ビデオテープ・録音テープ」現代刑罰法大系5（日本評論社、一九八三年）三〇〇頁、河上和雄「ビデオテープの証拠能力（その1）」警察学論集第三七巻第一一号一四〇頁参照。

＊12　東京地決昭四〇・二・一八下刑集七巻二号二六八頁参照。

＊13　供述証拠説をとるものとして高田卓爾・判例評論第七四号四三頁がある。

＊14　非供述証拠説をとるものとして団藤重光『刑事訴訟法綱要七訂版』（有斐閣、一九五八年）二七五頁、平野龍一『刑事訴際法』（創文社、一九六七年）二二一頁、栗本一夫「写真、録音テープの証拠能力と証拠調」『総合判例研究叢書刑事訴訟法(3)』（有斐閣、一九五七年）一四五頁、金隆史「写真」証拠法大系Ⅰ（日本評論社、一九七〇年）一二七頁がある。

＊15　福岡高判昭三九・四・二七判時三七七号七六頁同旨。

＊16　ほかに非伝聞過程と解するものとして東京地決昭四〇・二・一八下刑集七巻二号二六六頁、東京高判昭五七・九・七高刑集三五巻二号一二六頁がある。

＊17　伝聞過程と解するものとして松尾翼「録音テープの証拠能力」法律時報資料版第八号二四頁、松本時夫

「録音テープ」刑訴法判例百選（第三版）一八三頁がある。

＊18　非伝聞過程と解するものとして山崎茂、内藤丈夫「証拠としての録音テープ」『実例法学全集刑事訴訟法（新）』（青林書院新社、一九七七年）四〇一頁、永井紀昭「録音テープ」証拠法大系Ⅰ一一六頁がある。

＊19　再録音したものについて伝聞過程と解するものとして大阪地決昭四三・一一・六判例集未登載・前掲永井・証拠法大系Ⅰ一二六頁所収がある。

＊20　警察大学校刑事教養部ほか『捜査書類全集第一巻証拠法』（立花書房、一九八六年）三二九頁参照。

＊21　ほかに伝聞過程と解するものとして東京地決昭三六・四・二六下刑集三巻四号三九三頁・判時二六一号三二頁がある。

＊22　ほかに非伝聞過程と解するものとして東京地決昭五五・三・二六判時九六八号二七頁・判タ四一三号七九頁、東京高決昭五八・七・一三高刑集三六巻二号八六頁がある。

＊23　前掲・五十嵐・法律時報第五七巻第三号七八頁参照。

＊24　前同。

＊25　若穂井透「冤罪の構図——恵津子ちゃん殺人事件を考える」法学セミナー第三三巻第五号通巻第四〇一号二六頁参照。

＊26　前掲・五十嵐・法律時報第五七巻第三号七八頁参照。

犯行再現ビデオ　補論

判例評釈「いわゆる犯行再現ビデオ」（東京高裁昭和六二年五月一九日判決）

【出典】
「いわゆる犯行再現ビデオ」
別冊判例タイムズ一二号（判例タイムズ社、一九九二年）

一　問題の所在

ビデオテープは、被写体の連続した動き及び当該音声を忠実に再現するという機能を有しており、写真以上の迫真性を持っていることから、警察の捜査においても現場における証拠収集、検証又は鑑定結果の保全等を目的として徐々に利用されてきている。

特に、近年、捜査の過程で被疑者に犯行現場等において犯行の模様を再現させ、これを検証する過程をビデオテープに収録したものが公判廷に提出され、自白の任意性、信用性を立証するためなどに証拠調べ請求される例が散見されるところである。

こうした「犯行再現ビデオ」については、一部に、「犯行再現の実施の過程で任意性に問題がある。」「司直が犯罪を再現させるものであり、倫理的に許されない。」「ビデオテープは警察により編集されている。」との批判が加えられてきたが、警察においてもそうした批判に応える形で当該捜査手法の改善が徐々に図られつつある。

本判決は、原審とともに、「犯行再現ビデオ」の証拠能力及び証明力について、自白の任意性及び信用性との関連で積極的な判断を下したものである。

二　事案の概要及び判旨

昭和五七年（一九八二年）二月東京都内の古美術店「無盡蔵」の店主が不審な状況で失踪したことから、同店の従業員である被告人に殺害されたのではないかという疑惑が生じ、捜査が開始された。被告人が店主の銀行預金口座から多額の金員を引き出していたという嫌疑が生じ、同年一二月四日、まず横領の被疑事実で被告人が逮捕された。逮捕後五日目に、殺人の事実についての被告人の自白が得られたが、肝心の死体は発見されないまま、昭和五七年一二月二三日、預金引出しの件について詐欺等で公訴が提起された。殺人の被疑事実については、その後も捜査が続行され、結局、死体未発見のまま、翌五八年二月二八日、殺人の事実についても、重ねて公訴が提起された。

ところが、公判段階で被告人が殺人についての犯行を否認したため、この点について捜査段階の自白の任意性及び信用性が争われることとなった。争点は極めて多岐にわたるが、この過程で自白の任意性及び信用性を補強する証拠として、「犯行再現ビデオ」が証拠調べ請求された。原審は、当該「犯行再現ビデオ」に関して、

「被告人が、捜査官の取調べに対し、自発的且つ真摯に供述していることは、……被告人が、昭和五八年二月二〇日、犯行を再現している状況を撮影したビデオテープ一巻……によっても認められる。……

(2) 犯行再現状況のビデオ録画

また、前記ビデオテープは、四七分間（うち五分間休憩）にわたり、捜査官から全くと言ってよいほど示唆を与えられることなく、被告人が、実に手際よく、よどみなく、犯行を再現する状況を録画したものであって、その間被告人は、ほとんどとまどったり、思いあぐねたりすることなく、時に仮想被害者の倒れた位置について自発的に訂正したり、自問自答するなどしながら犯行時の自己の行動を再現して見せているものである。しかも、被告人がそれまで供述してきたところ、特にその特異な死体梱包の手順とそれによる死体の状況とが、被告人の手により、誠に自然に、その自白通りに素速く、手際よく再現されていったという点は、被告人の自白が単なる想像によるものではなく、具体的経験に裏打ちされたものであることを窺わせるものである。……

被告人は、その犯行再現の経緯につき、『ビデオの前ではそれまで自白してきたことをやった。縛り方は、大分前、調べ室で一度やらされていた。』『一度、女性を縛ったことがある。』

旨述べるけれども……、それにしても、その手つきは誠に鮮やかで、その程度の経験から、複雑な右梱包の全過程にわたってここまで詳細、かつ確実にしかも、手際よく、迅速に再現できるものとは考えにくい。

従って、これらの供述、犯行再現状況は、被告人の自白の信用性を高める一要素と考えられるものである。」

と判示した。

これに対して、弁護人は、被告人について捜査段階において犯行等を実演した際の状況を録画したビデオテープが作成されているが、これらは、被告人が録画を拒否できる自由のない状況のもとでなされたものである上、それまでの信用性の認められない自白以上に出る内容のものではないから、任意性及び信用性を認めることができないのに、原判決はこれを有罪認定の証拠として採用しているので、判決に影響を及ぼすことが明らかな訴訟手続の法令違反があると主張した。

この点について、本判決は、

「押収中のビデオテープ一巻……は、昭和五八年二月二〇日午前一〇時一五分ころから同一一時二分ころまでの間I警察署四階講堂において、被告人が警察官を被害者に見立てるなどして、犯行、死体の梱包、現場の犯跡隠蔽等の状況を再現してみせたのを録画したものであるが、被告人は、多数の捜査官らの見守る中で、自ら積極的に、てきぱきと手際よく行動し、しかも、記憶の不確かな点についてはその旨を述べたり、従前の供述を訂正するなどしており、この被告人の犯行等の再現が捜査官の強制や圧迫のもとで行われたと疑う余地のないものはもとより、それが実際の経験に基づく記憶を体現したものであることをうかがわせるに十分である。

被告人は、当審公判において、録画の前日か前々日ころ取調室で、警察官をモデルに録画のための練習をさせられ、モデルを後ろ手に縛ったうえ、じゅうたんで巻くことまでしており、録画の際の犯行等の再現はそのような練習の結果にすぎないなどと供述している。しかし、被告人が録画の際に再現した行動の範囲は練習したとされる行為に限られず、犯行直前の状況から犯跡の隠蔽にまで及んでいること、被告人は、原審公判においては、『前もってこういうふうにやれと言われた。』とか、『大分前に取調室で一度やらされた。縛ってみろと言われ、刑事を相手に縛ってみた。』という程度のことを供述していたにすぎないこと、被告人のした行動再現の状況、当審証人Aの供述等に照らして、被告人の当審公判における右供述は措信し難い。

結局、……ビデオテープの任意性に問題とすべきところがあるとは思われない。

更に、……ビデオテープの内容は、同時期に録取された被告人の捜査官に対する自白調書のそれとほぼ同旨であるところ、右自白調書の内容が信用性のあるものであることは前示のとおりであるから、……ビデオテープについても同様であると考えられる。

以上のとおりであって、……ビデオテープは……任意性、信用性に欠けるところがなく、犯罪事実認定の用に供することができるものというべきである。」

として、当該ビデオテープを有罪認定の証拠としたことについて、訴訟手続の法令違反はないとした。

三　従来の判例・学説

本判決以前に「犯行再現ビデオ」についての判断を示した裁判例としては、いわゆる日石・土田邸事件統一公判組第一審判決（東京地判昭五八・五・一九判時一〇九八号二一一頁）があり、爆弾模型の製造実演を録画したビデオテープの信用性について次のように判示した。すなわち、「取調済のビデオテープ三巻……は、Xが、昭和四八年五月一九日、警視庁内において、土田邸爆弾の模型の製造を実演した状況を撮影したもの、同ビデオテープ一巻……は、同月二六日同所における同様の状況を撮影したものであるが（……なお、当裁判所は、これらのビデオテープを、Xについては刑訴法三二二条一項により、その余の被告人らについては同法三二八条一項により取り調べたものである。……）、これらのビデオテープによれば、XがB警部補に供述したところと一致する方法で模型製造の実演をしていることが認められ、その際の同人の表情、動作、言葉等からすれば、一見同人は実際そのような方法で土田邸爆弾を製造したのではないかとの印象を受けることは否定し難い。しかし、その画面によると、スーパーセメダインによるマイクロスイッチの接着は、ビデオ撮りの時間の関係もあって、急いだためとも思われるが、接着力が不十分ではずれて落下した場面も撮影され、そのような方法による接着が完全でないことを示すことにもなっている。また、画面によると、作業が手際よく進められているが、Xは、自白後約一か月の間における供述調書や供述書の作成の過程を通じて、自白の内容を自ら十分思い返し、記憶を確実ならしめていたことが考えられ、さらに、後述のとおり、起訴後もほとんど連日B警部補がXに面接して自白当時の心理状態が変らないように訓話等をしていたという事情もある。前記証人Cの証言によると、同人は、上司から、このビデオ撮影はXの希望によるもので、同人は『御願書』と題する書面を提出して希望した旨聞いているというのであるが、B警部補の右のようなXに対する接触状況から考えると、後に公判廷の自白ないし不利益供述について述べると同様に、Xがビデオ撮影を希望したという事情があるからといってビデオテープに十分な信用性を置き難いのである。結局、このビデオテープ四巻は、Xの爆弾製造に関する前記自白以上に出るものではなく、自白の信用性に関する前記疑問点を解消するには足りるものではない。」とした。

日石・土田邸事件統一公判組第一審判決においては、当該ビデオテープの証拠調べの根拠を明示するとともに、捜査段階での取調べの態様をビデオテープの任意性、信用性判断の一要素としたこと、他の自白調書等からは窺うことができず、ビデオテープによって初めて明らかにされた事実すなわち犯行再現時の表情、動作、言葉、物理的作用、手際よさ等を当該ビデオテープの信用性を判断する上の重要な要素としたことなど、その後の裁判において「犯行再現ビデオ」の任意性、信用性等を判断する際にとられるアプローチの先駆的な手法を明らかにしたものといえる。

「犯行再現ビデオ」について、判断を示した裁判例は、相対的に少数であるが、公刊物に掲載されたものとして、本判決及び原審（東京地判昭六〇・三・一三判時一一五四号三頁）のほかに、横浜地判昭六〇・二・八刑裁月報一七巻二号一一頁、杉並看護学生殺害事件第一審判決（東京地判昭六〇・七・三判時一一六七号三頁）、日石・土田邸事件統一公判組控訴審判決（東京高判昭六〇・一二・一三判時一一八三号三頁）が挙げられる。

また、このほかに、東京高判昭五七・八・四窃盗、住居侵入、強盗殺人被告事件（公刊物未登載）は、当該「犯行再現ビデオ」について、「当審において取調べたビデオテープによれば、実況見分の際の被告人の指示説明の内容も被告人の自白と全く同じものであって、被告人はよどみなく自然に現場における自己の行動を再現しながら説明しており、同行した警察官等からも被告人に何ら示唆、誘導がなされておらず、その迫真性には動かし難いものが認められる」とし、また、千葉地判昭六二・一・二六強制わいせつ致死・殺人被告事件（公刊物未登載）は、「……被告人の犯行再現の状況を収録したビデオテープ……に徴すれば……犯行現場では、長時間にわたって、相当広範囲な地域における複雑かつ極めて特異な犯行態様等をほぼ再現しているのであって、中等度の精神遅滞者である被告人に捜査官が犯行の手段・方法・手順をあらかじめ教え込んで再現させることは到底不可能と考えられることなどの諸点に照らして考察してみると、被告人の自白の任意性に疑いをはさむ余地はないものといわなければならない。」として、「犯行再現ビデオ」の証明力について、それぞれ極めて高い評価を加えている。

「犯行再現ビデオ」について、学説上論じたものは少数であるが、刑事弁護の観点から取り上げたものとして、五十嵐二葉「『ビデオ時代』の刑事裁判と自白」法律時報第五七巻第三号七七頁、五十嵐二葉ほか座談会「刑事裁判とビデオ」自由と正義第三八巻第二号八三頁があり、警察捜査の観点から取り上げたものとして、拙稿「いわゆる犯行再現ビデオについて」警察学論集第四一巻第一二号二九頁（本書四四九頁）がある。

四　本判決の意義

本判決は「犯行再現ビデオ」を証拠として取り調べ、その内容から当該「犯行再現ビデオ」は任意性、信用性に欠けることなく、犯行事実認定の用に供することができるとしたものである。「犯行再現ビデオ」の証拠としての吟味の仕方は、基本的には日石・土田邸事件統一公判組第一審判決の手法とほぼ同様であると言えよう。

すなわち、当該ビデオテープの任意性の判断については犯行再現に影響を与えると考えられる取調べの態様が、また、信用性の判断については、他の自白調書やこれに準ずる録音テープとの整合性、また、「犯行再現ビデオ」によって初めて明らかにされる事項すなわち犯行再現時の表情、動作、言葉、物理的作用、手際よさ等がそれぞれ判断の要素とされている。

なお、本事件においては、凶器である鉄製ボルト及び被害者の死体という重要な証拠物が発見されなかったことから、構成要件事実や因果の流れは主として自白により明らかにされざるを得なかったが、被告人の捜査段階での再現行為の自然さ、素速さ、よどみなさが自白の信用性を補強したものといえよう。

また、本事件では、被告人が古物商の店員をしており、大きな荷物の梱包に習熟していたところ、被告人が極めて特異な手順の死体梱包を手際よく行う様が「犯行再現ビデオ」により明らかにされ、裁判官の心証形成に大きな影響を与えたものと考えられる。

この事件に限らず、「犯行再現ビデオ」は、いわば捜査段階における被告人の言動等によって犯行状況等を裁判官の視覚及び聴覚に直接訴えかけるものであることから、その証拠方法の性格、立証趣旨の如何を問わず、かなり高い証明力が認められていると言うことができる。

今後、犯行再現検証（実況見分）における任意性・信用性の確保やビデオテープ編集の危険性の排除という手続保障的な観点から、更に捜査手法の改善を図り、「犯行再現ビデオ」の効果的な活用を図っていく必要があろう。

交通の規制と交通情報提供事業

【出典】
「交通の規制と交通情報提供事業」
警察学論集第五五巻第七号（立花書房、二〇〇二年七月）

一　規制改革と交通情報

道路交通情報に関する規制改革[*1]については、平成一二年（二〇〇〇年）一二月に公表された規制改革委員会の見解、それに続く規制改革推進三か年計画（平成一三年三月三〇日閣議決定）において、大要

①道路交通情報提供事業への民間事業者の参入を促進し、また、新たな技術開発を図る観点から、交通の安全と円滑に関する必要最小限の法的な担保措置を設けるため、道路交通法（昭和三五年法律第一〇五号。以下「道交法」という。）を改正するなどの措置を講じた上で、都道府県警察が保有する交通情報についてその加工・編集を禁止しているなどの現状の規制を撤廃すること

を早急に検討すること、

また、

②交通渋滞予測等の先進的な技術について、産官学の多面的な視点で可及的速やかに検証を行い、民間事業分野における実用化を推進すること

などが決定された。

これらの政府諸決定[*2]を受けて、国家公安委員会及び警察庁は、交通情報の基となる車両感知器等のデータ収集のための機器の整備拡充により、データを収集する路線の拡大やデータの精度の向上を図り、これらを財団法人日本道路交通情報センターにおいて一元的に取りまとめ、オンライン・リアルタイムで民間事業者へ提供することができる効率性の高いシステムを整備し、また、一般道路におけるリンク旅行時間[*3]の提供、データの加工を禁止する制限の見直し、過去一年の履歴データの供与、他の交通情報提供事業者に加工済みデータを提供する事業の認容等[*4]の規制改革に取り組んでいる。これらの規制改革により、民間事業者は、任意の二地点間の所要時間やそれに基づく最適経路の算出、さらに、過去のデータを参照した予測交通情報の作成、加工情報の販売を始めとするコンテンツ・プロバイダ事業を行うことが可能となることであろう。

一方、かかる規制改革に伴う交通の安全と円滑に関する必要最小限の法的な担保措置として、

①国家公安委員会による交通情報の提供に関する指針（平成一四年国家公安委員会告示第一二号。以下「指針」という。[*5]）の作成及び公表、

②混雑の状態及び目的地に到達するまでの所要時間を予測する交通情報提供事業者の国家公安委員会への届出制の導入

等を内容とする道交法の一部改正が行われ、平成一四年（二〇〇二年）六月一日から施行された。

本稿は、道交法における交通情報に関する規定の変遷をたどりつつ、こうした規制改革の前提となる交通情報の意義を明らかにするとともに、交通情報提供事業者の交通社会における在るべき姿について述べるものである。

二　道交法における交通情報に関する規定の変遷

道交法上交通情報が位置付けられたのは、昭和四六年（一九七一年）改正においてであり、昭和四三年八月に発生した「飛騨川バス転落事故」を直接の契機としている。この事件により異常気象時における危険箇所等の情報提供の必要性が認識されたのである。また、昭和四五年三月から九月までの間開催された日本万国博覧会においては、高速道路を含めた広域的交通情報提供の必要性が指摘された。

こうした情勢を踏まえ、昭和四五年（一九七〇年）には、日本道路交通情報センターが設立され、警察と道路管理者が各々の行政目的達成のために収集した道路交通情報が道路利用者に提供されるようになった。

さらに、昭和四六年（一九七一年）の道交法の改正により、第一〇九条の二が追加され、都道府県公安委員会は、車両の運転者に対し、車両の通行に必要な情報を提供するように努めなければならないこととされ、警察による交通情報の提供に法律上明確な根拠が与えられた。[*6]

同条に基づく道路交通法施行規則（昭和三五年総理府令第六〇号。以下「道交法施行規則」という。）第三八条の四（当時。現行第三八条の七）は、警察による交通情報提供の手段について定めているところ、当初、それはラジオ、テレビジョン、新聞紙、表示板等に限られていたが、情報通信技術の急速な進歩による交通安全施設の充実に伴い、交通情報板（昭和六一年［一九八六年］[*7]）、路側通信装置（平成元年[*8]［一九八九年］）、光ビーコン（平成一〇年[*9]）が逐次これに追加された。

また、平成九年（一九九七年）の道交法の改正においては、交通情報提供事業者の中に、いわゆる抜け道マップの作成・出版等道路交通の安全と円滑を脅かすおそれのある形態の事業を営む者が現れたことから、こうした危険な態様の事業を抑制するため、交通情報提供事業者は、正確かつ適切に交通情報を提供することにより、道路における危険の防止その他交通の安全と円滑に資するように配慮しなければならないとの規定が盛り込まれた。

さらに、平成一四年（二〇〇二年）の道交法の改正[*10]では、

①正確かつ適切な交通情報の提供を担保するため、国家公安委員会による指針の作成、

②道路における混雑の状態の予測や目的地に到達するまでに要する時間の予測についての交通情報を提供する事業（以下「特定交通情報提供事業」という。）を行おうとする者の国家公安委員

会への届出、

③特定交通情報提供事業の改善のための勧告及び公表

等を内容とする交通情報の提供に関する規定が追加された。

前述のように平成九年（一九九七年）改正では交通情報提供事業者に対して、道交法の目的に資するための配慮義務が課されたが、近年の情報通信技術等の著しい進歩に伴い、交通情報提供事業者により提供される交通情報の内容や交通情報提供の態様が多様化すると、どのような交通情報提供事業の在り方が望ましいのか、また、どのような交通情報提供事業の形態であればその配慮義務を履行したことになるのかが必ずしも明らかではなくなりつつあった。そこで、国家公安委員会が指針を作成し、こうした点を具体的に示すこととしたものである。また、これにより国家公安委員会が交通情報提供事業者等に対して行う行政指導の内容の透明化、明確化も図られることとなった。

また、前記一で述べた規制改革の一環として、リンク旅行時間、過去一年間の履歴データ等のこれまで提供されてこなかったデータが日本道路交通情報センターを通じて民間事業者に提供されることとなった。民間事業者は、これを基に道路における将来の混雑の状態や目的地に到達するまでに要する時間を予測する事業を行うこととなるが、こうした事業は、これまでの事業と異なり、データから推計を行うことによって将来を予測するものである以上、その正確性には一定の限界がある。そこで、こうした将来予測を行う事業については、所要の事項の届出をさせ、不正確又は不適切な交通情報を提供することにより道路における危険又は混雑を生じさせたと認めるときは、相当な期間を定めて当該交通情報を提供する事業の改善のために必要な措置をとるべきことを勧告し、当該勧告に従わないときは、その旨及び当該勧告の内容を公表することとした。

三　交通の規制[*11]における交通情報の意義

1　交通情報の意義

道交法上、形式的には交通情報とは、道交法第一〇九条の二第一項に規定するところの「車両の通行に必要な情報」を意味する。しかしながら、この定義から交通情報の実質は必ずしも明らかにはならない。交通情報の外延を概定する作業としては、現在警察が提供する各種の交通情報から帰納的にこれを明らかにするという方法が有益である。

現在、警察によって提供されている交通情報を類型的に掲げると、以下のとおりとなる。[*12]

①交通規制、交通渋滞、渋滞予測、所要時間予測、交通事故、道路工事、迂回路に関する情報
②気象情報、路面凍結等の道路状況に関する情報
③路外駐車場等の位置、満空情報等のいわゆる駐車情報
④大規模イベント、警備実施等の交通実態及び交通流に大きな変動を及ぼすおそれのある事象に関する情報[*13]

⑤車両の運行と一定の因果関係があると推認される交通騒音や大気汚染の状況に関する情報
昭和六一年（一九八六年）に改正される以前の道交法施行規則第三八条の四（当時。現行第三八条の七）には、交通情報のいわば解釈として「交通の規制及び交通混雑その他の道路における交通の状況に関する情報」との文言が置かれていた。しかしながら、比較的抽象的なこの文言ですら、「交通の状況に関する」という部分を極めて広く解釈すれば格別、前記のように現在警察が国民に対して交通情報として提供しているところの、例えば、渋滞予測や所要時間予測のような将来予測に関する情報、大規模イベント、警備実施等の交通流に大きな変動を与えるおそれのある事象に関する情報や車両の運行と一定の因果関係があると推認される交通騒音や大気汚染の状況に関する情報がこれに含まれるかは一義的に明らかではなかった。同年の改正に伴い、この文言が削除されたのも、立法技術上の理由もさることながら、それが交通情報の定義としては狭きに失したということも理由の一つと考えられる。

このように見ると、交通情報は、外形的に道路交通に直接に関連する事象についての情報である「交通の規制及び交通混雑その他の道路における交通の状況に関する情報」にとどまらず、例えば「渋滞予測や所要時間予測のような交通の状況の将来予測に関する情報」、「交通流に変動を及ぼすおそれのある事象に関する情報」、「道路交通に起因する障害に関する情報」のように、当該情報内容が運転者等の内心に影響を及ぼし、特定の行為の動機の誘因となり、それによってもたらされた運転者等の行動の総体が「道路における危険を防止し、その他交通の安全と円滑を図り、及び道路の交通に起因する障害」を防止するという道交法の目的に資する場合の当該情報も交通情報に含まれるものと解される。その意味で、交通情報の外延は極めて広範である。

2 個別から大量へ

交通警察行政の特徴の一つとして、他の部門にない「大量性」が挙げられる。[*14] その例として、七五〇〇万人を超える運転免許保有者に対する行政や、道交法上の義務履行の担保手段としての交通反則通告制度が取り上げられるが、交通の規制の分野も例外ではない。

交通の規制は、古典的理解[*15]によれば、道路交通に現在する危険ないしそのおそれを除去、予防するために、その都度、個別的、具体的に命令強制を中心とする措置が講じられるということになるが、こうした理解と現実との乖離は著しく、交通の規制の大宗は、個別的な行政処分や行政強制といった手法はごくまれであり、一般処分の外形的表示たる膨大な数の道路標識・道路標示と交通管制センターを中央装置とし、路上等の車両感知器、信号機、可変式標識、交通情報板等を端末装置とする巨大なネットワークを構成する交通管制のシステムにより担われている。

その意味で、交通の規制は、取締りという強制力を実効性確保の最終的なよりどころとしつつも、希少財である道路空間の最適利用に向けて行われる交通管理者と交通主体との間の交通規制情報を含む交通情報、データその他の情報の生成、収集及び伝達の永久運動の過程と捉える方がより実態に近い。

特に、交通管制のシステムにより作成された交通情報は、ラジオ、テレビジョン、新聞紙、表示板、交通情報板、路側通信装置、光ビーコンその他多様なメディアを通じて、同時に多数の交通主体に伝達される。今後、交通情報を伝達するメディアの多様化は、情報通信技術の急速な進歩により、更に進行することとなろう。いずれにせよ、今後とも交通情報は、「大量」化する交通の規制の分野において最も重要な手法の一つとなることは疑いない。

3 強制から自律へ

交通の規制は、所与の交通法規の下で各々の交通主体により一定の交通流が秩序立って確保されることを前提としている。しかしながら、前記2で述べたとおり、秩序形成の手法として膨大な対象に対して命令強制の作用で対処することには自ずと限界があり、交通主体の自律性、自発性に期待する助長誘導的手法の方が効率性が高いことは明らかである。[*16]

こうした助長誘導的手法の一つとして、交通規制及び渋滞、交通混雑その他の道路における交通の状況を始めとする交通情報の提供が挙げられる。[*17] すなわち、正確な交通情報が適宜適切に提供されると、交通主体は、道路の混雑、通行の禁止又は制限を回避することができるなど、運転の安全性や快適性を向上させることができる。また、道路交通全体から見ても、交通事故の抑止が図られることは勿論のこと、混雑している道路・区間・時間帯から比較的空いている道路・区間・時間帯に交通流が誘導され、分散するなど、道路ネットワークの利用効率を高める効用がもたらされる。

近年、交通事故や交通渋滞、交通公害をめぐる情勢が深刻化しており、また、道路の新設・改良には多額の費用や用地確保の問題もあることから、交通主体の自律的判断に依拠して交通状況の改善を図る上で、交通情報の役割は、ますます重要になっている。[*18]

4　固定から可変へ

交通量は時間的に大きく変動し、交通実態もそれに伴って変化する。また、交通実態の変化により交通流も少なからず影響を受ける。さらに、交通流は、地域社会の交通需要の在り方や道路の置かれている地理的条件によっても影響を受ける。交通の規制が道路空間の最適利用を目指すものであるのならば、道路の交通容量が基本的には一定である以上、それは固定的なものではあり得ないはずである。

相当程度予測可能な交通量の変化に対しては、これまでも中央線変移システム、[*19]集中制御式道路可変標識、[*20]地点制御信号機[*21]によって可変的な交通の規制が行われてきた。また、ランダムな交通量の変動に対しても、重要交差点において交通量、渋滞長を計測し、それに近接した時間でこれに対応した信号機のサイクル長、[*22]スプリット、[*23]オフセット[*24]を生成する信号制御方式であるモデラート(Management by Origin-DEstination Related Adaptation for Traffic Optimization：MODERATO)が導入されつつある。今後とも、交通の規制の分野においては、交通量や交通需要の変動に応じた、可変的な方式は更に導入されていくことになるものと考える。

交通情報は、そもそも道路標識・道路標示のように様式を前提としていないことから、信号制御とともに、可変的な交通の規制を行う上で有力な手段となることは疑いない。

5　道路標識・道路標示の「情報化」

道路標識・道路標示は、法令に基づく交通規制の内容を表示するという意味において交通情報の伝達の一手段である。

道路標識・道路標示は、路側に設置され、それが運転者に認識されるべきものであるという点においてその存在は受動的なものである。一方、交通情報は、道路標識・道路標示と同様に情報表示板を通じて路側に表示することも可能であるが、車載機を通じて運転者に直接伝達することが可能である。

車載機を通じた交通情報の伝達は、交通情報と運転者との関係に画期的な変化をもたらしたと言える。また、当該交通情報は画像という形式で運転者の視覚に訴えかけるものに限られず、ITにより音声という形式に変換してその内容を運転者の聴覚を通じて伝達することも可能である。音声情報が路側機から伝達された情報を反映するものなのか、車載機の記憶装置に格納された情報を反映するものなのかは格別、音声情報等に変換された交通情報は、運転者をそれを聴取せざるを得ない状況に置くという意味において、より能動的かつ積極的な形で運転者に作用することは疑いない。これは当該情報が道路標識・道路標示の内容を反映する場合においても同様である。

これまで、道路標識・道路標示の多くは固定的交通規制情報を提供する手段であったが、既に前記4で述べたように道路標識・道路標示の分野においても、交通量や交通需要の変動に応じた、可変的な方式が更に導入されていくこととなろう。現時点において可変的な道路標識・道路標示は、多くとも数パターンの表示からこれを選択するという方式が中心である。しかしながら、サインカー等に見られるように交通情報板の表示技術を応用すれば、更に可変性の高い交通規制情報の伝達が可能となろう。

以上述べたように、交通規制情報伝達の主体である道路標識・道路標示の分野においても、交通情報板、光ビーコン、カーナビゲーション装置等の分野で発展したITの導入により、車載機を通じた画像及び音声による運転者への情報内容の直接的伝達、交通状況に対応した高度の可変化が可能となっている。すなわち、道路標識・道路標示の「情報化」が進行しているのである。

そして、道路標識・道路標示の「情報化」が進めば進むほど、交通情報板と道路標識・道路標示の境界、また、それが表示するところの情報の区分は不分明なものとなっていくのである。仮に、このような交通の規制における潮流を「標識・標示主義から交通情報へ」[*25]と表現したとしても、それは必ずしも大きな誤りとは言えないであろう。

四　交通社会において交通情報提供事業が果たすべき役割

前記三で述べたとおり、交通の規制の手段として、交通情報がますます重要な役割を果たすことは疑いの無いことである。すなわち、運転者に適宜適切に交通渋滞、目的地までの旅行時間、交通規制、交通事故、道路工事等の情報が提供されれば、運転者が最適な経路を選択し、快適に、かつ、安心して運転することができるようになるほか、道路交通全体を見ても、自律的な交通流の分散等を通じて、交通事故の防止、交通渋滞・交通公害の解消という効用が得られることとなるからである。

この点は、自動車ユーザの意識においても端的に現れている。財団法人道路交通情報通信システムセンターの調べによれば、平成一三年度（二〇〇一年度）末のカーナビゲーション装置の出荷累計は九〇五万台であり、一〇〇〇万台を達成するのは時間の問題である。うち、渋滞情報や旅行時間情報を取得することができるＶＩＣＳ対応車載機は全体の半数程度、平成一三年度出荷分では八六％に達している。この数字は、交通情報受信端末としてのカーナビゲーション装置の有用性と消費者への受容性の高さを物語っている。

平成一三年（二〇〇一年）に社団法人日本自動車連盟（ＪＡＦ）が自動車ユーザに対して実施したアンケート結果においては、カーナビゲーション装置を装着しているドライバーの七四％は、カーナビゲーション装置が安全運転に役に立つと意識しており、その理由として、「わからない道でも余裕を持って運転できる。」（九八％）のほか、「到着時間の目安がわかるので、あせらずに運転できる。」（六五％）等を挙げている。また、社団法人日本自動車工業会が行った「ＩＴＳ普及戦略に関する基礎的調査研究」によれば、渋滞の先頭位置、長さ、原因、渋滞解消予想時刻等の情報について「欲しい」、「まあ欲しい」が八七％で第一位、渋滞を迂回する経路情報について「欲しい」、「まあ欲しい」が八五％で第二位となっている。

以上のように、正確かつ適切な交通情報の提供には、様々な社会的効用が期待され、また、国民も提供交通情報の高度化を期待しているものと考えられるが、それが正確かつ適切でない場合には、交通渋滞や交通公害を悪化させたり、交通事故を発生させたりするおそれもある。

したがって、交通情報を提供する事業者は、交通情報の担う公益性や社会的役割を十分に認識し、正確かつ適切に交通情報を提供することにより、交通の安全と円滑に資するように配慮する必要がある。「正確」かつ「適切」に交通情報を提供することができるよう交通情報提供事業者が配慮すべき事項又は遵守すべき基準は、指針に定められることになった。その意味で、指針の内容が交通情報提供事業者の公益的役割を規律していると言っても過言ではない。

指針の定めるところは、多岐にわたり、そのすべてについて解説を加えることは、本稿の目的ではない。ここでは指針の内容を、幾つかの基本的概念で整理し、その目指すところ、すなわち交通情報提供事業者の果たすべき公益的役割を明らかにしたい。

(1) データの開示・提供元の指定

現時点で交通情報提供事業者の多くは、交通情報作成のための原データを都道府県警察や道路管理者に依存している。日本道路交通情報センターでは、そのデータ利用の自由度を高めるため、全国の都道府県警察と道路管理者の道路交通に関するデータを一元的に集約し、電子データの形式によりオンラインで民間に供与するシステムを整備した。さらに、①交差点間を単位とした旅行時間データの供与、②データ加工の制限の緩和、③過去一年の履歴データの供与、④データの二次使用の認容等の規制改革を行い、民間事業者は、予測交通情報を含め、広域にわたる動的交通情報（渋滞情報、旅行時間情報その他時間の経過に伴い変動する事象に関する交通情報）を正確かつ効率的に作成することができるようになった（指針第2章1(1)）。また、都道府県警察から、都道府県交通安全活動推進センター等を経由して、道路の通行の禁止その他の交通規制（前記システムにより供与される臨時交通規制を除く。）に関するデータの供与を受けることができることが明らかにされた（指針第2章2(1)）。

(2) 交通情報の重要な概念又は優先順位に関する基準

指針は、複数の交通情報事業に接する利用者の混乱を防止するため、交通情報の重要な概念について、幾つかの統一した基準を定めている。

例えば様々な尺度が存在する道路の混雑の程度については、原則として旅行速度の高低により判断するものとし、これを数値ではなく「混雑」や「渋滞」という文言により表現する場合には、道路の区分に応じて基準を定めている（指針第3章3(2)）。また、色彩の使用についても、「渋滞」や

「混雑」の表示は、赤系統の色彩を用い、また、高速自動車国道等と一般道路では異なる色彩を用いることなどを定めている（指針第4章1⑷）。

さらに、地震、豪雨、豪雪その他の災害や交通事故その他の事故が発生した場合における道路利用者の対応を適切なものとするために、①災害等に伴う道路の通行の禁止その他の交通規制に関する情報、②交通事故の発生、故障車、落下物等に関する情報、③渋滞情報、旅行時間情報、④前記以外の情報という優先順位に従い情報を提供することとしている（指針第4章3⑴）。

交通情報提供事業者は、こうした基準に沿って交通情報を提供することが求められている。これにより、様々な交通情報提供事業者が提供する交通情報の表示等の統一性が図られることとなり、ひいてはそれが公益に資することとなる。

⑶ 正確性の担保

指針は、事業者から提供される交通情報の正確性を担保するため、データの収集、情報の作成及び情報の提供という交通情報の流れに沿って詳細な規定を置いている。

データの収集の面では、今後、民間事業者が独自に路側等にインフラを整備して、データを収集する可能性もあることから、事業者が使用するデータ収集機器について都道府県警察及び道路管理者が収集する場合と同程度の精度を要求している（指針第2章1⑵）。

また、情報の正確性を確保するため、動的交通情報及び静的交通情報のいずれについても適切な間隔での更新を求めている（指針第2章2⑵、第3章1⑴ウ）。

さらに、交通情報提供事業者に対して提供情報を実測値と照合するなどの提供情報の正確性の検証を行うよう求めているほか（指針第3章2⑴）、交通情報提供事業者が国家公安委員会に検証を行うよう求めることができるとの規定も設けられた（指針第3章2⑵）。交通情報の検証には高度な施設や技術が求められる場合もあることから、交通情報提供事業者は、国家公安委員会及び警察庁が整備する交通情報検証システム[*26]を積極的に活用することが求められているのである。

⑷ 適切性の担保

指針は、交通情報提供の結果、道路交通の安全と円滑に影響を及ぼし、道路における交通の危険又は混雑が生じることのないよう、交通情報提供事業者が提供する交通情報の適切性を担保するための規定を置いている。

例えば、交通情報の作成に当たっては、最高速度違反となる速度で走行しなければ目的地まで到達することが困難であるような著しく短い旅行時間情報を作成しないこととされている（指針第3章4⑶）。

また、交通の安全の確保、特に歩行者、自転車利用者等の安全通行権の確保という観点から、①交通規制により通行が禁止され、又は進入が禁止されている道路、②車道の幅員が五・五メートル未満の道路その他歩行者の通行の安全を確保する必要の高い生活道路、③災害、交通事故その他の突発的な事象に起因して著しい混雑が生じている道路への経路誘導を禁止している（指針第3章5⑴）。

さらに、交通情報の客観性を確保するため、混雑の解消、集客等のために特定の区間又は地点に車両を誘導し、又は誘導しないことを目的として、故意に、誤情報を提供してはならないとされている（指針第3章5⑶）。

⑸ 車両走行中の運転者への情報提供の在り方に対する規制

指針がその目的において明らかにしているとおり、交通情報はその内容のみならず、その「提供の在り方が道路における交通の安全と円滑に重大な影響を及ぼす」（指針第1章1）ものである。道交法第七一条第五号の五[*27]が運転者の遵守事項として、交通情報を表示する場合においても、車両走行中は画像表示用装置に表示された画像を注視してはならない旨を規定し、運転者の交通情報の認識、覚知の態様を規律しているのは、全く同一の視点に基づくものである。

指針は、カーナビゲーション装置等の注視に起因する事故の増加[*28]に鑑み、車載装置等を用いて運転者に交通情報を提供しようとする事業者に対し、装置の操作や情報の読み取り等が安全な運転を妨げないようにするために複雑な操作の制限、視認性の向上、音声による情報提供等必要な措置を講じることを求めている。

また、車両走行中の運転者への情報提供の在り方を新たに規制することによって道交法第七一条第五号の五の規定をより実質化している。すなわち、運転者が提供情報に過度に気を取られることによって交通の危険を生じさせないようにするため、車両走行中には、①注視（おおむね二秒を超えて画面を見続けることをいう。）をすることなく読み取ることのできない複雑かつ多量な交通情報、②テレビジョン放送、DVD－ROMの再生等により表示される動画（内容を読み取りやすくするため画面の全部又は一部を可動させている交通情報及び安全な運転を支援するため撮影している車両の周囲の画像を除く。）、③広告その他車両の運転に必要ではない情報を車載装置等の画面上において提供しない旨を規定したのである（指針第4章2(2)イ）。ここで、「注視」を「おおむね二秒を超えて画面を見続けること」としたことにより、道交法第七一条第五号の五の明確な解釈指針が与えられたと言えよう。

以上、指針の定めのうち重要と思われるものを中心に、その規定の背景にあるものも踏まえつつ、若干の解説を施した。既に述べたように、指針の規定は多岐にわたり、技術的な部分も多いが、これは国家公安委員会及び警察庁が交通情報提供事業者に対し行政指導等を行う際にその基準を透明化、明確化するという趣旨も含まれている。

やや、消極的な表現ではあるが、交通情報提供事業者は、指針に定められた事項を確実に遵守していれば、その公益的役割を果たしているということにつながるものと考えられる。また、それが指針制定の目的でもある。

終わりに

平成一四年（二〇〇二年）の交通情報提供事業に係る制度改正は、既に述べたとおり警察や道路管理者が保有するデータの供与の促進とデータ利用の自由度の拡大、それに伴う交通の安全と円滑という公益的観点からの必要最小限の規制と要約することができる。

警察や道路管理者が設置する交通情報板、路側通信装置、光ビーコンその他の交通情報提供手段が予算その他の制約から有限である以上、「高付加価値」で正確かつ適正な交通情報が民間事業者から多元的かつ様々なメディアを通じて国民に提供されることとなれば、交通情報源及び交通情報提供手段の飛躍的拡大という一事をとっても、それにより交通流の自律的な分散が一層進み、交通の安全と円滑という公共的利益を増大させる要因となることは疑いのないところである。

一方、情報通信技術の急速な進歩にもかかわらず、渋滞や旅行時間の予測技術は依然として発展途上のものである。これが産官学の自発的かつ有機的な協働により更に成熟し、[*29] 真に「高付加価値」な交通情報が国民に遍く提供され、希少財である道路ネットワークにおいて安全で最適な交通実態、交通流が形成されることを念願してやまない。

【注】

＊1　拙稿「ＩＴ戦略と交通規制」警察学論集第五四巻第一号一頁以下。

＊2　本文掲記のもののほか、「雇用創出・産業競争力強化のための規制改革」（平成一一年［一九九九年］七月）、「経済構造の変革と創造のための行動計画（第三回フォローアップ）」（平成一二年一二月一日閣議決定）、「e－Japan重点計画」（平成一三年三月二九日IT戦略本部決定）等参照。

＊3　隣接する二交差点の道路区間の起点から終点までの走行所要時間。

＊4　警察庁交通局・国土交通省道路局「道路交通情報の提供の在り方に関する基本的考え方」三頁。

＊5　岡素彦「交通情報の提供に関する指針の逐条解説」警察学論集第五五巻第七号九〇頁以下参照。

＊6　警察庁交通局『交通局発足三五周年記念　交通警察のあゆみ』（東京法令出版、一九九八年）六六頁。

＊7　路側又は道路上に設置された情報板により交通情報を提供する施設。表示方法として、電光式、透光式、字幕式、LED式等があり、遠隔制御又は手動により操作される。種類としては、フリーパターン、マルチパターン、セミフリーパターン、専用パターン、小型文字情報板、小型旅行時間情報板等がある。

＊8　交通管制センターの音声合成装置によって編集された音声によって交通情報を提供する施設で、路側に設置された無線送信機とアンテナから構成される。道路利用者は、カーラジオの周波数一六二〇KHzで交通情報を聞くことができる。

＊9　光学式車両感知器。投受光器と制御器から構成され、赤外線技術を応用して走行車両との間で双方向通信を行う機能と車両感知機能とを併せ持つ施設。道交法施行規則では、「赤外線により双方向通信を行うための設備で交通情報を提供するもの」と定義されている。

＊10　改正の解説については、岡素彦「道路交通法の一部を改正する法律について（四・完）第七　交通情報の提供に関する規定の整備」警察学論集第五四巻第一二号一二一頁以下参照。

＊11　本稿における「交通の規制」とは、狭義の交通規制のほか、交通誘導、交通情報の提供、交通違反の取締り等を包含する概念であり、それらを実現するための法的、事実的手段及びそれを実施するための態勢に関する事務もこれに含まれる。

＊12　分類は、主として徳永崇「交通管理手法としての交通情報」『講座　日本の警察　第三巻　交通警察』（立

花書房、一九九二年）二〇九頁以下によっている。

＊13 荻野徹「交通警察行政の目的、主体、手法」前掲『講座　日本の警察　第三巻』七二頁参照。

＊14 島田尚武「交通警察活動におけるいくつかの問題点と若干の考察」前掲『講座　日本の警察　第三巻』三六頁。

＊15 宮崎清文『新版　注解　道路交通法』（立花書房、一九九二年）二二頁は、「道路が原則として一般交通の用に供される公物である以上、道路においては、これも原則として一般公衆による自由使用が認められることになる。しかし、いかに自由使用が認められるといっても、道路における個々の使用行為が一般交通に危険を及ぼす等一般交通に著しい影響を及ぼす場合、いいかえるならば、公物の使用関係が社会公共の秩序維持に影響を及ぼす場合には、それはもはや道路の管理だけの問題ではなく、社会公共の秩序維持を直接の目的とする一般警察権の発動の対象とならざるを得ない。」と述べている。

＊16 河合潔「道路交通の管理――その系譜とIT化」『警察行政の新たなる展開　下巻』（東京法令出版、二〇〇一年）三九六頁。

＊17 小池登一「『協同』と『誘導』について」前掲『講座　日本の警察　第三巻』一四二頁。

＊18 前掲「基本的考え方」一・二頁。

＊19 可変標識、専用灯器等による中央線指示標識を用いて、交通量の多い方向に対して、中央線変移実施区間を設定し、その区間において車線を多く割り当てるもの。

＊20 日又は時間によって異なる交通規制パターンを組み入れ、所定の日時に交通管制センターからの指令を受けて規制パターン等を表示するもので、可変数は通常三種類程度である。

＊21 多段制御では、交通量を事前に調査して、時間帯別、曜日別に最適な青時間を設定するための電子式のタイムスイッチを信号機の中に設けて、自動的に時間、曜日を判別して、あらかじめ入力してある制御パターンにより制御する。

＊22 一つの信号灯器の表示が、青、黄、赤と一巡するのに要する時間。通常「秒」で表す。

＊23 有効に使われる青時間の長さをサイクル長で割った値。
＊24 路線の信号機群において、ある一方向から見て車両が交差点で停止することなくスムーズに通過できるようにするためには、信号表示（特に青開始時間）を全信号機同時に行うことより多少ずらして表示した方が良い。この時の表示時間の「ずれ」のことをオフセットといい、秒数又はサイクル長の百分率で表す。
＊25 前掲拙稿一頁。
＊26 交通情報検証システムは、平成一五年（二〇〇三年）四月一日から稼働した。
＊27 福田守雄「道路交通法の一部を改正する法律及び道路交通法施行令の一部を改正する政令について（下）」警察学論集第五二巻第一〇号二〇七頁。
＊28 平成一三年（二〇〇一年）中に発生した人身事故のうち第一当事者のカーナビゲーション装置の注視又は操作に起因して発生したとみられる事故は、一一二七件（うち死亡事故三件）で前年に比べ大幅に増加している。
＊29 トラフィック・インフォメーション・コンソーシアム「道路交通情報ビジネスの現状と今後の展望――中間とりまとめ――」（平成一三年［二〇〇一年］一一月）一八頁。

あとがき

インテリジェンスは、最近の科学技術の発展に伴って、組織的、技術的に収集されることも多くなったが、ヒューミントの分野では引き続き個人の能力に基づいて収集される局面も多い。長年のインテリジェンス分野での経験に基づいて言えば、インテリジェンスほど、国家作用に激烈な影響を及ぼすものはない。なぜならば一片の紙切れに記載された情報が、重大な国策の決定を左右し、それに基づき大規模な部隊の運用や行政の執行がなされるからである。その意味で、個人の技量によりこれほど大きな影響を国政に与えるものは無い。そうした個人の役割が重要な分野に長年身を置くことができたことは望外の幸せであった。

その経験を基に、これまで書き散らかしてきた論文を取りまとめてはどうかとのアイデアを読売新聞の老川祥一会長から頂き、題名は、いささか大仰ではあるが「情報と国家憲政史上最長の政権を支えたインテリジェンスの原点」とさせていただいた。

中央公論新社の中西恵子氏には、時代背景の異なる雑多な論文を一冊の本にするために、本書の構成、書き下ろし原稿のモチーフ・方向性及び解題の在り方等について的確なご示唆を頂いた。警察庁の倉地宏明氏には、四〇年間にわたり異なる機会に書かれた論文の体裁を統一した表現、様式とするよう、校正基準の策定に始まり、一方ならず緻密な作業をしていただいた。親友故黒田寛君の令室黒田いずみ氏には、同君の代表作 Blue line の一部のイメージを本書の表紙に使用することを快諾していただいた。上記の四氏に加え、ここに名前を出すことはできないが、原稿作成に資料提供を始め不可欠な貢献をされたA氏及びK氏もいる。

本書成立に向けて献身的にご協力を頂いたすべての方々にこの場をお借りして心より御礼を申し上げたい。

装丁　中央公論新社デザイン室
「装丁デザイン、黒田寛　'Blue line'より」

北村 滋（きたむら・しげる）

1956年12月27日生まれ。東京都出身。私立開成高校、東京大学法学部を経て、1980年４月 警察庁に入庁。1983年６月 フランス国立行政学院（ENA）に留学。1989年３月 警視庁本富士警察署長、1992年２月 在フランス大使館一等書記官、1997年７月 長官官房総務課企画官、2002年８月 徳島県警察本部長、2004年４月 警備局警備課長、2004年８月 警備局外事情報部外事課長、2006年９月 内閣総理大臣秘書官（第１次安倍内閣）、2009年４月 兵庫県警察本部長、2010年４月 警備局外事情報部長、2011年10月 長官官房総括審議官。2011年12月 野田内閣で内閣情報官に就任。第２次・第３次・第４次安倍内閣で留任。特定秘密保護法の策定・施行。内閣情報官としての在任期間は７年８ヶ月で歴代最長。2019年９月 第４次安倍内閣の改造に合わせて国家安全保障局長・内閣特別顧問に就任。同局経済班を発足させ、経済安全保障政策を推進。2020年９月 菅内閣において留任。2020年12月 米国政府から、国防総省特別功労章（Department of Defense Medal for Distinguished Public Service）を受章。2021年７月 退官。現在、北村エコノミックセキュリティ代表。

情報《じょうほう》と国家《こっか》
——憲政史上最長《けんせいしじょうさいちょう》の政権《せいけん》を支《ささ》えた
インテリジェンスの原点《げんてん》

2021年9月10日　初版発行
2022年3月5日　5版発行

著　者　北　村　　滋

発行者　松　田　陽　三

発行所　中央公論新社
〒100-8152　東京都千代田区大手町 1-7-1
電話　販売 03-5299-1730　編集 03-5299-1740
URL https://www.chuko.co.jp/

D T P　市川真樹子
印　刷　図書印刷
製　本　大口製本印刷

Published by CHUOKORON-SHINSHA, INC.
Printed in Japan　ISBN978-4-12-005462-4 C0031